觉照

LIT

LIFE
IGNITION
TOOLS

[美] **杰夫 · 卡普** | 著
(Jeff Karp)
高天羽 | 译

中信出版集团 | 北京

图书在版编目（CIP）数据

觉照 /(美) 杰夫 · 卡普著；高天羽译 .-- 北京：中信出版社，2025.7.--ISBN 978-7-5217-7308-8

Ⅰ . B848.4-49

中国国家版本馆 CIP 数据核字第 2025QT7309 号

觉照
著者：　[美] 杰夫 · 卡普
译者：　高天羽
出版发行：中信出版集团股份有限公司
（北京市朝阳区东三环北路 27 号嘉铭中心　邮编　100020）
承印者：　北京联兴盛业印刷股份有限公司

开本：787mm×1092mm 1/16　　印张：21.5　　字数：320 千字
版次：2025 年 7 月第 1 版　　印次：2025 年 7 月第 1 次印刷
京权图字：01–2025–0829　　书号：ISBN 978–7–5217–7308–8
定价：69.00 元

服务热线：400–600–8099
投稿邮箱：author@citicpub.com

目 录

序言　一个男孩发现觉照的旅程

宇宙间充满神奇的事物，耐心等待，我们的才智自会变得敏捷。[1]

——伊登·菲尔波茨

我们这些21世纪的公民，常常觉得世界变化太快，快得脱离了掌控——至少是脱离了我们自己的掌控。大灾大难和社会失常的阴影在我们心中挥之不去。焦虑和抑郁已被宣告为公共卫生疾病。[2]有时候，生活会脱离我们的掌控，逼得我们只好举手认输。既然无法随心所欲地将精神集中到我们希望的领域，或是抵制眼前的干扰和外部的需求，我们就只能随波逐流，机械地做出反应了——这些波流包括可怕的新闻、煽动人心的帖子或文章、广告宣传和网红言论，还有无所不在的媒体引导和各怀目的的社交媒体算法。我本是一名乐观主义者，我相信人类的品质毕竟是好的，我们关怀其他生物（包括其他人），也关心这颗星球的健康。然而有的时候，要将意图化为行动，创造出我们真正想要的生活，却实在难以做到。不过，我仍有两个保持乐观的理由。第一，我们人类正在觉醒，开始明白自己当下的处境，也明白自己有潜力解决行星尺度的问题。最近有人将通用科学与当地的知识和深奥的专长相结合，不断提出新的证据证明这颗星球的生命之间有着复杂的联系。我们渐渐认识到自己在生态系统中扮演的角色，认识到我们的选择会造成复杂且常具破坏性的局面，并由此领悟到新鲜而有创意的思想是一种必需品。我们不能再假装对周围的变化和风险茫然无知，也不能再不顾后果地接受陈旧的文化规范，因为这些规范会蒙蔽我们的直觉，剥夺我们的行动能力。

第二，我们也越发明白，无论处境如何，人总想为生活赋予意义和目的。我们希望获得满意的人际关系和工作，想在两者的融合中找到幸福。我们知道这个目标不能坐等别人来实现，而必须由自己来完成。

幸好神经科学告诉我们，人类的大脑足以胜任。大脑可塑可造，也渴望适当的挑战，它能创造，能获取新知，也能成长，即便在衰老的时候，它也能做到这些。这是我们切实拥有和可以掌控的。这是演化的传承，是自然的方法手册。我们可以主动激活神经网络，它会帮我们将大脑摇醒，按下活化感官的开关，并且大大激活思维进程，使其达到我们之前不敢想象的境界。

这一切要从哪里开始？我们该如何滤除噪声和干扰，克服惰性及其他障碍，积极规划我们向往的生活呢？在喧嚣的现代生活中，我们该如何夺回部分控制权，并唤醒天生就有的专注于头等大事的能力呢？

要学会如何应对，或许那些在注意力和学习方面投入最多的人就是我们最好的老师。他们中的许多人都磨砺出了一套必要的技能，可以帮助我们在一个时刻充斥着刺激、干扰和压力的世界中茁壮成长。

我是怎么知道这些的？因为我也是他们中的一员。

我的觉照之旅

身为哈佛大学医学院以及麻省理工学院的一名教授，我非常幸运。这两个机构汇聚了医学、科学和技术的顶尖人才，他们的创意举世少有，而我就在他们中间学习、共事。然而，我并不是“注定”会来这里。没人料到我会走这一条路。

我儿时在加拿大的乡间小学读书。当时，我的视域只相当于一只果蝇，学业很难跟上进度。无论阅读、写作、课堂讨论，还是老师指导，我对哪样都无法理解。我不单是容易分神、大脑无法以传统方式处理事情，我的心灵还对世界完全敞开，意识和宇宙始终融为一体。在我看来，将事物分开并且定义，将想法框死并将学习限定在零碎的信息上，都是古怪的做法。如果说新的知识在不断使旧观念过时，那么在我看来，更合理的假设是万物始终处在变动之中——不仅周围的世界在变，我们对世界的理解也在变。在我心里，学校更像一座博物馆而不是一间工坊。我费了好大力气才将注意力收拢，好让知识进入、附着并且停留在大脑里。

我还很焦虑。我无法放松下来，接受自己，安心地做一个“怪孩子”，因为我感觉自己比单单的“怪”还要糟糕：我是一个外星人，是人类中的异类。我很早就意识到有许多事是我“本该”做的，但这些事在我看来既不自然也不合逻辑。更令我苦恼的是，其中的许多事情似乎压根儿不应该做，我觉得它们根本就是错的。每当有老师问我一个问题，无论在测验中还是课堂上，我通常都会觉得那个问题令人困惑，往往无从回答。所谓的“正确”答案似乎只是许多可能性中的一个（这一点至今困扰着我，使我对孩子的家庭作业帮不上忙）。因此，大多数上学的日子，我都在练习理解、分析并迎合别人的期待。

上幼儿园时，我每天都要登上那座旧砖房的阶梯，经过院长办公室，然后沿着走廊进入我的教室。教室里照例有一大块铺了地毯的区域用来讲故事，还有许多图书和互动玩具。和大多数幼儿一样，我也是对什么都好奇，而且充满了活力。我无法静坐不动，一切都让我激动不已。我想要探索、漫游、观察、触摸。要我一连几个小时坐在一把椅子上乖乖听讲是不可能的。“就假装你的屁股粘在椅子上了。”幼儿园老师这样鼓励我。“好呀，”我想，“这我能做到！”我双手抓住椅子，使它贴紧我的臀部，然后站起来，在同学的哈哈笑声中一摇一摆地在教室里走来走去。老师把我带到校长办公室。那一年我和校长混成了老熟人。

到二年级时，同班的同学们似乎都掌握了一种超能力——破译书页上的奇怪字母。可是我的心灵却无法理解它们，我也不明白其他同学是如何把这些字母念出来，并用它们拼成单词的。我的母亲对我试验了拼读法、抽认卡和所有她能想到的法子，但是到学年结束时，我仍没有起色，老师建议我留级。

母亲迫切地想帮助我，她为我报了一个专为有学习障碍的孩子开设的暑期班。在那里我获得了一对一指导。老师们发扬了我的长处，使我快速成长。暑假接近尾声时，一名私立教育顾问建议我回到原来的普通学校，在一间安静的辅导教室里，和同龄人一起上三年级。

可是我的三年级老师并没有像暑期班的老师们那样看到我的潜力。那位三年级老师还给我贴了一个标签——惹祸精——它将跟着我度过大部分学校生涯。在一次测验中，她将一块障眼板（一种直立的折叠板）放在我的书桌上说：“用这个吧，你不能看别的地方，不能分散注意力。”接着她又取出秒表为我计时，弄得我相当焦虑。她是当着全班同学这么做的，于是大家都学她的样子开始笑话我。我白白受到了好多取笑。

一天，我发现另一个学生正为数学题犯难。我想要帮他，于是走过去向他讲解应该怎么解题。那位老师见了就揶揄说：“看看，这不是盲人给瞎子领路嘛！”我听不懂。“盲人给瞎子领路”是什么意思？

我又没瞎！她为什么说那种话？

到了晚上，我把这个疑惑告诉了母亲。她把我抱到她的床沿上坐下，深吸了一口气说："你的老师是个浑蛋，但你还是得尊重她。你必须拿出最好的表现。"

我尽力遵循母亲的忠告，并偶尔"优秀"了几回。我参加演讲比赛并赢得了冠军。母亲为我报了计算机编程课。第一课上完，老师就在门口对母亲说："下次不用带他来了。他知道的已经比我多了。"

然而许多技能仍是我无法掌握的，特别是记忆（直到今天，我仍会忘记刚刚还在思考的内容，同样的材料，我常常要念 30 遍才能记熟）。我还总是分心，因为始终理解困难，我的缓慢步调使潜在的回报越发减少，这也碾碎了我的自信。

我是老师眼中的一个谜，是传统教学中的一个异类，也是社交上一个彻底的弃儿。年复一年，许多老师对我放弃了。其中的一位老师叫我"懒惰的骗子"。另一位老师对我说："你到了真实世界里绝对活不下来。"到四年级时，我的成绩单上一水的"C"和"D"。升入五、六年级后依然如此。我沮丧极了。要不是因为我那坚韧顽强的母亲，还有我七年级的班主任兼科学老师莱尔·库奇，我或许早就自暴自弃了。库奇老师看到了我独特的长处，并鼓励我坚持。

也是在七年级时，母亲绕过学校的指导系统，直接向学校董事会提出了申诉。此前的一次正式评估将我评定为"沟通障碍"，也就是我难以从媒介中提取信息（这里的"媒介"可以是一块黑板或一本书），然后吸收并理解这些信息，用于解答一个问题，或者将信息转写至另一个媒介（比如笔记本或练习册）。学校董事会接受了这个学习障碍的诊断，并批准在学习时间和考试上为我提供便利，这都是我早该享受而没有享受到的。

到今天，社会对于注意缺陷多动障碍（ADHD，我的最终诊断中就包含这种疾病）已经有了更好的理解，并在证据的基础上开发了对孩子（及成人）适用的自我调节技能。但是在当年的那个时间和那个地点，我的唯一选择只能是随机应变。

接下来几年，我渐渐鼓起了干劲，也变得更有韧性了。当时的我并不知道一点[3]，就是我在学习道路上的进化，其实也体现了神经元改变和成长（也就是神经元的学习）的两个基本概念，日后神经科学家埃里克·坎德尔将把它们确立为海兔和人类在学习与记忆上的共同基础：它们就是面对反复刺激后所产生的习惯化（habituation）和敏感化（sensitization）。（海兔只有2万个神经元，而人类有860亿至1000亿个，这还没算上联结这些神经元的大约100万亿至1000万亿个突触！）“习惯化”的意思是我们对刺激的反应变弱，比如你对窗外的车流声或许就会这样。“敏感化”则指我们的反应变强，比如当一个声音或者气味甚至对某个事物的念头变成触发因素，敏感化就会发生。

我在自己身上试验，最后学会了利用这两种变化。我发现，用几种基本的方法调动大脑，能使我对一些刺激习惯化（不为平常的事物分心），对别的刺激敏感化（锐化我的注意），这样就能收回我散漫的心灵，并用意向来重新指导突触传递信息。有一次，我学习的房间里有一台弹子机摆在我的身旁，还有一台电视在我身后。我学会了在做功课时对这两部机器统统无视，并在完成功课后玩一局弹子机奖赏自己。

随着时间的推移，我完全掌握了类似有意劫持大脑的进程，并根据不同的需要降低反应或者提高专注度。结果就是：我做到了在目的性最强的事务上集中注意力，并始终维持，从而在机会出现时发挥最大的影响力。我对这项技能调整精修，直到学会运用这些有力的工具达成高度觉醒和深度参与的状态，我将这种状态称为“觉照”（lit）。

这么称呼它有两个理由。第一，“觉照”这两个字贴切描述了灵感闪现的感觉——仿佛在黑暗中扭亮一盏明灯，或是一点火星引燃了你的思绪。你只要经历过顿悟或是震撼，或曾经极度兴奋，你就体验过这种火星。第二，觉照也是这种时刻在研究它们的科学家眼中的样子。在大脑内（还有肠道中），专注的状态会激活神经元。在大脑中，这会使皮质血流加大，让神经科学家在功能性磁共振成像（fMRI）上识别出来。从显示器上看，这些含氧血会照亮平日里灰色的脑组织，使其泛出橙黄色的活跃热点。新兴的科学理论指出，这种神经元活动关联的不仅有特定的认知活动，或者恐惧和愤怒之类的情绪，还有爱、敬畏、幸福、有趣和所谓的“巅峰状态”（或者叫“心流”）。[4]

在我看来，觉照乃是一股生命之力，是一种在自然和宇宙之间，也在每个人的心中鼓荡的能量。它能驱动我们人类（但不限于人类）天生的联结与好奇，这两样早已编入我们的DNA（脱氧核糖核酸），是产生奇妙感或者“合一”感的一条电路，这在婴儿和年幼孩子的身上有着充分展现。当我们离开了觉照充足的幼儿时光，就需要刻意解开封印才能再度获得这股能量之流。但是说来意外，我们也可以通过生命体验轻松地做到这一点。和所有的旅程一样，这条路上有险阻需要翻越，各种障碍或处境都可能使觉照的联结变得暗淡。但这些都是能克服的。经由生命的冒险，我们投入并得以充分激活觉照。你要做的，不过是擦出一点火星将它点燃。

这一点觉照的火星是大脑的一种机制，大脑通过它来获得关键的转化性能量，并由此激活我们的感官以及思维进程。在觉照模式下，我们的各种能力都发挥到了最高水平。我们不仅能锻炼出心智的肌肉来聚焦注意，还能培养出自信与敏捷来灵活快速地运用新的信息。我们会更轻易地调用批判性思维的技能，不至于盲目地接受由别人灌输或者要我们相信的内容，尤其是当这些内容与我们的直觉相悖时。我们变得更容易与他人联结，对周围的可能性更加敏锐，也能更好地利用它们。在一股持续补充的能量流中，我们不断地学习、成长、创造、迭代，一边积累才能，一边做出最好的成绩。

当我磨炼各种策略使自己能随心所欲地激活大脑，我发现了 12 条简单好用的策略。当我有任何需要，它们总能以相应的方式打开我的思维。无论是引导注意还是打断注意，集中焦点还是扩散焦点，故意刺激心灵还是安抚心灵，这些点燃生命的工具总能为我所用，并在我将它们分享出去之后服务他人。

当发现自己能随意进入觉照状态时，我和各种障碍之间的关系变了。在物理学中，惯性是物质的一种属性，是对速度或方向变化的消极抵抗。除非有外界因素干预，一个静止的物体将始终静止，一个运动的物体则将保持运动。重力和摩擦力会拖慢一个滚动的球体，人们用力踢它一脚会加快它的速度。在比喻意义上，惯性就是人的惰性，而觉照就是那打破惰性、使球滚动起来的迅猛一踢。就我的经验来说，无论惰性的原因是外界的抵抗、自身的习惯、冷漠，还是持续太久的一段静息，多年以来，只要我的大脑处于上述状态，就没有什么能阻止我，直到今天仍是如此。我是觉照的。

一旦学会运用我那个有着非典型的神经元和贪婪好奇心的混沌大脑，我就成为一个在全球开展业务的生物工程师和企业家，我发现有无穷的机会可以提问、创造和革新，并且帮助别人也做到像我这样。有了这些觉照工具，我不再是那个困惑沮丧的孩子，只能在加拿大乡间的特殊教育课堂上受人排挤，我成为一名生物工程师和医学创新者，并获选成为美国国家发明家科学院、英国皇家化学学会、美国医学与生物工程院、美国生物医学工程学会，以及加拿大工程院的成员。作为教授，我培养了 200 多名学生，他们中的许多人如今在世界各国的机构担任教授，或者在企业从事创新工作。我发表了 130 篇同行评议论文，引用数超过 3 万，我还获得了 100 多项已经颁发或正在审查的国内和国际专利。觉照工具还帮助我参与创建了 14 家公司，产品或已上市，或在开发。最后，我能在实验室里创造一个卓有成效、互相支持、活力充沛的高能环境，这些工具也发挥了关键作用。不久前，这间卡普实验室正式更名为“加速医学创新中心”。

这个孩子曾经看起来毫无前途，成为青年后又灰心丧气了好些年，是觉照帮助了他。2011 年，我在中学母校的毕业典礼上致辞，并成为第一个入选学校名人堂的校友［同一批入选的是加拿大知名摇滚乐团“我的地球之母”（I Mother Earth）的两位成员］，而就是在这个学校体系里，曾经有许多教师对于我未来的成就绝不看好。

虽然现在我每天仍为各种事情苦苦挣扎，但我还是可以感激地说上一句：这些觉照工具使我不仅达到，而且远远超越了早年的悲观预期。不过最令我兴奋的还是这些工具为别人做到的事情。我实验室里的成员，在离开后有的创立了自己的实验室，有的创办了企业。他们一直在证明，自己的工作对这个他们想要改变的世界，发挥着无可估量的影响。他们推进各自领域的工作，也改善着千百万人的生活。你将在书中认识他们中的一些人。

如果你想在科学和医疗中取得突破，如果你想在所有领域促发成功且颠覆性的创新，由此支撑起更健康的社群，如果你想隔开噪声的干扰，专注于最重要的事业，你就必须参阅大自然的方法手册、人类演化的“兵工厂”，并学会运用其中的一切工具。我们必须将思想打散并重组——不是偶尔为之，而是天天如此。在实践中，觉照工具使我们能发现任何先天的倾向（包括不好或不利的行为和习惯），然后有意识地往其中注入能量，创造积极成果。这其实比你想象的要容易，因为你越是这样身体力行，你的回报和势能就越大，造成的持久影响也越强。利用觉照为大脑充电没有年龄界限，不论你多老或多么年轻。事实上，觉照工具可以挽救孩子的人生，就像挽救曾经的我。

发掘你的神经多样性

有些人想当然地认为，自己的禀赋不足以做到高度灵活和专注，也无法维持高水平的产出、自律和投入。人们之所以相信这个谎言，往往是因为在早年接收的信息。在任何一个搜索引擎中输入“曾经失败的名人”，你很快会知道教育者曾认为爱因斯坦是一个差等生，爱迪生小时候“满脑子糨糊”、不值得留校接受教育。[5] 华特·迪士尼一度遭到解雇，因为老板嫌他“缺乏想象力和好的创意”。奥普拉·温弗瑞的雇主也曾说她“不适合播报电视新闻”。

这些还仅仅是人们记录下来的故事，还有无数故事没有流传下来，其中的主人公曾被视为失败者、后进生、学东西太慢、不正常、不够格、缺乏动力，后来他们却都成就了大事。我敢说你在人生中也认识这样的人。现在我们知道，许多学生之所以学习困难，是因为他们和大多数同龄人的学习风格不同，或是他们听信了别人的贬低，由此认为自己永远也无法学会数学和阅读这些科目。结果就如已故的肯·罗宾逊所说的那样，“我们用教育磨灭了人的创造力”。罗宾逊是英国作家、演说家、教育和艺术领域的国际顾问，这句话出自他的演讲《学校是否扼杀了创造力？》，那是 TED 节目史上浏览量最多的演讲之一。在这方面，政治压力更使局面雪上加霜，原本可以开发学生批判性思维技能的内容和指引，现在都被不断压缩。学生们越来越不明白一个道理：他们是有能力的学习者，在许多方面与众不同，并且人人都有贡献价值的潜能。

说来或许出人意料：只要短短一个小时的教导，就能让孩子们明白他们的智能是可以通过努力开发的。[6] 根据“学习心态全国研究”（National Study of Learning Mindsets）的结果，一旦他们明白了这个重要的真相，成绩就会明显提升。[7] 许多年轻人需要一位导师，需要有人额外推他们一把。通向知识的道路不止一条。

社会本身，加上人类这个社会物种对于融入和归属的渴望，都可能对创意和批判性思维构成抵制。我们在其中出生、成长、接受教育、接着踏入职场的社会环境，在很大程度上是我们无法控制的各种文化力量的产物，它们的变化速度也可能慢得令人痛苦。[8]学校之所以成为批评的焦点，原因之一是在学校这片竞技场上充斥着各种引发分歧的教学法、政见和民意，孩子们的声音反而被淹没了——许多启迪人心的教师同样发不出声。毕竟，人类的神经多样性不仅限于古怪的头脑。神经多样性的范围涵盖了所有心灵、所有孩子。在这个巨大的连续体上，我们中的每一个人，包括你在内，都多少有一点与众不同。这就是为什么我们所说的“天才”会以多种不同的形式展现出来，它跨越了人类的所有事业和整个人类大家庭，而不是只在少数几位名人身上才有所显露。许多宝贵的潜力之所以没有得到开发，只是因为我们没有认出它们。

坦普尔·葛兰汀是一位科学家兼作家，因为对动物行为的研究和孤独症患者的人生经历闻名于世，她曾经描述了自己是如何用特别的专注和紧张来应对工作与生活中的复杂难题的。她曾向我说起她是如何一步步走入科学事业，又如何使更多人走近动物行为的复杂课题，她告诉我：“孤独症患者看问题更简单。”作为教育活动家，她敦促人们更多关注神经多样性，尤其是“视觉学习”（visual learning）的价值。她警告说，教育实践如果辜负了这部分学习者，也就辜负了整个社会。她曾在《纽约时报》撰文指出：“既然我们如今都希望学生能够全面发展，我们就应该用心确保教育也能面面俱到。”[9]她表示发散性思维的某些特质和技能“乃是创新和发明的关键”，它们“对许多社会问题的现实解决至关重要”。

和葛兰汀一样，还有人发现自己不同寻常的心灵特质虽然在某些情况下被视作缺陷，实际却可能是自己最大的资产。生物的多样性和每一个物种的贡献，是地球生命在演化上的一项优势。大脑在分析世界时的多样性同样是一种价值，这一点对每个人都成立。多样性能使群体的智力更加高超。

“每一个孩子在开始上学的时候都带着闪光的想象、丰富的心灵和敢于在思考中冒险的意志。”罗宾逊曾这样说。[10] 他在《让天赋自由》一书中写道：“诀窍是不要把教育标准化，而要个性化，要发现每个孩子独特的才华，从而成就他们，要营造一个友善的环境，让孩子在其中向往学习，并且自然而然地发现自己的兴趣所在。”[11]

而当学校变成一座学习工厂，只用效率来驱动课程、指导、测试和评估的引擎时，它就会辜负每一个人。虽然那些被困在边缘的孩子会吃更大的亏，但只要是多样性遭到排挤的地方，就没有人能够发挥创意。

当我们为不知何时会到来的系统性变化而奋斗时，我们要着重为自己和所有孩子创造一种生活策略，以此释放自我的潜能。比如对我们自己，就可以一步步地培养好奇和创意，积极地参与到世界中去。罗宾逊把这比作采矿：“人力资源就好像自然资源，它们往往埋藏得很深，必须探寻方能得到。它们不是随便地散布在地表，你得创造出合适的环境，才能让它们显露出来。”[12] 在和我的对话中，葛兰汀也说教育必须创造条件，让孩子们在学习中发挥全部潜能，让他们自己选择并承担后果，要相信他们有能力将自己的潜能释放出来。[13]“你一定要给这些孩子充分发挥的机会。”她说，“你不能把他们往泳池的深水区里一抛了事。”我们都需要通过这样的“发挥”来为学习和生活注入生气。

能量传输，觉照中照见的东西

当我努力为觉照的心灵状态寻找一种科学解释或是根本的理解

时，我听取了科学家、心理学家、哲学家、社会活动家和其他人的各种意见。就像那个盲人摸象的寓言，每个人都触及了觉照现象的一方面关键真相，其中体现了他们的专长或经验所形成的视角。而在我看来，将这些见解组合到一起的统一原则，乃是“能量”这一简单的概念。

作为科学家，我自然热衷于用“能量传输”的概念来理解事物的原理，包括一项工程的壮举、一片自然的生态系统、一次婚姻或灵感的传播力。植物通过光合作用将阳光的能量转化为自己生长的能量，并最终随着我们吸收食物中储存的能量，转化为我们的生长能量。但到这里事情还不算完。能量的每一次传输都会引出下一次。吸收的能量维持我们的生命，它接着转变成行动，支持我们的工作与生活，使我们能与他人、与环境互动。每一次互动中我们都在传输能量——我们使能量流动了起来。能量的传输是自然界的固有进程，而自然界也包含了我们。

本质上讲，我们都是能量生物。能量场始终在人体内，在我们的心脏、大脑、皮肤、肝脏、肠道，以及我们的所有原子组件中发挥作用。我们做出的每一次反应，无论是对环境，对其他人——对他们说的或者做的事情，还是对我们自己的思想，都改变着我们体内的原子运动，并由此改变着我们体内的能量场，以及我们产生并向外传输的能量。当我们说出自己“充满能量”地做一件事时，不管是为了某个目标而工作还是去见一位朋友，我们说的都不仅仅是一种感觉或者情绪，而是生理学上的一个事实。因此，当我将“觉照”说成是点燃新的潜能的高能大脑状态时，其中的能量传输就像光合作用或者踢球一样真实。

我们常常通过自己说话的内容或者方式，将情绪能量传递给他人。就连灵性也不例外，无论我们以什么方式体验它，其中都包含了一种能量传输，它起初让我们振奋，然后再以某种表达方式传输给他人。

灵感、爱乃至悲伤，都是能量转化的形式。科学到现在还无法解释这种转化，但所有这些能量都在以某种方式交叉和协同。它们的交叉处产生的能量火花（也就是觉照的火星）成为催化一个动态系统的力量。这个系统驱动着地球，并为它多元的生命之网补充能量。无论我们的处境如何弱化这种联结，这点火花永远会蕴藏在所有人的内心深处。

> 生命中的一切都是振动。[14]
>
> ——阿尔伯特·爱因斯坦

近些年，神经科学已经揭开了一个谜，显示人脑天生有随着意向变化和成长的能力。原来，我们竟能随心所欲地获得一种高峰体验或者最优的意识状态，并通过调节自己的大脑来维持它、扩展它，并将它付诸行动。我们不仅能在从事喜欢的活动时做到这一点，也许更重要的是，不喜欢的时候也行。当我们困顿或者觉得疲惫、沮丧时，也能达到这一境界。而这些时候，恰恰是我们成长、改变和创新的关口。想象一下，能够随心所欲地充分投入，或者随意修正（甚至改善）你对任何处境的体验，那是什么感觉？我们就是能做到这样。每个人一生下来都有觉照。这里没有什么不是你的大脑原本就会或者能够学会的。

觉照者生存

演化的故事往往被呈现为一次反光镜里的漫长回顾，镜中映出的是生物最初离开那片原始沼泽，并在时间中一路跋涉到今天的旅程。这是一个用适应对抗灭绝风险的故事，那些无法适应环境变化的物种都没能幸存下来（不要以为它们都是演化上的懈怠者或自然意义上的失败者，越来越普遍的情况是，它们无法克服人类对它们的生境造成的灾难性破坏）。在所有幸存者中，我们未必较其他物种优秀，只是我们用不同的适应方式，取得了一些成功而已。我们捧不起演化上的“长寿奖杯”，许多植物和动物物种都存在了更久，并且许多动物在飞行、跑动、游泳、视听方面的能耐都远胜我们。事实上，我们直到很晚才认识到了动物、植物和其他物种多样而高度复杂的智能形式[15]，科学记者埃德·扬将这些形式称作一个“大千世界”（immense world），他的一本书就起了这个标题，那也是詹姆斯·布赖德尔在《存在之道》（*Ways of Being: Animals, Plants, Machines: The Search for a Planetary Intelligence*）一书中描写的“行星智能”（planetary intelligence）[16]。布赖德尔这样写道：“直到不久之前，大家还以为人类是唯一拥有智能的动物。智能是令我们在一众生命形式中脱颖而出的特征，甚至可能最好用的智能定义，就是干脆说它是‘人会做的事’。但现在已经不能再这么认为了。”他接着写道：“我们正在准备接纳一种完全不同的智能形式，准确地说，是许多种不同的智能。”

我们真正的独特之处在于，人脑演化出了一张非凡的加工网络，它能持续地重组自身，将新的信息整合进来，这一过程被称为“可塑性”（plasticity）。神经科学家莉莎·费尔德曼·巴雷特撰写了大量著作介绍人脑的可塑性和情绪的神经生物学机制，她指出：“你脑中的神经元，其微观成分每天都在渐渐变化。枝杈似的树突长得越来越密，它们构成的神经联结也变得越发高效。在你和其他人的交往中，你的大脑也在一点点地调整和修剪。”[17]

大脑用这种快速而健全的方式重排电路，以应对新的体验、信息和洞见，这赋予了我们创造性表达、制定战略和解决问题的能力。凭借这些能力，我们登上了月球，创造出了艺术杰作，不仅发明了自然疗法，也运用先进的药品、植入物以及手术技巧治愈自身，减少疾病的传播。这种演化优势令我们不仅能适应环境的变化，还能有意而迅速地将环境改造得适合我们——这一点是其他物种无法轻易做到的。

加上我们还会讲故事，并能调整和改动故事，再讲给自己听。我们编排了关于自己、关于世界的种种叙事，其中有个人发明，也有集体创作，它们塑造了我们的信仰、行为和我们对世界的感知，也定义了对我们最重要的事物。我们根据欲望和价值观做出行动，围绕那些叙事创造并修改现实，再用我们的大脑来适应新的环境。比如当我用这面镜子自照，我发现多年以前，在事业刚刚起步的时候，我曾经不分昼夜地工作，被无关紧要的小事淹没，在许多方面都成为家里的隐形人。但在当时对自己编的故事里，我却是一名不可思议的多面手，狂乱却有效地平衡着工作和家庭。后来终于有几件事情将我震醒，我这才看清了这个故事中的谎言。我决定改变重心，致力实现以家庭为中心的生活。这一叙事的改变不仅更正了我多年来肤浅的期望分级，也更正了我对家人、自身和工作的体验，这帮助我开始取舍，使自己的行为与意向吻合。我发现自己越是根据这些意向做事，我的思维过程和之后的行为就越是自然且充满能量。故事一变，我的大脑也跟着变了。在社会的尺度上改变叙事也有同样的效果。无论身处任何大小的社群，只要我们重新整理对自己讲的故事，集中注意和能量去解决难题，而不是仅仅与难题共存，我们的大脑就会具备适应力，并能用新的方式推进我们的事业。

令我印象深刻的是，多样性、适应性、协同性和关联性，这些元素共同体现了大自然通过演化蓬勃发展的进程。蘑菇和其他真菌将关键的环境信息与养料输送给树木就是一个例子，而类似的例子数不胜数。大自然的多样性中呈现了借助协同关系来适应的种种方式，所以每次大自然被击倒后，它都有办法再站起来。这不是说大自然总能恢复遗失的或者严重损坏的东西，而是说大自然中的系统和进程总能可靠地激活，推动下一轮适应和成长。

大自然的方法手册还可以为我们所用，其中的妙处不仅仅在于你可以走进自然、观赏景色或者闭上眼睛期待好事自动发生（也不是完全没有可能）。从实践的角度看，沉浸到大自然中，能刺激大脑不仅关注它看起来、摸起来是什么感觉，也关注它里面有利于人类健康和生存的内在进程。觉照的工具能将我们的注意聚焦在这些体验的切入点上，使我们向着那些适应性的、关联性的进程敞开感官。这些进程美妙而有力地将能量注入万物，而我们也是其中的一分子。这种体验我们是可以自行创造的。表观遗传学指出，我们的体验能持久地影响我们的遗传表达，也就是哪些基因打开、哪些关闭。因此，有意向地体验和通过选择促成变化，是我们最接近参与自然演化进程的手段。

将大脑看作一张与我们的环境和体验互动的适应性网络，能让我们看清一件事情：眼下，我们的大脑与之互动的那个环境，或者说那个已被我们"人化"的环境，正在扰乱我们的适应能力。

这里我想到了迪士尼神奇王国里的那座"进步旋转木马"（Carousel of Progress）。那是一个巨大的旋转舞台，上面陈设了真人大小的机械角色，代表20世纪的一个"典型"美国家庭，正享受着电力和技术进步带来的生活情趣。这个展台最初是为1964年的世界博览会而建，历年来不断更新，以体现一波又一波改变我们生活的技术创新。这个展览我看过两次。第一次是20世纪80年代，我自己还小。第二次是21世纪初，我带了自己的孩子，每次我坐进旋转剧场，都会特别留意那种对于进步激情的理想化描绘。它呈现的只有所谓的"创新"，一点没考虑到创新的消极后果。它在无意中讲述了一个更大的故事，令我觉得尴尬。那个故事讲述了对于单一进步的向往所产生的冲击，在这种进步中人与自然的关系是割裂的、欠缺的，人似乎不再是自然生态系统的一分子。它将人类文化抬高为人的主要环境，对人的种种抱负都做了简化，似乎人活着就是为了规划一种远离自然的生活，但这么做只会让我们远离天然的自我中最好的部分。

这也一直是世界上大多数地方的主流叙事——至少是在大多数有人类生活的地方。也因为如此，我们创造了一个充斥着人工制品的环境。这是一个由便利、消费主义和威胁人类生存的过度竞争构成的环境，它使我们越来越脱离自然，脱离人际不可或缺的联系。实际上，对于更多、更好、更方便的向往，虽然在许多外在的方面确实改善了生活，却也阻断了心灵的内在运作。我们对于网络生活和数字设备的痴迷，对于消费产品和便利设施的享受，已经主导了生活，以至于为了所有实际的目的，数字环境和消费文化已经成了我们的栖身之所。经济变成了我们的生态系统。我们已经习惯了在这个人工环境中对营销信号做出反应，常常忽视了大自然对我们的提醒。在技术创新的推动下，这个人造生态系统飞速演化，人脑根本来不及发展出相应的能力识别它对我们造成的威胁。在远离自然之后，我们就和原始的关系脱了钩，而那种关系自古就是获得生存线索的一个可信来源。

在我们的祖先离开原始沼泽之后的某个时刻，在亿万年的演化途中，人脑从在敌对环境中生存所必需的原始本能出发，演化出了更为复杂的能力，我们凭聪明才智对环境做了改造，然而到头来却发现，这种改造竟然不利于我们的健康、我们的未来，以及地球本身的前景。本来，激动人心的技术、不断扩张的机会和便利或者将我们解放出来追求美好事物的高效率，本身并没有任何过错，但问题是，我们的部分大脑仍在依据石器时代的反射运行——行动迅速，却不善于考虑后果或者提前规划。这部分石器时代大脑扰乱了一条回路，使数字时代的大脑无法适应并创造一个有利的将来。于是我们的聪明才智反而威胁了我们的生存。

詹姆斯·多蒂是一位神经外科医师兼教授，他在斯坦福大学创立了同情与利他研究教育中心。他告诉我："我们身体的演化显然没有跟上技术的演化，前者需要数十万年乃至数百万年才能发生，后者只需要一次心跳就实现了，结果就造成了我们对生活在这个世界上准备不足。于是，所有在前现代世界的生活中有利的机制，现在都只会恶化我们的处境，增加应激、焦虑和抑郁。”

所以，现在我们应该放下演化这面后视镜，换一块向前的镜子来清楚地看一看我们为自己、为地球创造的这个环境。我们还必须想想，最明智的选择是适应这个人工环境，还是对它做出改变。

低能态脑的调光开关

相比于那些先民，我们的生活算是比较容易了，不需要太多技能，更安全，也更有保障。但人脑依旧偏好最简单也最节能的做法，就是依赖那些久经磨炼的机制和习惯。神经科学家描述了大脑降低能量消耗的一种“节能”模式，具体就是减少对信息的加工（为加工信息而产生电化学信号是很耗能的）。[18] 大脑会将一些关键的加工打包以提高操作效率，如果对这些加工都要一一思考，我们根本活不到今天。然而，我们越是依赖这种节能的维护模式——我称之为“低能态脑”（low-energy brain，LEB）——我们的大脑就越习惯于老旧的反应套路。

便利、奖赏和数字干扰的初衷都是劫持我们的注意力，并用感官刺激吸住我们，它们就像是大脑的糖果。当下的满足轻易变成了习惯，即使它们和我们的意图相违背，即使我们知道这一点，并且希望改变。这些习惯是很难打破的，原因正是它们瞄准并劫持了大脑的奖赏系统，并以此促成了 LEB 状态。

当人在 LEB 模式下待得太久，大脑选择了习惯性反应，我们可能就无法再做出专注而有目的的行为了，因为大脑会修剪掉使用较少的突触，也就是神经元之间的交流联结。[19] 实际上，这些消失的联结就像一个调光开关，它原本可以调高能量，让大脑开展更加复杂、有创意和刺激性的思维进程，也就是觉照状态！

> 你在这种低能量模式下获得的东西，其实更接近世界的一幅低分辨率图像。[20]
>
> ——扎希德·帕达姆塞，神经科学家

在这个问题上，对“技能掌握”（mastery）的研究提供了惊人的洞见。当科学家用fMRI扫描研究某人在掌握一项新技能时的大脑活动时，他们真的看到额叶中的光消失了。当新手尝试一项新的任务，他们的额叶会被神经活动点亮，在图像中呈现橘黄色的光。这是因为他们正在对学习中的每个步骤深思熟虑。而如果要求专家完成同样的任务，他们的额叶就是灰色多于黄色。因为他们不必在已经熟知的任务上投入同样的精神能量，只依靠储存在大脑其他分区中的习惯就行。即便是在童年这个大脑生长最充裕的时期，如果将大量时间花在同一种活动上，管它是足球还是电子游戏，那么以大脑对修剪的嗜好，过早的专门化也会造成神经联结网络的广泛萎缩，而这片网络原本可以促成更加健康和全面的发育。

即使在那些值得我们多加努力的事情上，LEB也倾向最简单或者最迅速的方案，比如人际关系，对于伟大事业的归属感和奉献，活得精彩，以及尽力让世界变得更好，这些领域原本都需要投入能量和注意才能蓬勃发展。但由于LEB对效率的看重高于一切，它会强烈压制我们打破习惯的动力。它还会限制我们与他人在时间中不断充实关系的能力。它阻止我们将眼光投向自身之外，不许我们从大自然和彼此身上获得灵感。它还会削弱我们天然的内省能力，不让我们获得更大的自我觉知和丰富的内心生活。我们的大脑还有一个固有倾向，会认为首先知道的或者反复听说的东西就是真的。在西北大学从事传播研究的内森·沃尔特教授指出，这会使我们在错误信息、虚假信息，以及复杂巧妙的宣传攻势中处于劣势，而这几样在社交媒体上都已经司空见惯。其他研究错误信息的后果以及它为什么难以纠正的学者也是这么认为的。沃尔特表示，我们虽然在这个新世界中航行，“但我们使用的载具，即我们的大脑，却已经非常老旧了”。

LEB 已经使我们陷入了某些早已对我们不利的模式。在我们的个人生活以及国际社会的交往中，大量的紧张关系和冲突都源自一代代被 LEB 驱使的人类行为：日常生活中的惰性或者更糟的习惯，偏见和歧视，自私，贪婪，以及对权力的争夺。这些默认行为都早已过了大修的年限。

当 LEB 在更大的尺度上主导社会，形势可能就危险了。我们生活的这个社会，人人都被铺天盖地的信息和虚假信息埋压。亚马逊、苹果和 Instagram（照片墙）之类的公司投入数十亿美元，利用我们的 LEB 行为赢利。社交网站运用了老虎机上的技术，它们用一波波变化的“点赞数”奖赏我们，目的就是劫持我们的大脑，让我们欲罢不能。网络的响应速度越来越快，吸引我们逗留得更久，并时不时地查看社交反馈。我们都知道，面对无尽的信息流和诱人的干扰，要费多大的劲才能阻止自己只是“随便看看”。一味地滚动屏幕比停下来思考还有什么可做要轻松多了。平台在演进，品牌在变化，用户们离开脸书、Snapchat（阅后即焚）、Instagram 和 TikTok（抖音海外版），迁徙到其他宣扬阴谋论和暴力的私密平台，但是所有平台的策略和目标都始终如一，那就是培养并利用 LEB 的行为。

没有了高能态思考，我们就只会照着大公司的操盘手以及政客的意思行事了。我们伸手就拿垃圾食品，不挑好的东西，即使我们知道它们是有区别的。我们按“购买”键向远方的网络零售商下单，却不愿掏钱支持当地的商户，再让他们反哺社区。我们接受网上的一张大脸对天下事发表看法，就是不肯多读几个信源（尤其是负责任的，有事实基础的那些），形成自己的见解。我们生活在这样一个社会：人们宁可漫不经心地在社交媒体上浏览（或谩骂），也不愿开展更有意义的交流。LEB 给创造性思考踩下了刹车，问题是唯有这样思考，我们才能解决复杂问题，或是看到新的可能；当遇到阻力时，LEB 会立刻滑入早已走熟的老路，怂恿我们一遍遍采用同样的工具和方法。

我们在这样的消费和互动上花的时间越多，大脑就越是习惯并依赖那些短暂的“热点”或是肤浅的联结。我们越是期待别人点赞，就越会习惯性地需要它们，也越需要更多能量才能让注意力摆脱出来。低能态的反馈回路变成了一股精神重力，拽着我们向下，阻碍我们获得觉照。在这个过程中，我们任由别人定义什么东西重要，并以此做出有意向的决定。当然，有些习惯确实对我们有利：掌握了某种技能，我们的注意力就能解放出来去学习新的技能，去梦想，去创新和改进，但前提是我们要有意识并且持续地督促自己这么做。觉照工具能使我们跳过低能态脑和觉照之间的缺口（就像火花塞中的火花），充分接入那张可塑性网络，瞬间使之重组。

鲁道夫·坦齐博士是一位科学家，他的开创性研究在阿尔茨海默病和神经科学的其他谜题上不断取得新进展。他表示，人脑的演化故事正在翻开演化史上一个关键的新篇章。他认为我们的边缘系统（大脑的情绪中枢）也在演化，原来只有本能式的或战或逃反应，受原始的脑干驱动，现在却演化为一种更精细的反应和反馈回路，其特征是情绪的觉知和高阶的思考。他告诉我：“现在出现了一个巨大的演化矢量，那就是从自私转向自觉。”他表示，人的思考、行动和体验方式会塑造我们的遗传表达，并通过基因的遗传塑造我们的发育、健康和幸福。“旧的大脑是自私的，新的大脑是自觉的。我们正处在两者之间，何去何从，关键看自己的选择：我们是要自觉地知道自己的大脑目前在想什么，还是甘愿屈从于脑干，受它的本能驱使，一边为所欲为，一边在恐惧、欲望和限制中度日？这是我们每天都要做出的抉择。”[21]

意向激发能量

心灵的觉照状态是每个人天生具备的，始终可以进入。一旦学会了如何靠意向使用它，我们就能在任何时间、任何环境中进入觉照。你将在本书中读到的觉照工具能够点燃能量，激发生活中的任何方面。你既可以在短期运用它们为当下充能，也可以用它们来做长期规划，创造你向往的生活。在自然界，能量会从一种形式变为另外一种形式，比如从势能转化为动能。与之相似，你也可以将觉照视作下面几样东西。

- 一股天然的能量流，始终在生态系统内部，也在你的内部交换，随时可以利用。
- 一种天然的大脑提升状态，随时在流动演化，其特征是积极的好奇心、富有创意和知性的唤起，以及专注的情绪投入。
- 一种与生俱来的进程，一套由原则和觉照工具构成的体系，你可以用具体而实际的方式点燃这个进程并保持它的运行。

但最重要的是不要只顾着思索它，而是要用任何简单的步骤实践它，随便从什么地方开始都可以。那么应该如何使用这些工具呢？要么听从你的好奇，要么随便拿起其中的一件开始一天的生活，出现机会就使用它，什么样的机会都行。你对它们的使用越频繁，觉照的出现就越自然。

最妙的是，这些觉照工具不仅简单好用，还会让你形成习惯。久而久之，你会发现觉照的火花已经长燃不熄。在大脑中，点亮神经元的能量传输形成了自动催化——点亮越多，就越容易点亮，因为神经通路已经建立，并且忙碌不停了。不同于那些劫持我们的大脑，并将创意和好奇的能量调低的习惯，觉照反而会为这些通路充电，它会关闭我们的自动飞行模式，使我们保持警醒、在场和投入。你可以说，觉照采用了劝导式设计的原则，用诱人的奖赏满足大脑的渴望。不过，这不像追逐利润的营销人员驱使你选择，在这里，你才是做主的人，是你在将能量引向对自己最重要的事。那可以是群体讨论一个点子，激发你的创意，深化你的日常体验，也可以是改变你生活中的某件事，乃至改变世界。

演化加速创新

在我们的实验室里，觉照进程和觉照工具几乎体现在一切活动之中。我们的目标是尽可能迅速、严谨地找到新的方法挽救生命，改善每一个人的生活品质。我们挑战的领域包括药物输送、内科装置、诊断学和再生医学。我们希望在全球的尺度上创新。每次取得进展，我们都会退后一步问自己：怎么把规模再扩大些？再怎么做可以帮助更多的人？如何用学到的知识做出重大贡献？

无论是会议、报告、决策还是闲谈，我们都会用觉照工具激起创意和兴奋。我们甚至把偷懒也算作一种觉照策略（见第十一章）。无论能否找到什么东西直接用于任务，从大自然传来的能量总能输送丰富的创意、精力和工具，帮助我们解决问题。当你感到自己的想法陷入了僵局，你就注定会失败。这时候以任何方式向自然求助，都能替你打开全新的思考角度。

这个过程是我们开发创新性医疗方案的关键。除了用蛞蝓和沙塔蠕虫启发一种外科黏合剂，我们还借助同一种面向自然的创意过程开发了其他东西：一种模仿水母触须的癌症诊断方法，模仿豪猪尖刺的外科缝合钉，以及模仿一种棘头虫的口鼻开发的一款微小的针垫，它表面布满可膨胀的针尖，能吸收组织液作为诊断样本。这些仿生学方案都是从大自然中获得的灵感，再用这些灵感以新颖的方式激发我们思考，它们的发明都不是偶然的。我们常常求助于那两位有史以来最成功的研究者：演化和自然。我们会有目的地探寻新的角度看待问题和答案，还会更有创意地思考各种可能。

在实验室成立的最初几年里，我一直叫它“加速医学创新中心”。这个名称不好缩写，而且太长了，不好记，但这就是我的初心——加快创新的速度。只是我当时没意识到，我们为加速医学创新而开发的流程，竟能在任何场合、为任何人所运用，使他们快速获得能量，并专注地采取行动。为此我写了这本书。

伟大的心灵都有觉照

当我开始思考将“觉照”写成书时，我怀疑是不是只有自己才有这种体验。我对于点燃创新的流程和工具的重视，能够广泛地传达给其他人吗？我作为科学家、工程师和发明者，在发现我过去开发出来应对学习异常（learning differences）的工具有效之后，也想要和大家分享。但是首先，由于我向来希望对有效的东西做出改进，我很想知道其他人是否也有和我一样的特点，以及能否在这些策略之上更进一步。这将我引向了一群五花八门的人，他们对自己和社会都造成了各种影响，我将在本书中逐一为你介绍。我希望了解其他人都是用哪些工具摆脱他们自己的低能态脑，没有躺在过去的成就和专长上轻松度日的。我希望了解以下几点。

- 其他人是如何发现并培养对他们来说重要的东西（他们热爱的事业）的?
- 他们是如何优化自己的努力，并产生最大影响的?
- 他们是如何做到目标专一并保持前进（而不是受生产效率的驱动）的?
- 他们是如何在挫折中坚守梦想或抱负的?
- 他们是如何持续地学习、成长和进化，不断超越之前的成就的?
- 他们是如何在体验中将自然视作自己人生的一个方面的?
- 他们是如何评价自己的人生，自己的经历中那些鼓舞人心、近乎奇幻的方面的，又是如何评价他们的那些启发思考、偶尔奇特的洞见的?

当我与各位杰出人士交谈时，他们纷纷说出自己的经历，还推荐其他人接受我的访谈。我差点就无法停下来写这本书了，因为每一次访谈都令我感到兴奋和着迷。这就是觉照的魅力。

我发现他们中有一些人和我一样，也曾经因为各种神经多样性状况或者其他难题而挣扎。在成长的岁月里，他们也遭遇过阅读障碍、双相情感障碍、孤独症、注意障碍和其他疾病的挑战。还有一些人从小就被鼓励从事自己热爱的事业，他们也早早学会了将内在资源用作心智工具。原来伟大的心灵并非千篇一律。他们是多样化的，有不同的动机；他们是脆弱的，和普通人一样并不完美。他们也有一些共同特质：他们都会从许多线索和经历中学习，他们都有相仿的决策习惯，也都会有意识地支配自己的时间、能量和注意力。他们破解了如何持续为思考充能并付诸行动的密码。这些策略也是觉照工具箱里的核心元素。我希望在这些故事里，你能找到他们的相似之处，并获得灵感，点亮你自己的觉照之旅。

鲁道夫·坦齐从小听他做医疗转录员的母亲讲述病人和他们的

挣扎。这些故事令他好奇，也激发了他从事医学研究的志趣。他对我说了一种他经常使用的简单流程：无论是向国会小组委员会介绍科学话题，参加电视谈话节目介绍自己的新书，还是上台和史密斯飞船乐队的乔·佩里一起演奏键盘，他都会提醒自己，这一次他准备了什么，目的又是什么。“你不是来卖弄的。”他会告诉自己，“你不是来赢得比赛的，也不是来作秀的，你的任务是用准备好的东西服务别人。”

我也这么认为。我写这本书是为了向你传达我学到的东西，它们有的来自给予我启发的诸多线索，还有的来自我的切身经历。当你阅读本书并思考其中的策略时，我只对你提一个要求：要用这些策略服务别人——你的家人、你的朋友、你的同事、你的社群，还有你的世界。我们今天所面临的重大事项和重大问题、我们生存中必须解决的那些问题，都要求我们拿出最大的热情和才智，用高能态的大脑想出应对方案。我们个人要想活出有意义的甚至仅仅是快乐的人生，也要有这样的态度。

人类潜能远远超越了单纯的效率甚至单纯的舒适，但我们常常会忽视这一点，因为周围的人说的多是生产效率而非目的，多是服从而非创造性和批判性的思考，多是“我”而不是“我们”。这种对成见不加质疑的习惯最终会限制我们的能力，使我们无法引导自身的能量达成最大的影响和最大的善，而那可能才是我们最大满足的来源。低能态脑是一个调光开关，它调低了我们的最大潜能。

我们无法预见人类在未来地质时代的命运。我们只能在自己的演化史上拍一张快照，未来的人类，可能在外观和生活方式上都与今天的我们迥异。但是演化这个不断改进的过程仍可以作为一个有用的模型，指导我们个人一生的发展。有一件事是肯定的：我们不必眼睁睁看着光照熄灭。我们仍保留了自然赋予的神奇大脑，能在前进的路上解决问题。我们也都具备一套表达自我的工具。我们应当在时间中淬炼和改进这些工具，以此活出最有成效的自我。

启迪，学习，行动，进化，用本书中的觉照工具来激活并培养大脑的可塑性，还有你自身（以及社会）的演化潜力吧。

世界需要有人从全新的角度来看待各种问题和可能性。

世界需要你。

唤醒觉照的时候到了！

前言　让球先滚起来：降低启动能量

我要对本书中提倡的许多觉照工具说句实话。起初你可能会觉得，点燃大脑中封存的能量、兴奋、创意和激情是一个诱人的想法，但接着你就气馁了——这听上去似乎很好，但又感觉像是在执行一项任务。这确实是一项任务——是你的大脑的任务。任何有意向的行为都需要大脑的努力，不会像自动飞行那样简单，特别是当你试着从现成的模式切换到新模式时。不过，只要能坚持做出哪怕是小小的改变，久而久之，你的大脑就会重写自身。在这个过程中，开展新任务所需的精神能量也会减少。到了某个时候，新任务就会转化成老任务，无须太多努力也能自动执行。将觉照工具变成思考习惯的妙处在于，这些工具越用越好用，它们会更加轻易地进入头脑，并为你的思考注入新鲜能量。就像前文所述，只要改变我们对自己讲的故事，就足以引发基于大脑的变化，剩下的就让它自行展开吧。

无论你是从哪件觉照工具入手，无论你的目标或意向是什么，你需要做的一个普适的步骤就是降低你的启动能量（activation energy）。这在科学上称为“活化能”，即一个能引起一系列变化的反应在触发时所需的最小能量。火花塞产生一个电火花，由此点燃油气混合物并发动汽车。酶是一种天然催化剂，它们能加速体内的化学反应，自身却不会被这些反应消耗或者永久更改，而是会继续反复地催化同一种反应。这两样都促成了活化能的降低。觉照工具也是如此。

在日常生活中，朝着目标迈出第一步所需的启动能量越低，我们就越容易着手某事并做下去。那可以是一件简单的小事，比如想去跑步就先把跑鞋在门口放好。只要在门口看见跑鞋，我们就自然会想起跑步，这就降低了跑步所要付出的精神努力。

启动能量不断影响着我们在日常生活中的选择：是看一部你中意的戏剧还是吃几块你最喜欢的曲奇？是到网上买点东西还是接着滑动手机屏幕看社交媒体？这些活动的启动能量都很低，因为你本来就喜欢做这些事情，尤其是社交媒体，它们的全部技术和用户体验都经过了精心设计，目的就是引我们上钩并抓住我们的注意力。那么要不要清理一下已经六个月未收拾的壁橱呢，或者在休息日把自己拽去健身房？不高兴去，对吗？这些是你本来就不想做的事情，启动能量自然会高些，因为你先得克服自己的惰性或是抗拒心理。通常情况是我们其实拥有做这些事情的能量，只是缺乏动机，令我们觉得启动能量很高。降低启动能量就能推动“心灵的意愿”（willingness of the mind），这是从罗宾·沃尔·基默尔那里借用的说法。[1]

开始朝着目标努力时所需的能量越大，感觉上就越艰难，进展就越缓慢。这些都会使人气馁，再加上工作中要付出的努力，就使得我们越发不情愿开始或继续一项行动了。我小时候在学校里苦苦挣扎的时候，要克服的不仅是学习内容，甚至不仅是我的学习异常，我心中的羞耻和焦虑有时才是更大的障碍。一则知识你总能学会，但要克服羞耻、管制焦虑就难了。为此，我给自己设定的任何目标都伴随着很高的启动能量，显得无法逾越。而觉照工具对我的帮助，是改变了我的思考方式，或者说改变了我的思维进程，其中包括我对自己的想法，以及怎样从小处开始积累，最终走向意义重大的进步。

觉照工具的实质是示意大脑驱散惰性，开始行动。无论第一步怎么跨出，只要你设法降低了启动能量，之后就会变得轻松。

下面介绍四条觉照策略，无论你运用任何工具，它们都能有效地降低启动能量。

- 障碍最小化。首先要确定你的阻力来源，然后尽可能消除它们，或者叫别人帮助你消除。
- 奖赏最大化。这里的奖赏可以是任何使你兴奋、愉快、给你注入能量、镇定或安抚你的心灵、令你产生成就感的东西。
- 借势而为。利用我所谓的“意向速度”（velocity of intention）来推动你的“势”（momentum）。一旦你明白自己的意向并开始行动，就会积累起势能，速度也会增加。当你已经运动起来，再加速就比较容易。所以要从有利的环境或者周围有干劲的人身上吸取能量，这些都会强化你的动机。要有意识地培养行动而非不动的习惯，要用意向性的行动代替习惯性的举动。
- 把握自己。把一切想象成钟摆的摆动或者生物节律，生物节律会影响你的能量水平、新陈代谢、注意力、情绪，以及你身体和心理机能的一切方面。你可以根据自己在摆动或是周期中的位置，用不同的方式调低你的启动能量，并用觉照工具改变你的行动轨迹。

换言之，动机、势能和对时机的把握都能降低启动能量。

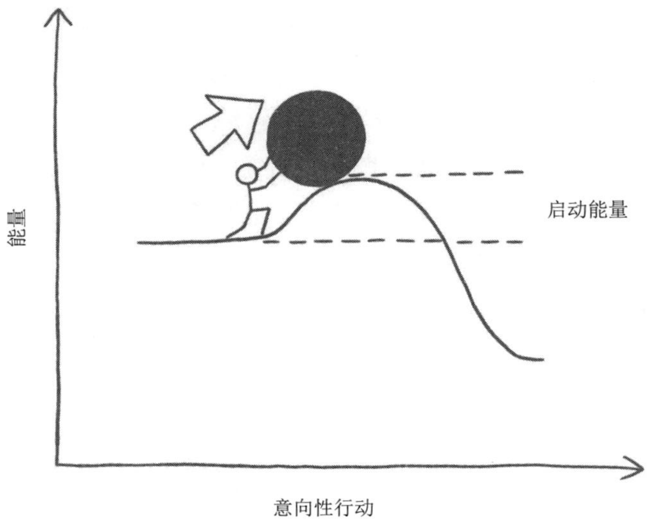

让球先滚起来：降低启动能量

启动能量是启动某个行为并使之延续的有目的能量。在上图中，启动能量就是将球推到山顶所需的能量，之后只要轻轻一推，球就会越过山顶，从另一侧的山坡滚落。无论什么活动，只要能把球滚动起来，“势”就站到了你这边，接下来的步骤就容易了。你可以将较大的目标分解成较小的步骤，然后分别降低每一步的启动能量。

大自然是站在我们这一边的：首先是神经化学的奖赏机制会激励我们的行为，其次是我们可以调整生理节律以把握最佳时机。我们都具备了能产生神经化学物质（多巴胺、血清素、催产素和内啡肽等）的细胞，这些物质能够催生快感（或让我们看到快感的希望）和其他我们想要一遍遍重复的体验。它们还能提升我们的动机、注意力和情绪。研究发现，探索新环境或者获得新体验能提高多巴胺水平，降低学习门槛，由此改善我们的记忆。这些奖赏会推高我们的研究动机，使我们付出平常不愿付出的努力。它们帮助我们与他人、与广大的世界深入交流，并最大限度地开发我们的学习能力和做出意向性决策的能力。最重要的是，它们会为我们的行动注入能量。每一件觉照工具都是以不同的方式运用这套奖赏系统，但首先得让第一步变得容易，接下来的每一步就会水到渠成。从事营销和其他工作的人也会为了各自的目的利用人脑的奖赏系统，他们创造出充斥多巴胺的环境，刺激我们的行为替他们赢利。但是我们也可以通过自行选择，培养或利用充盈着多巴胺的环境（比如创意、好奇和有意义的人际关系），再调用大脑的奖赏系统为我们的意向服务。

对于我们这种社会动物，即使最简单的联结（比如与人合作完成一项任务，或是一起唱歌跳舞）也能促使神经元点亮并且同步，这一点已经为研究所证明。你可以找一个人和你共同为一个艰难的目标而奋斗，再用这股能量传输的推力来减少启动能量并坚持下去。[2]和别人“有相同波长”的感觉（科学家称之为“同步性”）也许并不只是比喻。研究者认为，这或许表明在一个共同体验中，大脑中参与认知加工（这种加工使我们理解环境、相互交流并学习）的某种化学及电信号真的与他人产生了同步。[3]我也认为这很有道理：我们的身体是物质的，而一切物质都由分子构成，分子又都携带能量并始终振动着，我们无论做什么或想什么都涉及神经元的同步。奇妙的是，我们能借助同步激活脑中的相同区域来与他人联结，并由此为我们的精神健康带来一波正面影响。

不妨把这想成是一种社会联结，你可以在彼此交往或者来自不同行业或专长的人身上看到这种联结，他们走到一起，怀着深入内心的共同价值观。我就在自己的实验室里看见了它，虽然大家的背景五花八门，但都在核心的意向上深度同步，人人都希望在合作中开展重要的研究、解决问题。

我们还可以借助自然节律，以充分利用能量以及大脑的奖赏系统。我们要找出促进所有生物茁壮成长的节律，并利用这种把握时机的直觉为自己服务。我们的基因原本就会将身体与环境同步，昼夜节律对我们的影响远超过睡眠的影响。[4] 身体的每一个器官（心、肺、肝、肌肉、肾、眼睛）都有一个昼夜节律，帮助你适应周遭环境的变化。此外，这些节律以及它们对情绪的作用，还会随时影响我们会因为哪些事物感到兴奋和快乐，以及我们会为这些事物投入多少能量。这接着又会影响我们的奖赏系统做何反应。因此只要“找准时机”，就能在自己的上升期利用节律和奖赏，从而减少开展行动所需的启动能量。

最后，大自然包含了我们具身智能（embodied intelligence）的深度回路。这种复杂的演化“智慧”来自我们这个物种与环境的持续相互作用以及大量的感官体验，这些体验甚至有一部分不在我们的意识范围之内。“智能”的概念一直在变，如今已经远远超越我们早期的观点，即它只存在于大脑。我们已经理解了大脑和身体的强大互联，并在一定程度上拓宽了这种理解，将大脑、身体和灵性的互联都包含在内。我们未来还应该理解，这几个范畴都扎根于自然之中，自然界是其他一切事物涌现的地方，也是那些能量要充分体现所必须经过的一条回路。说到底，自然本身是必不可少的关键，它也是一张完整的集成电路，支持着我所认为的完全投入的具身智能。

留意情绪和能量的水平，找出阻力来源。

↓

将障碍减到最小。

↓

把奖赏和正面反馈加到最大。

↓

将势能加到最大，然后着手去干！

下面介绍觉照工具的每一章里都包含几个窍门，它们的作用就像火花或酶，能帮助你降低开始和维持一项活动所需的启动能量。在我的实验室里，一条核心的问题求解原则是“激进简化”（radical simplicity）。对我们来说，这意味着指出科学的复杂性和将解决方案付诸实施的流程，辨别其中最关键的部分，然后找到一种最简单的做法。

想要快速上手任何觉照工具，你可以先用下面的方法实现激进简化。

- 借助大脑中的化学物质来即刻制造奖赏效应。
- 用刻意求新来刺激大脑。
- 培养行动而非不动的习惯，用有意向的行动取代习惯性行为。
- 用目的和直觉赋予自己力量。
- 压制自我否定的心声。
- 让自然助你提升能量。

在清晨开展微量的觉照行动，就能为接下来的一天奠定基调。这可以是下面这样简单的小事。比如当我钻进轿车时，并不会冲动地播放播客或者音乐，而是会选择安静地自省片刻（即便只是为了识别占据我心灵的任何纷争），我会明白这种意向性的一步能开启分心较少的一天，使今天剩下的时间也维持这样的基调。如果我停一停，向人说一句“早安”或者打一声招呼，而不是匆匆地从他们身边走过，那么这种社交联结的感觉无论多么短暂，都会带上觉照的能量。再说一个更简单的：只要花一点时间唤醒我的感官，去关注自然界中的某样东西，比如窗外的天空、窗台上的植物、我的几条狗甚至是我体内的什么变化，就能使我胸怀自然，度过更踏实的一天。你的目标不是成天与自己交战，或者因为没有做到更多而感到羞愧。你只需要向前跨出一小步，然后任其发展一段时间，看看会有什么结果。

每一天，我们都有机会发现自己想做什么、需要做什么，并且是什么力量在那一天、那一刻驱使着我们。那也许是工作上的一个选择，或者人际关系上的几分考虑。也许那只是一个简单选择：待会儿是吃薯条还是蒸西蓝花？是锻炼一下还是蒙混过去？你该怎么做才能找到正确的心态并做出正确的选择——这些选择使你感觉良好，中断了重拾起来仍会觉得兴奋？我们都希望能从最佳思考中获益。先把启动能量降低，接着就能快速部署下面各章介绍的觉照工具了。既然你已经知道你可以直接参与自己的思考过程，那你准备好修正它了吗？

第一章

打开内心的开关：是什么让你止步不前

打破陈旧的模式，
做出简单而自觉的改变

“

我们必须自愿放弃“本来就是这样”的想法，哪怕只是片刻，要想想有没有可能，本来无所谓这样，也无所谓那样，一切都要看我们选择什么行动，选择怎样看待环境。[1]

——林恩·特威斯特，全球环境活动家

乔伊丝·罗奇总是担心自己会暴露。每次她被挑选出来接受表彰、得到提升或是做出了不起的成就，内心都会因为恐惧而紧张。这种情况常常发生。

在超过 25 年的时间里，罗奇始终被美国企业界奉为敏锐的战略家和领袖，她是一位开拓者，曾任卡森产品公司总经理和首席运营官，以及雅芳产品公司负责全球营销的副总经理。在雅芳，她是首位非洲裔女性副总经理，也是首位负责全球营销的副总经理。《财富》杂志曾将她选为封面人物。

但是据罗奇自己回想：“我每次取得新的成就，都会产生自我怀疑。我可能不配得到这样的成功，他们早晚会发现我是个冒名居功者，我根本够不上现在的职位，他们早晚会把我揪出来。”今天，她已经能站在远处回顾自己几十年的辉煌成功，以及内心的隐秘恐惧了。直到多年以后，当她为了写一本书帮助别人而深度挖掘自己的心结时，她才从这个领域的几位专家口中知道了一件事情：她的长期恐惧和自我怀疑也折磨着许多成就卓著的人，尤其是年轻女性，其中又以有色人种的女性最为典型。她还知道这种心结有一个名字，叫作“冒充者综合征”（impostor syndrome）。

罗奇后来又经历了两个“啊哈”时刻，帮助她打开了内心的开关，切断了自己输送给这种冒名者叙事的电源，并使她在真实的光线下看清了自己。“我记得第一次充分认识到自己的能力和才干，是发现自己有资格晋升却可能被上级忽略的时候。”她解释道，“高层更希望提拔一个白人男性同事。为了替自己争取，我不得不和那些‘法定继承人’，以及另一个男同事比一比能力和成就。那一次，我认识到自己的丰富经验，以及自己对于公司的价值。”

第二个“啊哈”时刻出现在她为雅芳工作到第19个年头的时候，她意识到自己撞到了玻璃天花板，再要晋升到高级管理岗位，可能就得离开公司另谋高就了。“那一刻，我忽然对自己的身份和成就感到相当欣慰。”她说，“我在过去那些年中获得的成功与认可似乎都不知不觉沉淀了下来。我对自己的能力和管理技巧有了充分自信，我觉得自己做好了准备，可以到外面去寻找机会了。”此时的罗奇已经是企业界的一位著名开拓者，但她最大的成功反而是离开企业界，追随内心的渴望，出任“女孩股份有限公司”（Girls Inc.）CEO（首席执行官）。这是她很喜欢的一家非营利性机构，其业务是直接与女孩合作，为她们开发技能以越过经济、性别和社会障碍。她也怀疑过这一步走得是否正确，因为她知道自己在非营利性机构领导事务方面还是新手。然而和目的之间的深刻联结还是压倒了她内心陈旧的自我怀疑声音。

冒充者综合征是在20世纪70年代末进入职场词汇的，它所指称的那种自我怀疑，被许多女性描述为职场道路上的绊脚石。但是这种心结的变体其实范围更广，连职场外的许多人也深受它的折磨：刚当上父母的家长，努力奋斗的青少年，焦虑的大学生，不停忙碌的中年人，以及偶尔被自身的不安全感或焦虑的预期围困的任何人，可能都体会过它。一项对于冒充者综合征的研究综述发现，在半数报告了性别效应的研究中，并没有发现患冒充者综合征在男女比例上有什么不同。我也在不安全感和焦虑中挣扎过。但经过多年观察，我看到一个现象，做导师后看得尤其清楚，那就是我们常常想得很多，但真到了要前进一步或者冒一个险、倾尽全力学习和成长的时候，却往往会犹豫。我们将自己的身份和自我价值与外界的认可绑在一起，如工资、人气、地位或别人的赞许。这样做会削弱更重要的内心力量的源泉，于是不安全感油然而生。我们为不安全感赋予了一种权威，使它不仅限制我们个人的潜力，也限制了解决困扰世界的紧迫问题的更广泛的潜力。

打开内心的开关就是在全面唤醒觉照，是对看似渺小或日常的事务采取行动，使它们无法再阻止我们发挥当下的全部潜能。我们要前进一步，要冒险，要在自己身上押注。具体的做法可能很简单，只要认识到自己在什么时候意向性较强，然后回答这个问题：我该如何降低启动能量，然后前进一步发挥潜能呢？

神经科学家詹姆斯·多蒂是斯坦福大学同情与利他研究教育中心的创立者兼主任，该中心附属于斯坦福大学的吴蔡神经科学研究所。多蒂表示："大家常会纠结于许多无关紧要的事情，完全偏离了现实的本质。我们知道，你的内部心理状态会深刻影响你的外部世界。如果你接受这一点，并创造出最好的内心世界，就会对世界产生很大的影响。"

接受障碍还是建设桥梁？

我小时候对各种东西的原理很着迷。这里的"东西"包含一切事物，未必只是机器。我反复问自己："为什么？"我想知道，那些定义我们生活方式的边界是如何制定的、是由谁制定的。也许是因为在学校过得很艰难，我始终对谁规定了我们必须在学校里学习抱有疑惑。我不明白为什么交通灯是现在这个样子，为什么人行道要这样铺，为什么周末是两天，为什么道路都有特定的宽度，为什么大家一度认为在飞机上吸烟是安全的——想象一下那时的我吧。我还纳闷，为什么我不能把重要的心里话直接说出来——为什么明明是必须说的话，人们却非要把它们过滤一层呢？我试着对这些事情追根溯源。这种无尽追问耗尽了我生活中大部分成年人的耐心，就连我的母亲有时候也会觉得我很烦。

随着时间的推移，我意识到人类决定的一切多少都是有些武断的。我们现在的生活方式，取决于当初像我们一样的人聚到一起，彼此协同，形成势能并建立互助的过程。他们造就了一切：决定做出了，规则制定了，边界也划清了。不过，我也意识到许多事情并没有做到充分优化，它们可以更好，或者应该更好，可它们没有。谁能替我们大家决定某样事物已经足够好了？为什么不再改进一下呢？

人类通常会努力适应社会和心智结构，让这些规范指导自己的选择。结构有时是好东西，但是某些时候，这些参照系（其中有些是不合理的）也会变成不受质疑的边界，框定我们的思想。随着社交媒体，以及受算法驱动的、由 AI（人工智能）工具创造的内容的普及，现在这一点已经变得越发严重，也越发令人担忧了。无论是自然形成还是人工设定，这些结构都收窄了我们对看见的甚至想象的世界的觉知，也压缩了我们感受到的能动性和可能性。我们知道，低能态脑会倾向熟悉的、结构化的模式，它们总是偏爱不那么费劲的“现状”，拒绝可能的变化。神经科学指出，大脑中奖赏系统的神经化学过程和我们对延续性的偏好，可能会阻止我们抛弃强烈的信念，从而更不愿意接受变化。

如果我们不仅无视自己错了的证据，坚持既有的信念，还要在老路上越走越远（这一现象被称为“信念固着”），我们的大脑就会将变化拦在外面，除非我们有意识地努力敞开心胸，通过学习改变想法。关于这一点，看看周围就明白了：过去，许多人相信女性做不了工程师、律师、医生和宇航员，男性也做不了护士和保育员，或者从事传统上指派给女性的工作。重点就在这里：那些都是“指派”的角色，依据的不是某人的真实潜能，而是信仰、偏见，以及给可能性强行划界的不良传统。扭曲的规范就是有这么强大的统治力。

无论是在实验室里讨论如何创新，还是在日常生活中与人交往，默认的思维边界都会阻碍我们看到完整的可能。我们越少质疑传统思维的限度，就越觉得自己没有质疑的能力，我们的可能性也随之萎缩。

让梦想启发自己

当你接纳了不确定性，生活就会敞开无限可能。[2]

——埃克哈特·托利

要想获得觉照，我们就必须抛开狭隘的态度，要始终寻觅一个清新的视角，以另类（甚至惊人）的观点看待问题、观念和我们自以为知道的一切，包括我们对自身潜力的认知。我们可以突破充斥于各处的心灵边界。我们常常错把它们当成实线，但其实它们往往只是虚线，重新画一条并没有我们想的那么难。人生一次次奉上这些机会，我们却常常错失。比如，我们可以不轻易对其他人应答，可以先停一停深思片刻，然后再给出反馈。我们可以自己的事情自己选择，而不是假手他人再责备他人，而如果其他人的选择不合我们的心意，也要优雅地接受。我们可以投入而专注地同眼前的人交往，不要时不时分心去看手机或者同时做别的事情。我们还可以对自己和他人抱有同情。表面上看，这些都只是在选择做出哪种行为，但是在大脑层面，这却是神经可塑性的体现：你的神经元在为了持续的成长而发育、变化并重组，它强化着新的联结，也延展着神经通路。

在低能态模式下，我们的大脑只用旧的滤网感知信息，只在熟悉的通路中加工信息，得出的也尽是意料之中的结论。我们把理解过程限定在已知的边界内，再怎么变化也走不出这个边界，于是我们的所有结论都成为一个老旧故事的一部分，这个故事我们早已毫不置疑地接纳了。实际上，我们只在事物上照了一小束光，却错把看见的那一小块当成事物的全貌。如果在这时打开房里的电灯或者放阳光进来，就会照出一大片广阔的视野。低能态脑会以无数方式呈现，它会拖累我们，或阻止我们取得更大的成功。我们会对形势和人做出错误判断，结果常常是害人害己。我们任由老旧的观念限制自己，并根据它们做出重要决策。我们怎样才能摆脱这一切，怎样打破封闭的心态或是重复的思维进程呢？没错，我们的天性就是会形成习惯，但我们也可以打开旧模式上的开关，去接触一些新的东西，在一生中学习和成长。毕竟自然站在我们这边。

想想你是怎么想的

既然所有证据都指出乔伊丝·罗奇在她的领域不仅合格而且优秀，她为什么还会在漫长的职业生涯中抱有如此强烈的自我怀疑呢？她说，朋友和同事的安慰并没有让她内心的否定者闭嘴，虽然他们确实带来了可贵的鼓励。她告诉我，后来她运用了自省和一种客观的流程来安抚内心，并管理自己的恐惧。她开始分析形势：一边对自己的优势和缺点开展基本核算，一边找出那些并非由她自己造成的外部阻碍。这一流程使她得以拆解自己的思想，移除障碍，从而以更加审慎而真实的方式参与工作。

你又是怎么想的呢？一旦你像罗奇一样开始观察自己的思维，你就会发现有各种手段可以破解系统，进入你之前无法进入的领域。这就像是在你的电脑键盘上发现了快捷键。

我很幸运，早在儿时的一个关键时期，这个问题就出现在我的面前，但那只是因为我的思维进程让我在学校里处处不顺。当时我五年级左右，在学业上挣扎并陷入低谷，大多数老师都把我当作差生，不再关注。我也相信他们的看法。这时，我妈妈在一个社群学习中心给我报了一个课后补习班。那里的导师问了我许多问题，等我说出答案，他们又问我是如何推理的。比如他们会说："哦，你是怎么想到那个的？"说来有趣，就是这么一个简单的问题，顿时让我向内反思起自己的思维过程。

在导师的辅导下反思自己的思维进程，尤其是在那么小的年龄开始反思，使我开发出了一些自我觉知，能够识别自己的思想什么时候懒散，什么时候又陷于超速停不下来。经过练习，我学会了轻松打开那个心理开关，从迷茫和沮丧切换到对自己为何受阻的好奇，接着再审视自己的思想，设法绕过阻碍继续前进。这是任何人在任何年纪、任何处境中都可以学会的技巧。

这项新技巧很快激发了我对他人思维进程的好奇。我对于大家在想法上的差异，以及这些差异如何塑造了各自的理解和行为无限着迷。比如当你听到一个问题时，要怎么回答完全取决于你对问题的分析。而许多问题都有不止一个分析角度。通过了解别人面对新问题和新信息的不同角度，我学会了更加批判性地思考问题，也学会了与别人对话交流。

说回今天。在我们的实验室里，有一件事定义了我们的工作，令我们的研究脱颖而出，那就是我们思考问题的方式：我们是如何界定问题的？如何规划一种结构来探索和实验？如何预测我们之后需要应对的研究层面？

我的专业是医疗技术，但并非传统的那一类。比如我不关注特定的疾病或者技术。我们不同于某个平常的甲实验室或乙实验室，或是任何以特定焦点为导向的实验室。在我刚当上教授时，有人告诉我做研究要聚焦，要把“牌子”定义得窄些，因为若不是这样，就没人能懂我们在做什么了。但我明白，自己的兴趣要比这宽泛，实验室的使命也应该如此：我们的焦点应该是医疗问题的解决流程，这个流程要能应用于几乎所有问题。在这个流程中，提出问题是不可缺少的环节。每个步骤都有同一个提问在推动讨论，并帮助我们打开思考的开关来解决问题，它就是：“你是怎么得出这个答案的？”我们可以深刻地反省自己对于问题的思维，质疑自己的想法，并顺着它直达一个问题的核心。在我们的实验室里，如果有人问出为什么要做 X 实验而回答是“为了解 Y”，我们就会接着追问：“哦，了解了 Y 就能帮我们改进我们寻找的那个机能反应了吗？它们是怎么联结起来的？”如果联结不起来，那或许我们的方法就要修正了。

这会塑造怎样的一间实验室呢？一般来说，我们在着手一个新项目时，此前已经有人试过传统的做法并失败了。要改变结果，就必须修正想法。传统的研究流程往往是线性的：先找到一个问题的解法，再解决下一个冒出的问题。这个流程符合逻辑，却是狭隘的，因为要将实验室里的医学创新转化为临床应用，还有许多科学之外的步骤也必须考虑。一种设备或疗法先要进行广泛测试，才能进入人体临床试验，之后还有生产、包装、营销、发售、申请专利和长期售后支持等环节。要让科学得到广泛应用，这些环节个个必须妥善处理。即使还没到这一步，一个项目或问题的各个参数也已经受到其他人的强烈影响，比如科学家和赞助委员会认为这能不能做到？缺了赞助，我们就不可能推进项目，而赞助往往只拨给目标性强的研究。

要想改变结果，我们就必须修正自己对一个问题方方面面的想法，并且清晰地界定目标。

一段觉照的人生要求你改掉一些长久的习惯，你必须探索、质询和反思你对许多事情的成见（好吧，是反思一切成见），重新组织你对失败和成功的看法，并且潜入内心深处，找到对自己而言最重要的东西。所谓打开内心的开关，就是要质疑成见，发现意向，并专注行动。

我的搭档阿里·塔瓦库利的事迹给了我很大启发。他是波士顿布列根和妇女医院的一名减重外科医生，也是普通外科和肠胃外科主任。塔瓦库利知道治疗肥胖的胃旁路手术有利于 2 型糖尿病患者。但是许多病人不愿考虑手术，而其他医疗选项都无法如此显著地令大多数病人获益。

在传统的胃旁路手术中，对病人的胃和小肠都要进行重建，以此改变他们对食物的消化和吸收。传统的思路是让塔瓦库利这样的外科医生提出一个手术方案。然而这次，他却想象了一个手术之外的方案：用一个药片来“做手术”。他找到我们，问我们能否发明一种药片，让它在肠道上形成一层薄膜，在本该接受胃旁路手术的区域将食物隔开。还有，我们能不能把薄膜做成“临时”的，让它正好在我们需要的时候提供疗效，同时又不会产生如手术般的永久副作用？

简单地说，可以。不仅如此，这一极其简单的创新还可能就此改变对 2 型糖尿病患者的治疗。塔瓦库利看到了为糖尿病患者开发一个新选项的机会，他对于减重术的专业，加上他不断追问“为什么”的性格，共同引出了一个突破性的想法：用一种口服给药的无创方法实现和手术同样的效果。塔瓦库利并不具备材料科学的专业知识，无法自己开发这项技术的原型，但他的实验室具备验证技术可行性的模型。他没有因为自己缺乏专业知识而任凭这一想法沉没无踪，而是向拥有专业知识的一位资深的生物材料科学专家求助，最终那人将他引荐给了我们。

马可·奥勒留在《沉思录》中写道：“挡在路上的障碍会变成

路。”[3]障碍可以反过来变成行动的推力，使我们集中精力克服它们，这也是佛教的核心教导。不过在集中精力之前，我们得先认清是什么挡在了路上。我小时候，对自己学习障碍的认识不清就是一个棘手的路障，它不仅阻挡了我在学校里的学习，也阻挡了我和父母为解决问题付出的努力。一直到我确诊，我们才得以利用合适的资源，我的努力也初步产生了一些意料之外的进展。

路障往往存在于我们对自身的想法之中：我的资历还不够……我到这时已经不能改变方向了……我绝对不会成功。进步会因为各种原因而停滞，我们必须自己克服当头一击的挫败感，继续向前。我们可能缺乏信息或是专长，可能需要一些引导，需要一位正确的导师，或是一个更有帮助的环境。我们必须做出选择：是就此下场靠边站，还是将出现阻碍的地方作为实现个人进化的转折点？

反省自己的思考方式，分析自己的思维进程，这能帮助你找到问题的根源，并且着手解决。不然，你纵使更改了战略战术，阻力的源头仍会在新的道路上涌现出来。

把注意力集中上去，实际的阻碍一般会在实际的方案面前退散。用园艺来做比喻，就是用铁锹找到一块石子并将它掘出。有时你不必掘得太深就会发现，那阻路的石子原来只是你内心的对话，是你自己培养出的消极心声。

詹姆斯 · 多蒂：同情能动摇阻力的根基

神经外科医生和同情研究者詹姆斯·多蒂表示，求生是大脑固有的本能，关于自身的消极信念则不是。它们的源头是外部环境中的消极影响，比如在成长岁月中他人给予的严苛反馈，或是削弱我们自信的文化信息。当我们习得了这种自我信念之后，便会在内心将它视作真理，就像我们知道水是湿的、火是热的一样。自我怀疑使我们感觉环境处处存在威胁，并由此在我们的大脑中拉响警报。

多蒂说道："总之，是我们自己在头脑中创建了这些消极对话，而一旦这样创建，这种消极对话就变成了你的现实。当你说出'我做不到'时，你已经限定了自己就是做不到。许多人天天背着这个包袱。在我看来，这不是要不要置之不理的问题，而是要不要彻底改变的问题。"

多蒂还说，培养对自己的同情可以打开内心的开关，因为研究已经显示，你可以有意向地将内心的对话由消极否定扭转成自我肯定。你可以培养对自身价值的认知，并认可自己是值得爱的。你可以认识到你自身的"阴影"中有一些你不喜欢的、希望消失的部分。"当你接受了这一点，你就改变了内心的对话。"他说，"于是你看待外部世界的视角变了，一旦看清了现实的本质，你就会从纠结和自我折磨中解脱出来，开始向外张望并看见每一个人的苦恼。原来你并不孤独。原来每一个人都值得爱，每一个人都值得肯定，每一个人都值得关怀。这……进而会改变你对世界的看法。"

> 不断在内心自我批评的人并不生活在当下。他的大脑中全是对过去的无尽纠结。我们不会把同一部糟糕的电影租来看 250 遍，但在内心中我们却会对自己做这种事。[4]
>
> ——简·肖森·贝斯，医师，禅师，大誓禅寺住持之一

多蒂自己的苦恼童年为他提供了素材，他成为科学家后利用这些体验，专门研究了同情的功效。他写了一本书叫《走进魔法店：一位神经外科医生对大脑之谜和心灵秘密的探索》（*Into the Magic Shop: A Neurosurgeon's Quest to Discover the Mysteries of the Brain and the Secrets of the Heart*）。书里说，他小时候第一次遇到魔法店的店主时

很不快乐，他的家境艰难，对于生活和自己都感觉很糟。但随着时光流转，店主分享的人生经验开始改变了他内心的一些东西。

他的家境一如往常，但在店主营造的肯定支持的氛围中，他内心的一些东西动摇了。“当我和魔法店的这名女子相处时，我的个人处境没有任何变化，仍和以前一样。我从店里出来后回到的是完全相同的环境。改变的是我看待世界的方式。”他指出，人类可以通过非言语交流来直觉地感知他人的情绪，对于别人的表情、语调、习惯动作甚至气味都相当灵敏。这是演化赋予人类的一项优势，它对我们的日常交际也会产生强有力的实际影响。“当一个人背上了愤怒、敌对、绝望、灰心的包袱，别人是能感受到的。别人常常会就此回避他，或是不愿意帮他。因此，当我改变了对世界的看法之后，世界也改变了对我的看法。这接着又使我改变了自己的人生。”

有太多孩子活在给他们的标签上。

——坦普尔·葛兰汀

乔伊丝·罗奇在顿悟之前有过很长的铺垫，她现在对那段旅程满怀敬意，并将其视作一个过程。在那段时间，她不仅消除了一直努力克服的自我否定的心声，还找到了自己的心灵和激情。对她来说，打开内心的开关就是让她“真实的、本质的自我”发出声音。

“要用完整的自我面对人生。”她说道，“你的本质决定了你是什么样的人。要在内心找一个安静的角落，在那里安心做你自己。从那个角落出发努力澄清自己的价值观，然后问周围的人他们是否认可你的价值观。要和有相同价值观的人交心。”[5]她之所以能战胜冒充者综合征，关键在于她能和自己的精神本质连通。另一个原因是她用行动实践了意向，并最终加入了女孩股份有限公司。

当时罗奇列出了几份清单，并且一直在写日记，这是她几年来的个人反思，她说她相当于是对“我是谁，我成就了什么”进行了一次彻底盘点。她先是回顾了这些清单，“提醒自己我是如何一路走到今天的”。接着她又扩大了盘点的范围。“我对自己擅长什么、不擅长什么的反思诚实得简直令人痛苦。我督促自己分清什么是我喜欢的，什么是我其实并不喜欢却假装喜欢的。最重要的是，我还思考了什么是我在生活中真正在乎的东西。”

经过这样的反思，她意识到她的生活目标已经变了。从前的她觉得非得证明自己不可，现在这“已经不是目标……我现在向往的是另外一种挑战，而其余的一切，比如职位、行业之类，都可以商量。我忽然意识到，我可以离开企业，投身到我认为重要的社会使命中去”。

每一次罗奇静心思索她的经历、价值、优缺点和她的过往业绩，都会发现自己的工作其实干得很好，并由此在思想中打开内心的开关。她能看清新的可能，并且解放自己，能够有意义地将能量注入艰难的新环境，并在这些环境中茁壮成长。只要认识自己的思想过程、明白它们如何引导你的行动，你就能指出对自己最重要的事情，并带着更明确的意向生活下去。

最终，罗奇成功地将职业道路转向了现在被她视为天职的事业：帮助女孩和妇女找到自己的声音，并且自信地发出这些声音。在女孩股份有限公司担任 CEO 期间，她成功推动这一机构与女孩们合作，共同抵制那些暗示女孩不能期望过高的消极文化信息，并让她们“看见了自己可以成就的可能”。她还写了一本书叫《女皇没有穿新衣：战胜自我怀疑并且拥抱成功》(*The Empress Has No Clothes: Conquering Self-Doubt to Embrace Success*)。她在这本书中公开谈论了冒充者综合征，激起的广泛讨论到今天还很有意义。她希望，像她这样的经历以及行动工具，可以帮助其他女性趁早打开生活中的开关，不必像她这样摸索太久。

苏珊·霍克菲尔德：顺应天职，服务他人

有时，推动改变的力量会突然不请自来，就像谚语里说的岔路口一样，令你始料未及地出现。苏珊·霍克菲尔德在麻省理工学院当了八年校长，是该校的第一位女性掌门人，之前她还在耶鲁大学担任文理研究生院的教务长兼院长。曾经的她热爱科学，却从未想过踏上领导岗位，直到耶鲁大学校长理查德·莱文请她出任院长。她重新思考了自身的角色，还找丈夫商量了一番。在这个过程中，她明白了一个道理：原来一直以来，都是别人的服务为她创造了现在的环境和种种机会。

“我是一名科学家，可我当时并没有领导学术界的打算。”她回忆道。

> 当校长让我接受这个职位时，我的第一反应自然是拒绝，“不行，我是做科研的”。但其实那是对我非常重要的一个成长时刻。我回到家里和丈夫谈论了这件事。结果我震惊地发现我竟是这样自私。原来此前我一直没意识到，我之所以能找到自己的天职，是因为有许多人投入了时间和努力为我创造了环境。我心想我太糟了，居然一直不明白这个道理。我也一直没认识到，人的天职不只有科学这一种，还有服务他人。仿佛陡然之间，我心中的开关打开了，我对自己说：“哦，该前进了。”我尽心尽责地开始了新工作，觉得这是一份巨大的荣誉。
>
> 这份天职和身为科学家的天职不一样，它要求我为他人服务。我此前一直没有意识到其中蕴含着多大的力量。切换心灵的频道，倾听别样的召唤，这在我的职业生涯中非常重要。在我看来，接下服务他人的天职，接受肩上的责任，就意味着你要为他人挑担子，人类社会也正是建立在这类组织原则上的。要是人人

都推卸这份责任，我们的社会要如何团结？我们的世界要如何凝聚？努力追求自己暂时还够不到的东西——我们赞美运动员身上的这种品质，但我们很少把它用到别处。实际上，这就是鼓舞人心的探索，是超越今天、思考将来的自己。

作为导师，也作为自己人生的向导，雷金纳德·舒福德（人称“雷吉”）敦促我们拿出诚意，由内而外地调整自己的人生。在2019年马丁·路德·金领导力发展学院的毕业致辞中，他鼓励毕业生“要跟着感觉活”。他是这样说的：

> 奥斯卡·王尔德说过一句名言：“做你自己，因为别人都有人做了。”[6]我说的“要跟着感觉活”，意思是要忠于你真实的自我。到头来，不忠于自我的尝试都将是徒劳和浪费时间，不会有结果。你是你注定会成为的那个人。要接受真实的你。你越早做到这一点，就能越快过上你注定要过的生活。就比如我，年轻的时候，我试过把我的个性减到最小，融入大众，尽量不要吸引人们的注意。我认为这在年轻人当中是相当普遍的做法。但总有一天，你可能会发现你的不同和独特或许正是你的超凡之处。一旦你不再挣扎着想成为别人，一旦你接受了自己，并且积极地运用这股能量，你的影响力就会增加。

用有意识的节奏对抗当下的迫切

在自然界中，自稳态（homeostasis）是一种动态均衡状态，一种为了取得平衡而自我调节的过程，从生物个体到复杂系统无不体现这一机制。突然的变化（流星击中地球、火灾、洪水）会打破均衡，造成不平衡。接下来大自然会做出响应，填补空缺，并且新的生长通常会呈现缓慢而稳定的节奏。对每一个人，生命的原理都大同小异，对时机的把握会影响我们一生中对新的成长或变化投入的努力。

和自然界的一切进程一样，当你在人生中转变方向或者适应新的环境，在你考虑什么时候以什么方式调整你的步伐时，对时机的把握也是能给你带来优势的因素。我把这称为“有意识的节奏”。

如果你处于宁静深思的状态，你可以利用这份内在的专注反思内心的对话。如果你正和外界的同事或家务事打交道，你或许正好趁机观察自己如何与人交往，别人又如何与你交往，并且有意识地从你在外部世界的体验中获得洞察。

在我早年念研究生院甚至更早的时候，我就发现了眼前的人们似乎对任何事情都有一套策略：如何提问，如何表现，如何在研究中设定目的，如何通过筛选找到影响力最大的创意，再到如何评估自己的影响，他们好像都胸有成竹。而在那之前，我一直都只是跟着好奇心走。到这个时候，我一下子接触了这些能人，他们精通的许多技能都是我不会的，比如做报告和交流的技能，获得资助的技能，还有时间管理的技能，等等。

最重要的是，我希望拥有一套人生策略。我沮丧地发现我的人生中什么也没有发生，也似乎不会发生什么。我发现自己还没有想出一套策略，也不知道该怎么想。我现在明白，是我们一直以来投入的能量催化了人生的表现、人生的结果。在更长的时间跨度上回顾当时，我发现我毕竟是在思考策略的，只是当时自己没意识到罢了。我迫切地希望实现、挣扎着想要达成的那些人生目标，最后终于自行显现了，有几个是最近才显现的。这并不是我年轻时希望的进度，当时的我迫切地想让事情发展得再快一些。然而生命自有它的节奏，这个节奏是我们每个人固有的，也贯穿在自然之中。

我们常常被追赶进度、生活所需、眼下的急事搞得头脑发热、身不由己，这使我们无法看清那些塑造了我们自身和我们的道路的缓慢变化。找一棵你住处附近的树来观察，日复一日，周复一周，它看起来总是差不多大小。但是过两年再看，你会忽然意识到它长大了。我们的内心有一个有节奏的声音在呼唤我们慢下来，停一停，想想自己投身其中的是怎样的事业，并承认我们的能量往往没有被用到我们真的想说或者想做的事情上。

教育体制（以及许多教育岗位）要求我们按照进度学习，那些功课、考试日期和随意定下的最后期限，其实并不符合我们的自然节律，个人的成长和进化不必如此。我们虽然感到了快速蜕变的压力，但并不存在一个期限强求我们在它之前“达成”对自己生命节律的理解。成长是一个持续的过程，是渐进式的；进步也可以这样，只要我们有自己的目标。

当人们向我诉说生命中难忘的转折点时，他们总会带上转折之前的背景。他们或许曾经在很长一段时间内努力劝说自己：当下的生活再怎么空洞或令人失望，也都是正常生活，出了问题稍做修补就是了。他们没有停下来深入挖掘这种空洞感的原因，也没有想到他们需要的可能是一次有意义的改变，而非匆匆修补。就像罗奇描述的那样，他们动得太多，停得太少了。客观地说，他们的一些处境根本不坏，追求另外的目标也确有风险。但无论如何，他们沿这条老路走得越远，拖拉和惰性就越严重，因而也越难想象改变的可能。彻底改变所需的启动能量似乎已经太高了。但后来发生的某件事增加了推力，这股新的势能降低了启动能量，使他们只要迈出简单的一步，剩下的一切就会自动引燃。

29岁的盖布·德里塔在旧金山做着一份软件销售的高薪工作，他住在海滩附近的一套公寓里，周围有一群朋友。这是不错的人生，从一切表面和传统的标准来看，他都是成功的，他也接受了这种生活。然而他始终觉得哪里不太对劲。他告诉我：“我觉得我只是在做必须做的事情，就好像在给一个个方框打钩。”一天傍晚，他骑车回家，突然灵光一现看到了一幅截然不同的画面。“我明明白白地感受到未来正在消逝，如果我继续沿现在这条路走下去，只会陷入倦怠并被生活杀死。再过一年我就 30 岁了，我觉得青春正在离我而去。我感受不到意义或者目的。我以前总以为自己会骑自行车环游世界，在这一刻，忽然一切都对上了。这个梦想如果再往后推，就可能永远找不回来了。”

随后几天，他开始反思自己长期以来对成功人生的定义，他曾经仿照别人设定过一系列优先事项，可现在它们好像都变得越发虚幻了。在之后的几个月里，他抛下了曾经熟悉的工作和舒适的生活，卖掉身外之物，开始环球骑行。

“从骑行的第一天起，我就立刻明白我的选择是正确的。”他说。接下来的十八个月里，他独自在全世界漫游，大部分路段都靠骑车。一路上遇到的人，以及在陌生且往往坎坷的地形上跋涉的经历，深刻改变了他的人生志向。他接触了日本的概念“人间值得”，也就是带着目的感和充实感生活。他将这些原则和方法带入了内心的旅程，为了支持一个有更大目的的人生，他培养了相应的习惯和做法。起初只是小小的变化，比如每天冥想、更符合正念的食物选择、更加积极的感恩之举，到后来终于推着他走上了新的人生之路。

行动吧。能够开始就是奇迹。我总是对年轻人说这句话。他们曾告诉我：“我听到了你的激情，我也拥有这种激情，只是我不知道往哪个方向走。”我回答说，跨出一步，随便往哪里，你绝不会后悔，就算你中途改变主意。比如你在暑期上了木工学校，两周后厌倦了。原来你并不喜欢。这也无妨。不要太早退出，而是再向前一步。只是不要坐下来，无所事事。[7]

——戴安娜·奈雅德，广播记者，耐力游泳世界纪录保持者

发现你追求可能性的内在渴望。

↓

盘点什么东西可行、什么在拖累你。

↓

发现新的思考方式和其他可能性。

↓

审慎地前进一步，积极行事。

活出完整的觉照

打开内心开关的实质是打开个人进化的开关，是有意识地在眼前的利益或者一眼能望到头的老路之外选择新的可能。我们都会面临各种选择，有决策要做，有问题要解决，身处阻碍我们达成目标或发现新目标的环境。我们都需要在工作和个人责任之间寻求平衡。我们要管理自己的财务。我们要规划养育孩子，解决育儿中产生的重大问题，或是解决和亲友交往中爆发的矛盾。我们还要权衡住在哪里、吃点什么、营造怎样的社群、接受怎样的价值观。

人类天生有一种能力，能够摆脱习惯性的反应，从而深刻地塑造自己的大脑回路和基因表达。表观遗传变化的机制蕴藏在我们与环境及体验的互动之中，据说这种互动能“打开”基因表达的“开关”。当我们带有目的性地这样做时，我们也在时刻更新自己的神经元联结，强化着那些积极培育大脑可塑性和演化潜力的通路。我们在为了演化上的成功参与大自然的基本进程。

从罗奇的职业转型到德里塔的独自骑行，再到塔瓦库利想用一个药片开展创新性的肠胃手术，直到在前方等待你的无限可能，中间似乎隔了很长的距离。但这里有一条共同的路径，你可以打开思想的开关来选择接受它。就像对潜能的激活研究了二十余年的汤姆·拉斯所说的那样："当一个人把精力用在开发自己的长处而非纠正自己的不足时，他的成长潜力就会成倍增加。"[8]

现在该对你的人生做出或许是最明智的一笔投资了：投资你自身的潜力。

- 开始想象 -

暂时退到一旁，不要理会你对自己说的（或是别人对你说的）应该如何生活的套话，和自己碰撞思维，想出别样的可能。

从乔伊丝·罗奇的策略清单那儿借一页过来，反思你对自己和自身处境的想法，然后盘点一下，你希望在对自己和将来的思考中，将哪些优势和兴趣放在核心位置。我妻子杰西卡是一名普拉提教练，她向我介绍了一种简单的练习方法——只动用你的想象：

> 在想象中勾勒一副眼镜，想象你能随意更换它的镜片，无论多频繁都可以。每当有事情让你烦心，就提醒自己这不过是你根据眼前的“镜片”做出的解释。当你耐心地为你的眼镜购置新的镜片时，一个崭新的世界就会打开，一个别样的故事就此铺陈。

无论你喜欢分析性还是创造性的方法，都要探索自己的思想，以及自然界中无处不在的证据，从中发现下面这些东西。

- 模式。要注意，一些重复性的模式会使你在工作或人生选择的决策中，走上熟悉的老路。它们要么是你对自己或他人的信念，要么是将你困在原地、阻挠你想象其他东西的恐惧感。试着摆脱它们走上几步，即便只是暂时的，也能打破原来的模式，开辟一个新的空间。在其中，你可以怀着更多意向行动，少一点日常生活的随波逐流。要注意，有些模式在自然中反复出现，为结构或者目的服务，还有些模式转瞬即逝，它们反映的自发性和变化，同样是事物的自然“法则”。在演化过程中，自然中的模式始终随着环境的变化而变化。我们可以从自然中获取灵感，审视旧的模式，因为大部分模式到了某一时刻都需要更新。

- 潜能。要明白无论你在何处开辟改变的空间，里面都有潜能存在。从小的改变开始尝试，挤出时间来追求你已有的兴趣，或是探索有可能助你成长的新兴趣。要明白潜能是自然界的根本特征，从一粒小小的种子到维持一切的庞大系统，潜能无处不在。

- 可能性。要明白，有新的方法可以反省你的思想，降低你实践意向所需的启动能量。试着和不同的人一起吃午饭、喝咖啡，试着让他们来改变你的心态或者刷新你的思维，由此将新的启发灵感的能量注入日常。要注意，自然本身始终在提醒你不同元素之间的动态相互作用。

第二章

带着问题而活：将谨慎换成好奇心和深度挖掘

运用活力去探寻

“

生命中的一些瞬间，我们的内心会生出新的疑问，使我们止步不前，这些就是生命的转折点。这是发现的机会，新的可能性也由此闯入你的生活。[1]

——克丽丝塔·蒂皮特，记者、作家、《存在论》(*On Being*)项目创始人

几年前，我不知怎么想起了蝾螈，特别是它的尾巴。一条蝾螈在失去尾巴后只用短短几周就能再长出一条来。许多动物也拥有这种能力：海星和章鱼的腕足都能重生，斑马鱼的鱼鳍和心脏也能再生。

我不由得想：能否在人类身上也触发同样的反应？在这个问题的引导下，我和我的导师罗伯特·兰格以及我们指导的一名学生尹晓磊用了几年时间寻找答案。其中一个答案指向了对多发性硬化的潜在治疗，方法是激活身体的再生潜能，此外，它还有望在许多方面得到应用。[2]

实验室里的研究和创新往往发源于自然界某些部分提示的方案。大自然是人类创造过程的试金石，而能量的振奋不仅鼓舞我们找到答案，还会首先激励我们提出新的问题。我们观察着，探索着。我们得知了豪猪的尖刺能轻易刺入组织，却难以拔出。这个知识能帮我们设计出更好的缝合钉吗？是什么让蜘蛛能在自己结的网上行走不被粘住，而猎物陷入网中就会被粘住？我们理解了这个原理，是否就能发

明出特定的医用胶带，让它粘住新生儿细嫩的皮肤，撕掉的时候又不会造成疼痛？大自然已经有了许多答案，而许多问题我们甚至尚未提出。演化创造了大量从远古流传至今的强悍能力，它们常常能指明人类医学的进步方向。我们的任务就是发掘它们，但首先我们必须决定问什么，恰当地提问能够界定需要解决的课题，并引领我们找到答案。

我们在实验室里明白了一个道理：在高风险的创新世界里，对问题的看重应该远远超过答案。我们每经历一次成功与失败，都可以追溯到我们一开始提出或者没有提出的那些问题。

我曾经在职业生涯中遭遇过一次重大挫折，结果却引出了一个我们从未想过的问题。那是实验室的草创阶段，我们正在开发一项新技术。我们自认为它有可能改变一系列疾病的医学治疗，为全世界千千万万的人改善生活品质。然而一天下午，当我和一位潜在投资者见面之后，这个项目却倏然走进了死胡同。

简单地说，这个项目就是把干细胞注入病人的血流。这些细胞会按计划前往体内的特定点位，治疗炎症性肠病、关节炎或者骨质疏松症等。

然而那位潜在投资者却指出这种疗法“过于复杂”，无法投资。在那之前，我们团队甚至没有考虑过满足什么条件才能把我们的想法送入医疗市场。这里出现了一个我们谁也没有提过的问题：要怎么把这种疗法送到病人跟前？科学研究固然激动人心，但如何将它转化为临床应用却是我们从未考虑过的。

医学科研的实际转化是一项独特而具体的任务，它的成败完全取决于我们能否为了定义和解决一个课题而提出高质量的问题。我们现在知道，问题的范围也是问题质量的一部分。有时你的前景似乎一片光明，所有亟待解决的问题都提出来了，但半路却冒出了“缺失的一环”，并挡住去路。这一环只会在特定条件下出现，比如当某项临床试验失败时，原因是一项与人体生理有关的基础研究还没有得出结果。

我们的干细胞靶向疗法因为过于复杂而未得到赞助，我们对此感到失望。但我们也有能力确保自己的方案不会以同样的原因再次失败。接下来，我们不会再想当然地认为有了疗法就会有人替我们决定生产、包装和分销。我们会主动调研，考虑课题中的每个环节，并在实验室里引入精通各个领域的新搭档，和他们一道解决从实验室到病床的难题。

我们会提出更多、更好的问题。

> 提出艰难的问题反倒简单。
>
> ——W.H. 奥登

当我们研究一个课题的所有方面，提问也成为我们向医生、科学家和其他人解说课题的一个环节（有些问题我们故意提得很随便）。这意味着我们要一层一层地开展解释性询问，由此对那些临床课题、科学课题、专利课题、生产课题、监管课题、应用课题、投资课题，以及走向市场的课题进行研究。我现在随时在搜索可用的信息，这些实际的知识你在研究论文或教科书里是找不到的。我还会就自己的问题提问：我为什么要问某个问题？它会将我引向何处？这里面是不是还缺了什么？在课题研究中，有许多不同的角度可供探索，其中的大多数都只会走入死胡同。这时提问就变成了一项侦查练习，那一个个问题则成为用来产生独到见解并引出答案的工具。

在投资人浇灭我们对干细胞疗法的希望之后，我不得不追问自己为什么竟没考虑到疗法实施所需的环节，这个疏忽在今天看来是如此明显。我想原因在于，学术研究历来主要着眼于基础科学。研究者通常缺乏如何将自己的发现做成产品销售出去的正规训练。他们对专利、监管环节、生产过程、试验，以及与病人相关的需求往往知之甚少。早年的我也不例外。而到今天，这些问题已经和我们开发的治疗方法一样，成为实验室中不可或缺的流程。

这件事的教训是我们任何人在任何情况下都要逼自己多想一层——要认识到一些未经质疑的成见和信仰或许正限制我们的思考。你不是非得证明这些成见和信仰错误，只需要通过质疑掘得更深，找得更远就行了。严谨的问题是科学探索的核心，但你不是非得做一个科学家，在日常生活中，你也可以爱上提问，构思问题，比如令人好奇的问题、解决难题的问题、基本技能的问题，以及关于做人之目的、生命之意义的问题。

问题就像挖掘设备，是辅助行动的多功能工具。问题可以像挖掘机似的挖穿老旧的成见，或者像考古学家的小铲子和刷子一般揭示埋藏的器物或宝石，抑或是雕塑家的凿子，将一件杰作从大理石中解放出来。你也可以把它想成一件万能工具、一把瑞士军刀：一个尖锐的问题可以撬开一场对话的盖子，深深切入事物的内核，或是为一个松散的概念旋紧螺丝。你可以用一个问题加速一场对话，或者使它慢下来让大家有时间思索。我喜欢将更大意义上的觉照问题想成点火器，它们能降低启动能量，并点亮火星，引燃对话、探索、批判性和创造性的思考，以及好奇心。这么比喻或许有些夸张，但我的重点是要突出问题作为工具辅助行动的一面，就好像我们在其他工具中也能看到力量与目的一样。

> 提问能让熟悉的事物重新变得神秘，由此将我们“知道某事”的安心感消除。[3]
>
> ——朱莉娅·布罗德斯基，教育者和教育研究者

准备好质疑自己的思维过程了吗?

我们过去的决策到今天依然影响着我们，我们在接受这些决策的同时，往往不曾质疑它们是否仍然适用。我们感到困惑：除了现状，还有别的可能吗？我们根据过去的经验和当下的环境所认为的可能性，它们能够成立吗？因此，我们必须质疑的不只有我们当下的成见，还有它们是如何从需要重新审视的历史性成见中发展出来的。

就以我们实验室为例，2014 年我们在《自然－生物技术》杂志发表了一篇被多人引用的评论文章，报告了一个关于特定干细胞类型的成见是错误的。根据该成见，这个干细胞类型在从一个人的体内移植到另一个人的体内后，不会产生固有的免疫反应。但是我们在文献中找到了驳斥这一观点的数据。我们又顺着这个问题挖掘，终于找到了数年前的几篇会议报告，正是它们将这个成见刻进了科学文献。

我们认作真理的东西，有哪些可能是基于不准确或已经过时的先例？我们眼下在做的事情，有哪件是受制于一个我们在质疑其假设之后可以消除的因素？

我们生来好奇，问“为什么”是人的天性，这一点任何一个学前儿童说的话都可以证明。但要提出一个刺激性、策略性的问题所需的技能却不是天生的。这种技能可以学会，它就像大脑的极限运动，既有挑战，又激动人心。你越是反省自己的思维过程，就越能开发出提问所需的技能和自信。

技巧之一是研究你钦佩的人是怎样提出有用的问题的。他们的方法有哪些可以为你所用？对我来说，上面这个问题足以改变人生。在刚开启大学生涯时，我打定了主意要克服小时候的学习障碍，掌握一些基本学术技能。我想要提出更好的问题。为了学会这个，我做了一件很书呆子气的事：我开始记录听众在讲座之后提出的所有问题，并在其中寻找规律。我还真的发现了几个重要的规律。我说的虽然都是科研的例子，但下面的几个要点可以运用到任何场合。最好的也是引出最多成果的问题，都是以下面的方式挖掘真相的。

- 它们揭示了一些重要假设，并指出这些假设并没有扎实的证据支持。科学家在受训时常常想当然地认为，他们在某家公司的网站或某个人的著作中读到并且引用的方法论是正确的，只要照着相同的流程，就会得出结果，因而他们在自己的实验中试用这套方法论之前，并不会检验它是否真的管用。而我意识到必须先问一些问题，比如“你怎么知道你使用的化验方法或试剂盒正在正常工作呢?”。
- 它们揭示了缺陷或者扭曲。在科学中，这可能包含言过其实的结论、另类的结论和缺失的对照组。对最后这种情况，补上对照组之后就可能收窄对结果的解释，比如有研究者用盐水（缓冲盐水）开展实验，结果很好，于是径直得出一个有力而宽泛的结论，没有在更复杂的生物体液中再做验证，而这些体液中含有大量蛋白，可能会得到不一样的结果。
- 它们质疑了我们对进度的监管、我们的决策，以及我们对问题和机会的辨别。有时研究者运用了错误的统计方法来对比事物，由此对一个结果在统计上是否显著产生了偏见。通常来说，当我们使用错误的统计方法时，就可能在两组不存在差别的对象之间找到差别。
- 它们在有趣的结果和重要的结果之间做了区分。换句话说，就是它们区分了下面两种结果：第一种是大家认为有趣的，因为它们指出了差别；第二种是重要的，因为其中的差别可能对一个病人意义重大，或者蕴含了出人意料的潜在用法。某个差别可能仅仅是有趣，而某个重要的差别才是我们人人向往的。

明白了这些规律，我开始学习提出直切目标的问题，它们或是能满足我个人的好奇，或是能为某个课题找到最佳方案。这也使我下定决心为别人创造一个适宜的环境，最终的结果就是我的这间实验室。在这里，我们抵制匆匆得出答案和方案的冲动，逼迫自己问出更好的问题。我们的主要追求是界定我们想要解决的课题，并定出最高的成功标准，再致力将它超越。

在我们的实验室里，一个极为重要的问题是“我们要超越哪根标杆，才会让别人觉得兴奋？”。换言之，就是别人迄今达到的最好结果是什么？我们要超出它多少才能造成显著的积极影响？我们要跨越的那道影响力的门槛在哪儿？这几个都是很难定义的问题，因为它们需要对其他人取得的最佳成绩有细致的理解。

我始终记得我的导师罗伯特·兰格关于高产出问题的一席话：同样这点时间，与其去研究一个不太紧迫的课题，不如将其留给重要的课题。我们能否取得成功，取决于我们提出了哪些问题来定义我们想要解决的课题。提出的问题越是优质，获得有影响的新发现的潜力就越大。

再将求索转向内心

我们提出的问题蕴含了变革的力量，无论在实验室里还是在生活中。将求索转向内心，审视生活，就能有意识地探寻什么是对我们最有意义的事情，又如何按照那些价值观来生活。由于我们的人生最终要和所有人的人生相纠缠，并共同生活在自然界中，我们可以先用提问来塑造自己如何服务他人的渴望。

在实务层面上，自我探寻能帮助我们认识自身生物属性中的各种节奏和维度，同时找出如何通过试验适应环境、改变心态、进化觉知，从而更好地服务自我。这是一项维持毕生的实践。这里没有任何孤立的原子式真理，只有一层叠着一层的分形和相互联结，它们可能会随着时间的推移显现出来——如果还没有，你就该继续挖掘。提问能帮我们找出当下的处境中我们喜欢什么（无论我们处于人生连续谱中的哪一段），又有什么是我们希望改变或者进化的。我们越是和别人交往，倾听各种声音和观点，越是倾听自己的心灵，就越能有目的地提问和进化。

我们在人生和自己的工作中寻找意义，而向自己提问能使我们以新鲜的方式思考以下这些问题：当下的什么是有意义的？有什么今天有意义的事物，可能在时间中变得没有意义？有什么能更加长久地保持意义？自我探寻的过程帮我加深了对自己的了解。我得以考察人生的优先事项，将注意力转到了人际关系，尤其是与家人的关系上，我也因此理解了什么才是真正令人满足的。当我明白是家庭这口深井给予了我能量、舒适或心灵的宁静，我的目的感也加深了。

> 如果你从不质疑一切，你的人生就终将受限于别人的想象。花一点时间去思考和做梦，去质疑并反思。与其适应别人的梦想，不如被自己的梦想限定。[4]
>
> ——詹姆斯·克利尔，《掌控习惯》

好奇心点燃探寻和发现

菲利普·夏普是一位遗传学家和分子生物学家，因为发现断裂基因和 RNA（核糖核酸）剪接获得 1993 年的诺贝尔生理学或医学奖。[5] 他在被追问成功的策略时简单说道："就是谨慎地冒险，对世界保持好奇心。"联想到他的成绩，这句话不免有些谦虚了。夏普成就斐然，其中的一项是推动了我们对信使 RNA（mRNA）的生物学理解，并为基于 mRNA 的新冠疫苗奠定了基础。

在生物学这个领域，好奇只是默认的品质，夏普之所以受人赞扬，还因为他能以非凡的勇气和创意提问。典型的好奇心和持续的探索使他与他所谓“当今人体生物学最根本的问题”展开缠斗，并最终发现了断裂基因，这个细胞结构的机制，使我们能用基因剪接创造成熟的 mRNA。另一位独立发现这一机制的是英国生物化学家和分子生物学家理查德 .J·罗伯茨，他与夏普分享了当年的诺贝尔生理学或医学奖。他们二人的发现改变了科学家对细胞结构的理解，也推进了对于癌症和其他疾病患病机制的医学研究。后来发生的事情也许堪称一位诺贝尔奖得主职业生涯中影响最大的后续篇章：在 20 世纪 70 年代发现 RNA 剪接机制后的 50 年，这一机制又为开发 mRNA 疫苗抗击新冠铺平了道路。

夏普对他的思维过程和动机的描述很平实：“这些过程全部来自我的人生经历以及特定的人格特质。我始终是一个需要陪伴的人，但我在独处时也很自在，我喜欢放任心思不受约束地漫游。”只是静坐着思索最好的问题，就能在霎时间为整个领域注入能量。缓慢、清晰而审慎的思考能帮助我们将问题变成钥匙，开启世界上最大的锁。他说：“我那时候知道，我们的生物科学就快要能回答这些问题了。”他接着开展了一番“自说自话的、像梦一般的思考”，由此得出了“在这个关键过程中几乎肯定还有某个未知因素”的结论。

用问题来培养好奇心，从而解锁直觉的兴趣。

↓

找出最让你兴奋的事物，以此开始学习或探索。

↓

接收专心投入的能量。

↓

带着新的问题前进，从而发现对你意义最大的事物。

对我们许多人来说，好奇心会点燃问题，问题又反过来点燃好奇心。这是一个觉照的环路，它对于问出“为什么”的幼儿相当重要，对于诺贝尔奖得主也是如此。现在有了新的方法研究大脑和基于大脑的行为，研究者开始更仔细地观察好奇心、观察心灵的探寻带来的益处。他们的研究指出，好奇心（常被简单地描述为一股学习或了解某事的强烈渴望）其实是一种认知状态，这种状态又被称为“信息寻找”，它完全融合进了大脑的思考过程和奖赏系统。

神经科学和教育研究告诉我们，当你感到好奇时，大脑的快乐、奖赏和记忆中枢都会点亮，由此刺激大脑进行深入的学习和发现，并开展社交联结（玩乐也有这个效果，一局答题或填字游戏就能证明）。神经回路将信息作为一种固有奖赏来做出反应，无论对信息的追求是出于兴趣还是匮乏，只要信息出现缺口，我们就会努力补足。即使信息本身并没有多少实际价值，或者我们已经预料到它可能令人失望或带来不利后果，“好奇心的诱惑”也会使我们对任何事情一探究竟。[6]而如果信息是新颖、意外、反直觉的，或者以别的方式违背了你对某样事物的信念或理解，你的好奇心会尤为强烈。在网上滚屏浏览之所以如此令人上瘾，错误信息之所以如此勾人并难以被忽略，这也是原因之一。有一篇题为《未来属于好奇者：在儿童身上自动理解并识别好奇心》的论文称，好奇心的表达中包含了一种通常是积极的情绪能量，所以好奇心会吸引人，并且“专注、探索和幸福感都是最常和好奇心一同出现的情感状态”。[7]

其他研究指出，我们天生喜欢惊诧。一项针对婴儿的研究显示，“当物体的运动违背通常的物理定律时，婴儿会在声音、词语和物体形象之间建立更强的联系”。[8]

既然好奇心是这么好的一件事，乃至会激励大脑学习并记录进大脑的奖赏系统，既然提问就是好奇心在发出声音，那为什么提问又会使我们担忧、紧张和迟疑呢？这是因为好奇心还会唤起情绪：如果你很介意暴露自己的无知，或者担心自己的提问会引起别人的评判，那么焦虑就可能压倒你的好奇心和探求欲。对孩子来说，来自教师、父母或同龄人的消极反馈可能会令他们封闭心灵。成年人同样如此，对提问的敌意或羞辱会产生寒蝉效应，从而限制自由开放的探讨，使得创新观念无法产生。

> 想找到令你陶醉的事物，就要跟随好奇心的指引。[9]
>
> ——凯瑟琳·梅，《陶醉：在焦虑年代唤醒好奇心》（*Enchantment: Awakening Wonder in an Anxious Age*）作者

2014 年诺贝尔生理学或医学奖得主、挪威心理学家和神经科学家梅-布里特·莫索尔曾告诉我，以她的经验来看，在她的实验室中问出的那些看似“愚蠢”的问题，有时反而是最有趣的。至少在讨论中，提出这些问题的人会得到肯定，以鼓励他们和其他人以后大胆提问。

莫索尔是神经计算中心的创立者兼主任，也是卡夫利系统神经科学研究所的联合所长。她表示，在像她所处的工作场合，能问出富有成效的高产出问题就是关键。她相信一切问题都有价值，就连烦人的问题也不例外。我在我的实验室里也坚持这个观点。即使一个问题引出的只是意料之中的膝跳反射，它往往也能创造一些能量，引发一场活跃的讨论。有时我也会在一场讨论中提出这类问题。每当有人回复“不行，根本不可能”时，我就会追问“为什么不行”。当他们接着提出主张，我便有机会从全新的角度，也就是他们的角度聆听推理了。这样能暴露未经审视的成见，或揭示值得深究的独特洞察。

因此，如果你以前在某处听到过“不要瞎问”的教诲，别信它。这个世界需要你提问。我们如今面临种种复杂的难题，世界尤其需要你的真诚和你引人深思的好奇心表达，还有你唤起觉照的提问。不要打消你的“疯狂念头”，也不要迟疑不敢问出那些打破僵局、刺激对

话的问题，我们应该学会信任自己本能中的询问、好奇心和探索，要培养这股力量，在生活中给它一个声音。要把恐惧放下，与其回避那些令人不适的大问题，不如有目的地试着深入它们。通过内心独白或者互相探讨，反思这一行为本身就能刺激大脑开展深度学习和发现，建立社会交往，并获得直觉和灵性体验。

能收获这么多东西，你还退缩什么呢?

> 你必须十分勇敢地接受自己的本能和想法，因为不这样做，你就只能屈从于别人……那些令人难忘的事情也会消失。[10]
>
> ——弗朗西斯·福特·科波拉

从提问到行动的桥梁

我们的提问能够点燃变化，这些变化有的只能引出个人的洞察，有的最终能塑造公共政策。当维韦克·穆尔蒂于 2014 年出任美国公共卫生局局长时（后于 2021 年连任），他担忧的一个主要问题是这个国家愈演愈烈的阿片类药物成瘾危机。身为医生，他切身体会过这一问题的复杂性和广泛性，他的目标是改良对阿片类药物成瘾的应对方法。诊疗的标准固然重要，但反制措施还应该包括唤起社群的同情心，激发对抗这场危机的动力。他首先发起了一场倾听之旅，他在全国巡游，询问大家最关心的健康事务。他提出的一个主要问题是："我能帮你们做什么？"

其成果就是联邦政府发布的一篇史无前例的报告，将成瘾以及对药物的滥用和误用列为一场公共卫生危机。穆尔蒂说："我想象自己站在盒子外面朝里观望，不是我自认为可以超脱于规则……而是我对规则有许多疑问。比如我会质疑现状——'我看事情不是非得如此，换一种做法应该也行’。”他在2020年出版了一本著作叫《在一起：孤独世界里，人际关系的治愈力量》（*Together:The Healing Power of Human Connection in a Sometimes Lonely World*）。在书中，穆尔蒂通过一个整体主义的视角重述了一干公共卫生课题，对于那些触及当代生活方方面面的课题，他也用这个视角转变了关于它们的对话方式。身为卫生局局长，他持续将“健康”的界限向外延伸。他长期关注精神健康并视之为公共卫生的根本，他还在2021年的一份报告中指出，年轻人的精神健康危机正不断恶化，在新冠危机的阴影笼罩下，另一场沉默的疫病正在悄悄滋长。[11]

这个国家的精神卫生系统已经不堪重负，无力再满足成人和年轻人的需求。目前这一系统仍在衰败之中。在后续的几份报告和媒体访问中穆尔蒂又指出，种族歧视、经济不平等，以及错误信息和观点极化的危险，都是令人担忧的健康问题。他将人际关系视作健康的公分母，他说那“对我们所有人都是一股强大而基本的治愈源泉”。[12]

提问能在人与人之间建立联结。倾听提问后学习则会深化这种联结。

穆尔蒂提出了一个问题，认为它能驱使有意义的行动：“我们已经看到社会的基础在过去数十年中持续败坏，在这个时代，我们应该如何重建人际关系和共同体呢？”

或者考虑一下德国精神病学家兼心理治疗师格哈德·格林德尔在他的近作《我们想过怎样的生活？未来由我们自己决定》（*How Do We Want to Live? We Decide Ourselves About Our Future*）中的提问。这是一个值得反复提出的问题：我们想过怎样的生活？

> 为了答谢地球赠予的厚礼，要问自己一个问题：“我该对这份礼物做何表示？我该负起怎样的责任，才对得起我得到的一切？”[13]
>
> ——罗宾·沃尔·基默尔

为了更宽广的生活而问出宏大的问题

在新冠停摆期间，我决心重新点燃自己的人际关系。我知道我的注意缺陷多动障碍正推着我在各个方向上摇摆，我开始寻找可用于有目的地安排时间和决策的技能，并将它们作为我的工具箱里的一种新策略。有几件事是显而易见的。比如我姐姐一向很擅长通过有目的的努力维持人际关系。这对于她是一个重大的优先事项——她有一个村子的关系需要维持。我也可以在这方面努力一把。

冥想是另一种观察我的心灵如何运作的方法，它成为这种努力的一部分。我至今仍在试验不同的冥想技术，除了意外地发现自己的内心竟也有一种放松宁静，我还发现有的时候，新颖而不同的问题能使我投入冥想过程，而不会分心。比如这样一个问题：冥想是怎样与我的心灵或身体相互作用的？意识到这个相互作用（冥想状态下的思维模式、身体感觉，以及心身体验）有助于我观察自己的心灵中有什么、是什么在驱使我的思想，以及它要把我带往何处。

从我们最切身的窘境到那些全球范围的困难，我们的提问都能界定我们想要解答的课题。通过提问，我们会发现对自己最重要的是什么，并提出相应的策略来实现这些重要目标。当今的伦理与道德两难号召我们创造性地思考，聪明地提问，并投入更大的能量追寻答案。疫情迫使我们提出棘手的难题，它们在我们面对全球健康危机的前景时持续引发共鸣：政府应该本着怎样的标准决定疫苗注射顺序？随着病例激增、医院资源越摊越薄，医疗配给的问题也层出不穷：哪些病人应该连接呼吸机？甚至哪些病人应该被收入过度拥挤的医院？

在实验室里，高产出的问题能引出创造性的答案。我们还可以将同样的问题带入我们的生活和社群。我们必须理解自己内心深处的个人价值观、希望和抱负，这不仅是为了实现我们的人生目标，也是为了鼓起勇气问出新的问题，进而启发自己。比如用新的问题来挑战历史上的不平等。一些急迫的生物多样性项目是全球共同资助的，其中关于谁来付账的争论拖慢了步子，使工作无法开展。正如一份报告所指出的那样，我们必须直面一个现实，即“富裕国家的消费习惯是造成生物多样性损失的一个主要因素，贫穷国家则往往有着丰富的生物多样性，却缺少保护它们的手段”。[14]

> 我首先想问的是：“我是在为什么做出优化？”这件事你一定要想清楚。在人生中，我们会从周围的人身上继承许多目标和结果。[15]
>
> ——詹姆斯·克利尔，《掌控习惯》

再说一个迫切的例子：丽莎·佐佐木是史密森尼学会美国女性历史博物馆代理馆长、史密森尼学会美国亚太裔中心前主任，她指出，不同社群乃至整个美国的历史叙事正在受到质疑、重估、重述和扩展，最终的目的是让它们接纳更加完整的叙述，以反映这些社群和国家的真实多样性。她说，我们每一个人都面对一个难题，就是要对这些传统的故事线发起质疑，不能径直把它们当作符合事实的公平叙述：“许多人想当然地认为以这种线性的方式就能了解历史，以为这样了解的就是史实。但他们常常忘了这里面的一个中间环节，就是历史由谁来记载，由谁来记忆，再由谁来向你讲述，让你明白那是你的历史。”

这一叙事始终在演变，因为每个人都是以自己为中心分析历史，再加上心灵还往往会在无意识中做出随机的联系。身为日本裔美国人的佐佐木举了自己家族中的不同世代作为例子。在美国，对亚裔的种族歧视已经是绵延几代人的现实。尽管如此，佐佐木的那位人生阅历与她显著不同的祖母“对于理应为我们所共有的一部历史，却会做出完全不同的一套反应。她对这部历史有着不同的解释，依据的是她过去的经历。这造成历史和身份都带上了极强的流动性。在这一点上还要叠加压迫和不平等，以及权力结构造成的我们在大多数时候都没有发言权的事实。这种流动性决定了谁的历史会得到讲述，这一点已经变得相当重要了”。

佐佐木指出：“这已经改变了人们接收到的信息，这是第一步。我们现在要做的，是认识到我们必须提出几个问题：是谁在讲述我们的历史？是谁在记载它？谁有发言权？还要明白我们对历史的解析根据的是我们自身的经历。”

关于历史性和系统性的不平等，有些棘手的问题已经在公开对话中获得了更大的声量，这些问题（以及辩论）催生了对某些历史事件的一大波记录，而此前这些事件都从未得到公开和诚实的表述。既然我们知道了有这么回事，接着要问的就不再是这一课题是否成立，而是我们该如何行动。

对于行动的呼吁，部分也是对于提问的呼吁，现在有两个空前迫切的问题需要提出：一是谁或者什么该对过去负责，二是将来我们要扮演什么角色。我们能在前进的路上做什么？不妨把这想成是一种传播，是我们对一种观念或态度的扩散或者宣传。还有一个重要的问题是任何人都可以问的：“有什么我正在做的或者做过的事情加剧了不平等或者负面性？”本来必须停止的事情，是怎么因为我的作为或沉默而继续的？这可以包含种族歧视、性别歧视、谎言和错误信息或者流言、邪恶。我们必须意识到自己的习惯和成见，意识到自己不经质疑或验证而接受的东西，我们还要随着时间的推移，用新的体验、新的信息，以及新的意向来修正它们。

亨利·戴维·梭罗曾经问道：“还有什么奇迹比得上在一刹那看穿彼此的眼睛？”[16] 这听上去像是在邀请你体会对方的喜怒哀乐，但是在我听来这却是对好奇心和提问的呼吁。只要培养你对另一个人以及他的经历的好奇心，你的心中自会流泻出更有意义的问题。不要回避那些宏大或令人不适的问题，要利用它们来投入、学习，并且推动对话、探讨负责任的行为。

> 做学生时，对你的评判标准是回答问题的好坏……而在人生中，对你的评判标准是能否提出好问题。你应该转变……从给出好答案变成提出好问题。[17]
>
> ——罗伯特·兰格

分析你心中不假思索的倾向和界限

有时，只要丢给自己几个最简单的问题，就能抹除我们甚至还未意识到的障碍。那些偏好和倾向、那些想当然的界限，有一部分是我们自己设定的，其他部分是我们承袭自别人而从未质疑过的，只要一句简单的发问就能令它们全部败退：“为什么不行？”[18] 有些我们视为理所当然的条件可能对我们隐藏了本来面目，但它们其实比我们想的更容易改变，只要我们愿意承认它们的存在，质疑它们，并试着把它们修改得符合我们的意向就行了。

这里借用《习惯的力量》一书的作者查尔斯·都希格对于“习惯回路”的描写：这个回路中的线索是什么？程序（倾向或界限）是什么？又是什么样的奖赏在巩固它？在任何情况下，是什么在增加或减小我们遵循旧有模式的倾向性？只是向自己提出这些问题，就能打破这一倾向并为心灵开辟其他可能。

大约十年前，我得到一个机会去参加一个优秀的演讲活动，我当时有很多理由婉拒。长久以来，我一直很难记住事情，再加上我一想到用新的材料和陌生的格式做公开演讲就感到焦虑，并且准备一场新的演讲还要投入数百小时的准备时间，这些都令我觉得勉强。我甚至不必回顾那些令我不适的细节，我的大脑已经建好了快捷方式，只要那些神经元感到刺痛，我就立刻知道自己不行了。正巧，活动的时间又和我的一次国外出差相冲突，我有了退缩的机会，我没有调整出差时间或者审视旧日的心结，而是径直对那次高调的活动说了“不”。然而要拒绝命运并不容易。活动组织者撺掇我再考虑考虑。他们强调这次演讲能使我的声音传达给全世界的听众，还说了他们是如何协调张罗，才让我能在这个年度节目的最佳时间上场的。我向国外的同行征求意见，他们立刻表达了无条件的兴奋，还说要为我重新安排出差时间。于是我又仔细考虑了一下，对方很急，催我快点答复，我自然想到了那句人人都会耸一耸肩提出的反问：“为什么不呢？”我答应了。

一旦承诺去做演讲，我的全副身心就都为这个目标重新组织了起来。当我沮丧地背不出材料时，“为什么不呢？”这个问题的答案一下子涌上心头，那是我向来回避这类活动所有令我羞愧的理由。不过这时我也看清了一件事情，就是那些曾经使我不敢放胆前进的回避事物的习惯（我美其名曰“偏好”）和界限，原来一直待在老地方没有受到多少挑战。而现在挑战它们的机会终于来了：这是一个大好机遇，我充满了干劲，动力十足。既然这件事情的启动能量已经降到了能让我开口答应的地步，接下来就是顺势推进的最佳时机了，我要拿出自己最好的本领，最少也要甩掉那套陈旧的模式。结果那场演讲成为一次非凡的体验（也可说是“我最难忘的一次失败”，这将在第九章中分享），但它也为我打开了一个突破口，让我进入了一个充满机遇的世界。

要想让觉照的能量为你所用，就必须打破原先不假思索的倾向，并质疑它。任何一件觉照工具都能导正你的注意力和能量，但唯有提出一个问题能利用大脑破旧立新的天然反应。提问使你有机会根据意向而非倾向来行动。

想象一下，这股为你所用的能量，其原理就仿佛使带电粒子互相吸引或排斥的磁力。如果想打断这股倾向，你可以做出有意识的选择来支持自己。你要反思你身上的倾向，或者你眼下强行为自己划出的武断界限。挑选一个简单易上手的对象，比如你爱听的音乐、你的社交圈子或者你使用媒体的习惯，然后选出一个新的东西来尝试。先试试看，再观察自己的想法。如果社交媒体或是对上网浏览的沉迷就像磁力般吸引着你，那就列出几项有意识的选择来打破这一模式，哪怕一开始只能坚持一天，要么就更加严格地管理你的上网时间或者你浏览的网页。

你的目标不是改变所有模式，而是认识你的思想、选择和行动中的模式，然后从提出一个问题开始改变，这个问题要能帮你更清楚地看到，这些倾向会将你带入何种境地。把问题当作船桨伸进水中，用来停止并利用当下，为你的最高目的服务。

- 培养一颗求索的心 -

要到能量充沛的人中间去，倾听他们问出的重大、深刻甚至启迪人心的问题，要特意和他们一起工作或学习。首先，聆听别人的问题会刺激我们的大脑，催促我们思考。这时我们再运用觉照工具，便能将这些问题代谢转化为行动。其次，其他人能提供可贵的范式让我们磨炼技能，从而让我们提出更多高产出的问题。下面的方法可以磨砺你的提问技能。

- 练习塑造问题，再提出来。比如“是”或“否”的问题是不会引起讨论的。试着问问“怎么样”或“为什么”，要么就问“为什么不”，以此探索违反直觉的可能。

- 用提问的过程来彰显你的好奇心，发现思考的盲点，或是单纯享受有趣的对话。留心你脑海中跃出的问题，还有它们启迪了什么想法。对于我，这能提高围绕在学习周围的兴奋和积极情绪。

- 找到寒暄中的能量，也找到能量去寒暄。我从前认为寒暄没有一点儿用处，何必为此浪费时间？但后来我意识到，寒暄是一种在两人之间打开能量通道的方法。提问也是这样：问题会使能量、信息、情绪和知识流动起来。提问就是你在要求、邀请能量的输送。提问能帮助我们维持专注力，不让我们的注意力变得散漫。当我们给予他人更充分的注意力、用提问来表现出我们的兴趣时，或许就能在对话中保持投入，从而加深与他人的关系。

- 用当下的事件或个人经历作为引子思考一些重大问题。

第三章

该困扰时就困扰：唤醒你的心愿

找到激励你的那个“为什么”

“

我们能做到的最好的事情就是投入。投入你的生活，投入你的社区。[1]

——戴安娜·奈雅德

詹姆斯·阿克勒姆迷失了。从他的外表可能看不出来这一点，他似乎仍有坚实的学术成就，还得到了一个机会参与哈佛大学与麻省理工学院合办的博士项目。但是我后来知道，当时他正处于人生低谷。作为家中第一个毕业的大学生，他不久前才在剑桥大学获得工业设计的硕士学位，学习期间还拿到了丘吉尔奖学金，这笔奖金每年只颁给15名学生，他是其中之一。但在父亲去世之后，他决心回到美国的家乡，思考下一步该做什么。他的大致计划是致力改进医疗方法，或者开发新的工具来加速生物科技的新发现，但对此他并没有清晰的想法。他身处一个竞争激烈的环境，周围的同辈都已经跑起来了，他却觉得自己还停留在起跑线上。

他曾经一遍遍追问自己那个显而易见的问题：我到底想做什么？有前途的选项多得令人眼花缭乱，似乎处处都充满潜能，可是他一想到这些选项，却又觉得无趣而茫然。他的心里缺了点什么。博士项目截止在即，他必须拿出一个主意了。最终，是那缺少的东西引起了他的注意并困扰着他。他自然希望能怀着兴奋开启新的事业。但他忽然明白了自己最向往的东西——能从这个博士项目里学习新知让他感到兴奋——于是他转变了提问方式。他不再问自己到底想做什么，转而问学什么他最有激情，答案忽然一清二楚了。他对生物学极为好奇，但是缺乏生物学的专门知识与技能。接下来要学的就是那些知识和技能，而他所处的环境再理想不过。

改变提问方式在他的眼前打开了一片全新的视野。只有当他专心找出困扰自己的问题并采取行动时，这才有可能发生。他对生物学毫无经验，但他希望学习它，而不是一门心思巩固自己本来的长处。他选修了我教的一门课，那是我们初次见面，也是他初次学习使用移液管。我在詹姆斯身上看到了一点火星，那是一颗迷人的好奇心、一股学习的热情，于是到学期结束，我问他有没有兴趣加入我的实验室。他同意了，我马上把他派到了一个干细胞项目。他对我们的研究方法一无所知，仿佛学游泳时被直接抛进了水里，不是学会，就是淹死。起初看他的表现，我并不确定他会是哪个结局。他学习热情十足，但确实学得很辛苦。

“以前我连移液管或培养细胞都没碰过。”阿克勒姆说。最初的那门绪论课是他第一次接触基于细胞的研究，他觉得自己仿佛鱼离开了水。但是他没有放弃。“我不仅一直想参与那种会产生新知识的研究项目，还想要给出解决方案，它要么成为疗法，要么催生新的工具加速未来的发现。”接下来的五年里，他在细胞治疗和医用黏合剂两线开展研究，他经手的实验一个接一个失败，当然也有成功的。科学研究的失败率本来就高，只要研究就会失败，而任何人遭遇了失败都会觉得困扰。但是对于阿克勒姆，研究中的高失败率引起的困扰并没有促使他离开，反而激励他在多样化的方向上继续努力。他加入了另一个项目来应对困扰：他意识到只有项目足够多样，他才能鼓起干劲。

他说：“我发现手上总有两个项目要忙很有帮助，因为其中总有一个是能成功的，这能给我一点点由进步带来的满足感，使我有动力不断推进项目。”他利用这股困扰的能量追逐自己的好奇心，心中的兴奋（以及对于过程的耐性）始终燃烧着。通过用种种策略使热情与目标保持一致，他的那一团火始终不曾熄灭。

用痛点牵引行动

在我们这行，当有一个问题需要解决时，我们总会问一句：“痛点在哪里？”在商业和营销领域，还有心理学中，“痛点”指的是驱使我们行动的“痛苦”的动机因素：是什么具体的恐惧或渴望困扰着你，促使你转变行为或者买下了一件商品？换句话说，就是你希望解决的问题是什么？在医学研究中，“痛点”并不只是一种比喻，它们是我们想要治愈或者缓解的人类苦痛，包括疾病、受伤、疼痛和缺陷。在我的实验室里，我们的目标不仅是发明新而有效的东西，还要在发明过程中实现最大的积极影响。令我们困扰的问题相当于试金石，使我们充满动力，并怀着一种急迫感去解决问题。一旦心中有了这样的渴望，我们投入一个项目的精力就能为他人引燃一点火星，并在更大的尺度上为解决问题积累势能。

在生活中，我们对于困扰自己的事物自然会尽量避免或者推开。但我们要是能转而质问自己，将注意力转到痛点的来源上，我们就能停下来思考它，并下潜到更深的一层：这件事为什么令我困扰？我可以如何利用这股能量来改变它，来实现我的意图？除了回避困扰自己的事物，我们还可以迎上去，找到一点火星来将意向化为行动。

在实验室里，我们想要解决的任何问题，都有一个特定而具体的痛点。一个痛点的力是纯粹而易于察觉的能量。痛点使我们不断推动进程，从而深入研究，重述问题，完善我们的工作重心，创造出新鲜事物，并使它更快、更有效地走向世界。就像我在前面说的，我们在问题求解过程的每一步，都会在实验室会议上提出一个充满力量的问题：我们必须超过怎样的标杆，才能让大家兴奋起来？具体地说，是怎么让研究者兴奋、投资者兴奋、公众也兴奋？我们就是这样来定义目标的。“那又如何？”这个问题总能很好地锻炼我们，激励我们超越迄今取得的成绩。当你意识到自己正在进步并且走上了正轨，你会异常兴奋。这使你更有可能全情投入。这是获得势能的一种方式。

布赖恩·劳利希有生物物理学和医学科学双重背景，他开展了一个项目，旨在为吞下纽扣电池的儿童减少伤害，这些小型碟形电池含有锂、锌、银或者锰，能为许多种相机、电子钥匙、遥控器、音乐贺卡、温度计和电子表供电。一旦卡进了儿童的喉咙，一枚纽扣电池能在两小时内烧穿食管。仅是在美国一国，平均每年就有 3500 名儿童遭遇这类事故，并且事故的发生率还在上升，每年造成几十名儿童死亡，更多的孩子遭受永久伤害。

布赖恩的一个朋友在一篇文章里读到有越来越多的儿童因为吞下纽扣电池而受伤，并跟布赖恩说了这件事，布赖恩对这个问题产生了切身的担忧。“我常常想，如果我的家人遇到这种事该怎么办？”他说，“当研究遇到困难时，我就会想起这一点。这个研究是值得做的，因为它能帮助某个我关心的人，或者某个别人深深关心的人。”

“为了做出更好的电池，我们开发了一种可扩展技术，能在湿润条件下将电池关闭，这样它就不会放出电流伤害人体组织了，并且这项新技术不会降低电池的性能。”

对布赖恩来说，一块情绪的试金石能使他充满干劲。任何人都可以这样运用情绪联结来使自己保持强劲的动机。你的痛点包含了使你急切的原因，即你将意向化作行为的最强烈动机。也许你意识到有某个习惯或机械化的模式在困扰着你，并且你想改变。也许你的痛点是希望成为什么、不希望成为什么，或者想做什么、不想做什么。也许那是一个你想要达成的目标。你的痛点可能会激励你另找一份工作，修复一段关系，或者积极行动解决社群中的某个问题。从更广泛的意义上说，痛点是推动我们从漠不关心到关心、从懒得行动到行动的力量。我们接下来为解决问题投入的能量可以为其他人点燃火星，并在更大的尺度上为问题的解决积累势能。

> 自然会向你发送一个信号，或许是一个温和的信号。如果你没读懂，它会重发，还会调高信号的力度或痛感。疼痛真的是一位好老师，堪称特级教师。当你痛了，你会竭尽所能消除疼痛。精神层面上的疼痛是一名信使，他说："或许有些事你需要想一想，需要变一变了。也许你没有活出真我、成为命中注定的自己。也许你做的事情与你的真我背道而驰。"我认为，这时候就应该反思了，所有人都要想一想：我们是否真的顺从了那股更大的影响力，是否听从了更高的精神法则，遵照了它对世界更为高深的理解？[2]
>
> ——戴夫·库谢纳，阿尼希纳比族长老

当动力不足时，找到痛点是一种有用的做法——需要的话就自创一个痛点——这样能提高赌注，让你感到更高的输赢风险。这个痛点不必复杂。坚持到底的压力会促使你迈出下一步，将意向付诸行动，从而避开无所作为的后果。比如你一直想去健身房但从来没有去成，不妨找一个健身搭档，那样如果你犯懒没去，就等于是对别人爽约了。这就是痛点。

在创新的背后尤其是在医学创新的背后，往往都有一个离挣扎或苦恼很近，并想要解除这种苦恼的人，比如他的家人患了癌症，祖父得了阿尔茨海默病，一个朋友因为家贫失去了住所而在学校表现不佳，抑或他切身体会过悲剧或者艰辛并知道要付出多少才能硬挺过去。各种坚韧而有干劲的人，往往都有一段特殊的人生经历，这个经历令他们产生了一种使命感，一股为自己或他人创造出更新、更好的东西的激情。当我们着手解决从环境污染到系统性的种族歧视与社会不公等当今最棘手的一些问题时，我们也是如此。

阅读、研究、考察和实验可以带来某种智慧甚至动机，但只有深入基层、近身接触才能掘出更深的能量之源。无论是在什么领域工作，我们都必须盯紧需求，并保持关心的理由。

我问过玛丽安·布德主教，现实的进步是如此缓慢、艰辛且常常令人沮丧，她这样的社会公正活动家，是如何保持全情投入的。她引用了刑法改革者布赖恩·史蒂文森的话，史蒂文森曾用一句简洁的名言建议那些致力于刑法改革事业的人："要贴近群众。"布德主教一直把这句话记在心里："作为领袖，也作为公民，我怎么才能确保自己不会失去焦点和目标？如果你想长时间从事这项工作，如果你想真的做出一番成绩，你就必须贴近那些最痛苦的人。如果你面对的是承受社会不平等冲击的人，如果那是真实的关系，那么相比于独自一人的努力奋斗，你就很难一走了之。我对这一点很清楚。"

> 有时候，一个时刻、一个场合、一个问题、一种处境或是一种情况会召唤我出任领袖。我向来敢言，敢为被剥夺了权利的人开辟说话的空间。[3]
>
> ——雷金纳德·舒福德，北卡罗来纳州公正中心总干事

随便从哪里开始：目的会找到激情，激情会充实目的并激发愉悦

我们常常听别人说要"追随你的激情"，这条建议假定了我们神奇地知道自己的激情是什么，并且通向它的是一条干净的坦途。这对

少数人或许是真的，但对大多数人并非如此。我小时候就肯定不是这样。我确实喜欢建造东西，可无论是我的乐高作品，还是我用卷筒纸芯搭成的机器人，都没有指明我将来会从事工程。我还幸运地住在几片树林附近。我常去林子里漫游，可是除了作为一个散养的孩子冒险去溪流中跋涉几步，我对自然并未怀有什么早熟的激情。当时没有人想到有一天我会成为科学家，更别说是一个将自然的智慧转化为医学疗法的生物工程师了。

在成年后，散养有时就显得像是堕落了，特别是你的同辈似乎都找到了各自的道路，发现了各自的激情。或者你认为自己也找到了，但接着意外发生，将道路从你脚下抽走。

戴安娜·奈雅德是著名的远距离耐力游泳健将、作家和编剧，她告诉我们她小时候对好几件事都怀有强烈的兴趣，游泳并非唯一的一项。她很喜欢那些描写勇于拼搏的运动员的图书和电影，但是她那股标志性的强烈心性，却来自对一个孩子来说出人意料的地方：她早早明白了人是必死的，因此必须严肃地对待人生。她对自己的大家庭了解不多，但是到 10 岁那年，当她得知她的祖父母都活到了 80 多岁时，她自己也盘算了一下。她在一篇学校作文中写道，将二老的寿命长度减去她的年纪，“可以算出我还有 72 年寿命。如果我希望做一名医生和运动员，希望去帮助许多人并学会世界上的所有语言，那我最好要忙碌起来了。”

她承认这份志向对那么小的一个孩子似乎有些夸张：“但关键是我有那一股认识和冲动，我觉得人必须尽可能清醒和投入。不知道为什么，我就是觉得‘你最好不要昏沉沉地过日子，不要浪费时光，不要瞎混，因为你的时间不多了’。”有限的人生就是她的痛点。

琳达·斯通是一位技术创新领袖，她最初步入职场的时候是一名教师和学校图书管理员，当时她绝对没有想到自己日后会身居高位，成就这样杰出的职业生涯：她先是和苹果的 CEO 共事，接着为微软的 CEO 工作，之后又去了别的地方高就。“我并没有什么具体的职业规划。”她告诉我，“就是跟着兴趣和激情走，我一心想找出怎么用技术最好地服务运用技术的人。”

她的兴趣多样，但都兼具一个主题：“我真的很希望理解创意和智能，理解人是如何学习思考的、怎么解决问题的。当个人计算机问世时，我就迷上了人和机器的关系。我感兴趣的不是人怎么做到更加高效、就像机器。我的兴趣始终是人怎么在机器的辅助下变成最好的自己。”

她认为，驱动她职业生涯的更多是好奇心，而不是刻意升入高管阶层。当她追逐自己的好奇心时，机会自然出现，她也抓住了它们。她对于流程和创新思考的强烈兴趣使她在公司环境中脱颖而出。在她看来，自己的激情与好奇心不仅显而易见，而且不可或缺——这种自觉是方向感的深刻来源。她的痛点是一种希望，希望只研究她真正关心的事物，这个痛点成为一位值得信赖的向导。

有时只有事后回顾，你才能认清那个标志你人生转折的痛点。以我的经历来说，当初我准备投入职场上种种可能的机会，还不知道在学术界和企业界之间选哪一条路的时候，一家年轻的生物科技公司给我发来了聘书，这令我相当兴奋。他们说，我去了他们那里就能与生物医学界最聪明的研究者和创新者并肩工作。我们起先谈得很好，直到对方开始更加详细地描述我的职位：他们让我领导一个小团队，我的具体方向将是……就在那个当口，一听到“具体方向”这几个字，我的心中拉响了警报。将心思限定在一个具体的项目上是我最害怕的噩梦。这违背了我这个人的一切，特别是我大脑的工作方式：我的大脑是被好奇心驱动的，需要同时开展几个项目，不断学习新知，最好能随时进入新的领域，找出领域内最为重要的、我却一无所知的东西——大致上就是我现在干的工作。这次顿悟掩盖了那份工作的一切优点。我听从了内心的警报系统，选择不加入那家初创企业，转而将注意力投向其他机会，我知道那里才有我需要的挑战和觉照能量。我当时完全没有想到，有朝一日我会领导自己的创新实验室，但我已经学会了信任那个决策过程，即利用痛点使自己留在激励我的事业当中，并跟着那些线索前进。

要知道是什么给你带来了变化

身为导师和教授，常有学生来征求我的建议，他们都在权衡下一步应该如何行动，有的是关于一个工作或学习的机会，有的是职业生涯中的方向选择。他们会列出优点和缺点，以及风险、收益和取舍情况，他们还会告诉我从别人那里听到了什么建议、那些建议都倾向什么。年轻学生往往难以下定决心，因为他们拿不准到底该听谁的：父母、同辈，还是教授？即使是有一点资历的人，也会在各个选项的战略利弊之间纠结。到底走哪条路最好呢？

有一个问题常被忽视，那也是我这些年来会向自己提出的问题：在各项选择中间，哪一项是你会怀着最大的兴奋选定并去做的？想象自己每天早晨醒来，有哪件事是你一想到就会激情澎湃的？回答这个问题能帮助你刺破对未知事物的迷茫，帮助你体会自己的感受、自己的直觉——直觉也有自己的智能。

如果你的回答是“我不知道”，那请你继续试验，找出是什么在推动你、刺激你。如果因为时间或资源有限，你不能抽身去那个桃源梦乡把事情想清楚，那就照着谚语的指导，“盲动不如不动”，同时留心什么才能真正调动你的积极情绪。你要记笔记甚至发短信给自己——我就是这么做的。在一天中，要试着记住或者记下是什么触发了积极感受，又是什么使你灰心。要留心让你觉得兴奋的事物，以及你想用自己的时间做些什么，虽然这需要一点专注和一定的自觉。

你要冒一些风险，多尝试不同的事物。给自己一个机会，克服从事陌生事业最初感到的不适，留心你为某件事情共鸣的迹象。总会有这么一件事的。这种探索本身就会带来积极成果：首先，在探索中，你会培养更强烈的自觉，练习用自己的情绪脉冲发现自己真正享受和不享受的东西，学习分辨“我”与“非我”的体验。掌握了这些信息，你就能在最喜欢的事业上投入更大的注意力和精力，它也最有可能为你的投入带来积极回报。这反过来又会激励你去追随这些兴趣。

要获得这样的感受或许很难。我们许多人从小就相信并深深觉得，自己的选择应该是为了取悦别人，比如父母、家人、朋友、同事，还有上司。全是别人，唯独没有自己。当我们习惯了将自己排在别人后面，就很容易忽略自身的需求。

最好了解一下什么会给你个人带来变化。说出你可以在今天、本周或任何时候做出什么决策，才会在最大限度上、最长时间内维持你的兴奋。这股内在驱力将护送你走出低谷，即那些位于高峰之间、充满艰难和沮丧的日子。

在科学和医疗中，我们用生物测定学来度量某些生物学因素的存在和相互作用。血液检测和其他诊断工具揭示出癌症和其他疾病的生物标记物，以此辅助诊断和治疗。生物测定学还能度量其他生物特征或者行为特征，它们能认出只有你或你的反应才有的东西。这可以成为一件有用的 DIY（自己动手）反馈工具，用来读取你对某项活动的动机能量：什么活动会令你精神振奋、唤起强烈的动机和满足感，什么又不会，或者说不能让你振奋到必要的程度？你的环境是如何塑造你的体验的？你是喜欢独自锻炼，还是喜欢有一个搭档？你喜欢在跑步机上跑步，还是喜欢到户外行走？或许你早就认定了自己“缺乏数学神经”，或者不擅运动、不懂艺术，因为在你儿时的成长岁月里，一开始就对这些科目没兴趣。然而过去的印象总是值得重新审视。下次不妨换一个新的环境、新的方法、一个支持你的老师或者教练，你的人生体验和发展状况会大不相同。

我们需要弄清什么样的环境会决定我们兴奋与否，并策略性地运用它。要通过控制变量来为自己的成功铺路，尽量将时间、地点和社会因素安排妥当。当你了解了自己，就会发现甚至你自认为的一些缺点都可以为你所用。就比如我，有许多事情是我喜欢做的，但对这些事情我也会拖延，直到累积了让我兴奋的启动能量才终于去做它们。我曾经对自己的拖拉作风很生气。我觉得那是错的，就像一种品格缺陷。但后来我意识到，对于我，这其实是一个有效过程的一个环节：我的大脑先要自在游荡一番，然后才能专注于一项任务。明白这一点后，我不再浪费宝贵的精力纠结、难受了，而是利用这一洞见做出了更多成就。

我曾经和大家一样感觉时间总不够用，并开始更多地注意时间都用在了哪里。那会儿职业生涯刚刚起步，我专心做着一些自己热爱的事情，对其他重要的事情心不在焉。我也不是追求每一刻都有产出，但我确实会陷入一种模式：先是设法全心投入手头的项目，用工作到很晚来对抗我的注意缺陷多动障碍，好觉得时间没有浪费，但接着我就会疲劳、涣散，并且气馁地觉得，手头上的这些事情，我在内心并不认为它们是最重要的。这样的模式难以为继。

幸好我总有更多的事情可做：我有更多的可能性可以思考，更多的项目可以启动，更多的经费可以申请，更多的方式与学生见面并提供指导，还可以更努力地做一个好父亲、好丈夫，更好地支撑我的家庭。我学会了将某些活动带来的兴奋和单纯的积极感受作为生物测定指标，以此度量这些活动在多大程度上影响我、维系我。我现在还常常在内心更新这份评估。我会盘点有什么事是我爱做的，还有什么我正在做或没做的事会让我困扰——当我的脑袋碰上枕头，我的心里装的是什么。这些都向我指明了我的选择是好还是坏。

我对这些内心的线索越敏感、越视它们为日常决策的根据，我对事情的投入就越充分，也越清楚自己什么时候需要休息、玩耍或者对手头的工作更加专注或以不同的方式专注。和别人交流能让你读取自身的心灵状态，明白你是否活出了自己的价值和重心。别人对你的反馈，也许能指出你在散发怎样的气场。如今我对于疲劳的觉照反应是专注。我会更好地集中精力，好让自己沉浸于手上的事情、对面的人，无论那是开工作会议、与家人相处，还是关掉电子设备安心地睡上一觉。我对于自己使用媒体的习惯更警觉了，不仅会约束一些不假思索的习惯，也会更有意识地用它们来为我服务。比如，我会在一天中利用 5 分钟的休息玩玩国际象棋游戏，我发现这可以用来检测我到底有多累。国际象棋游戏需要你有清醒的头脑，要提前几步想好着数并把它们准确地使出来，我在疲劳的时候是做不到这些的。如果我发现自己解不开棋局，我就知道应该多睡会觉了。我还会用可穿戴设备对我的日常作息开展其他试验来改善睡眠。对于我，这同样是一种觉照行为：在生活中进行怎样的试验，才能使它朝着对我有利的方向改善？

如今的我，面对事情一般会坚持到底，鼓足干劲，用“冠军总是付出更多”的信条为自己注入能量，当然是在合理范围内。有时我在追踪项目时也会打不起精神，就这么跟着感觉走，不去在意数量和细节。每当陷入这种状态，我就会审视自己的习惯，一项项地展开质询：这个习惯对我用处大吗？如果认定了不大，我就会把它改掉。同时我也明白，今天对我不再有用的习惯，到将来的某个时候或许还能用上。

我还发现了一件趣事：撑过疲劳所需的能量变得比以前小多了。是的，我的确需要时不时地多睡一会儿；没错，我在生活中需要更多放松，我也在安排了。但是，通过在生活中填满我热爱的事情，我发现要区分真实的困倦和动机的缺乏变得容易多了。我仍能努力做成许多事情并为此踌躇满志。而在过去，疲倦一旦袭来我就轻易屈服，接着便会懒洋洋地无所事事，给自己的情绪和周围的人造成不利影响。寻找痛点的我，几乎每天都会感到一些挣扎。无论是为某件事情想办法的精神挣扎，还是挣扎着向某个目标前进，我都将它们视为一天中的自然节律并接纳下来。

想要快速读取与日常任务有关的能量增加或消耗，不妨找找对比项。“对比越强，潜能就越大。”分析心理学之父卡尔·荣格指出，“巨大的能量只会来自相应的对立的巨大张力。”[4]你在什么时候会觉得情绪高涨、状态极佳、兴奋异常？什么时候又觉得百无聊赖、迟迟无法启动？你在什么时间、什么地点，最容易感受到这些对比？疫情缩小了我们的探索范围，收窄了我们的相互交流，使我们不仅局限在个人生活的泡泡里面，也不太跨出身边的社群。评估一下你的探索模式，通过迈出有目标的一步来扩展它们。从一两个小的选择开始，让它们瞄准对你重要的小事。那可以是去一趟博物馆，这项活动你已经一再拖延，因为身边的人对此都不甚热衷，也可以是在社区散一散步。或者读一本书，听一个新的播客，学做一道新菜，就是不要在社交媒体上一个劲地看坏消息。你要从小事做起，同时留心自己的感受。如果有一件事令你高兴，就把它记录下来。

一旦像这样对自己的兴趣做出回应，你就在自己的思维过程中植入了一个观念：你的确可以通过改变使生活更好。我绝不是说其他人的需求和选择不重要，我是说在生活中找到激情的唯一办法，就是专心思考自己。如果这一点一时做不到，你就把它放到一边，不去管它，再换一件别的觉照工具来点亮行动的火星。

不合脚？把鞋脱掉

虽然在外人看来，我走的这条科学与生物医学的创新之路好像合乎理性和逻辑、全是妥善规划的结果，但我的感觉并非一帆风顺。我是一路被痛点引导走到今天的，这痛点就是我的选择与我的好奇心之间的相悖。我需要专注于自己最好奇的事情，如果忽视了这份内心的指引，我就会好像穿了一双蹩脚的鞋子似的难受，或者像穿着不合脚的靴子去远足。所以一路走来，我学会了追随自己的兴趣，也接连发现了新的兴趣。对于我（和琳达·斯通一样），驱使自己的是好奇心，一旦这股能量消失就会形成痛点，像一条小径上的路标一般引起我的注意。

我必须学会一路上带着这种不确定性存活甚至成功。换句话说，我不能将回避不确定性当作痛点，由此只做出安全稳妥的选择。我必须重新认识冒充者综合征，只把它看作一个记号，指出了我正在探索一片激起我的兴趣与好奇心的陌生新领域。这也是目前实验室里的一块基石，我不断踩着它进入我怀有好奇心却没有资质的科学和医疗新领域。我们坚持向前，设法请来拥有合适技能、能帮我们指明方向的人选。对于你想尝试的东西是否可行，你不必具有十足的把握，就连信心也不是必要的。但是在你步入未知领域的时候，你必须明白一点：你正在重新训练自己如何分辨，如何断定某些想法什么时候可行、什么时候不可行。这个认知过程能为你的生活注入一种兴奋感。它必然包含不确定性，这种不确定性中又包含了充沛的能量：产生想法，接受想法，争取实现。

詹姆斯·阿克勒姆一开始“被丢进水里学游泳”时学到了他最喜欢的一课：“我在的时候实验室里有一句格言，‘做点什么再说’。我们很容易因为在某个项目的规划和假想阶段卡壳就不再尝试新东西、不再学习了。这时我们就靠这句‘做点什么再说’来催促彼此冒险。”有一件事他现在回想起来还哈哈大笑：一次实验组会上，我听到他们在对彼此说这句话，我立刻把它改成了“做点大事，做点重要的事”！

如今阿克勒姆有了自己的实验室，并为同事们创造了一个充满激情、由目的驱动的环境。许多时候我们都受到一种错觉的困扰，好像我们就应该不假思索地知道下一步该做什么。但实际上，你不必即刻思考接下来应该做的事或是把你的未来看作一个单一的对象，不妨转移注意力，先找出令你好奇的是什么。你为什么而兴奋？接下来有什么可以让你享受一阵子，时间长到足够你洞察自己的喜好和厌恶，并进而引导你未来的决策？有什么使你烦闷到了非得做点什么才行的地步？

让别人也听到你对行动的呼吁

共同的痛点可以在全球范围创造成就重要事业的意愿和方法。只要气候变化及相关的环境问题和自然灾害还没有成为更多人的痛点，这份迫切也没有传达给每一层级的政府和领导人，我们就注定会重复这些惨痛的教训。

史密森尼学会的丽莎·佐佐木对文化的探讨很令我共鸣。她说创新之所以常常在全球层面上失败，原因之一在于政治和经济是一场比胆量的游戏：一干重要玩家，谁也不想第一个改弦易辙，去建立合作性更强、权力驱动更弱的模型来指导政府、商业和社会变革，因为他们害怕别人会趁机夺取权力为自己所用。但这样又会忽视承担他们政策后果的人民的苦恼和痛点。从生物学上说，出现了痛点就应该快速行动以求生存：骨头断了，你自会去找医生。我们需要找到一种方法加大痛点，施加压力，不能等到每个人都感到痛了再行动。要把地球当成你的家园，把大自然当成你的社群，那些苦苦挣扎的人民就是你的邻居。要寻找痛点。要在困扰中找到触动你的事物。

- 在使你困惑、烦恼或惊讶的事情上找到动力 -

要留心自己对变化的渴望，即你的困扰意识。你的痛点就在那里。想要揭示你的动机之源，不妨试试以下这些步骤。

- 环顾四周。串联线索。有了意识就会识别。你的大脑时刻在开展模式识别。在低能态模式下，我们的思想会默认采取从前使用的熟悉反应。你可以把它从无意识的反应转变为有意识的选择，从而为大脑引入一个新的反应，创造一个觉照时刻。

- 带着意向投入。认识生活中那些会立刻使你行动起来的刺激，要明白你是有选择的。要随时停下来思考你的选择：你是希望死守旧习惯，还是希望养成新的习惯来支持你的新意向？

- 连通你自身的力量。要明白钥匙在你自己手上，你就是掌管者。重新连通你的痛点或是动机，由此让能量激增。感受这一连通能赋予你力量。

- 保持透明。当你一心想把生活中的某样事物改造成正面的，不妨试着在改造中保持开放透明。你的改变或许会影响别人的思考或动机。这是一点火星，有了它，就会将变化的可能也向别人开放。

- 向前传递。鼓励并支持其他人走自己的路。觉照行动中的能量传输是很有力的。你在改变外物时，也在将自己变得更好。这会对你自己和周围的人造成涟漪效应。他们也许会受到鼓舞，希望自己也有积极的改变，并因此采取行动。无论如何，当我们允许自己内心的不适浮到表面，当我们搅动直觉，由此看到改变、做出改变时，我们就会获益。

第四章

做一个主动的机会主义者：去任何地方搜寻想法、洞见和启迪

训练你的大脑去寻找多样的体验并抓住机会

“

难怪人会创造出所谓的回音室，主动置身于那些巩固他们原有信仰的新闻和观点之中，因为这样做能减少学习新事物的代谢成本和不愉快感。可惜的是，这也会降低认识新鲜事物，并因此改变内心的可能。[1]

——莉莎·费德曼·巴瑞特

在科技的世界里，有一种结构和我们一样，也天生向往能与同类建立充满活力和创意的联结，它们会因为接受并分享信息而茁壮成长，还会综合信息来产出新的能量及可能性，一旦中断了联结则会萎缩衰败。它们就是神经元——你大脑中数据的联结点和中继点，它们持续活跃，随时准备着成长和变化。“神经元始终在变，并在成长中采集环境样本。”丹尼尔·卡马拉在《仿生网络》（*Bio-inspired Networking*）一书中写道。[2]

向神经元学习吧！要想在觉照的人生中做一个主动的机会主义者，这是关键。要不断地在环境中采样，积极搜寻灵感、信息和灼见的源泉。要找到合适的人、场所和体验，用它们创造的机会来学习、成长、联结、协作，无论你生活在什么圈层，都要这样促成美好的事物。换言之，要疏通你内心的神经元。

为什么要这么做？有一项新近研究评估了 5 万多人的社会交往和幸福水平，并发现在交往中包含更加多样的人际类型（关系一般的熟人甚至陌生人都算在内）的人比交往圈子狭窄的人更幸福。[3]根据先前几项研究和来自政府及公共卫生机构的公开数据，此次的研究者指出“除了人的社交总数和人参与的活动的多样性，社交关系的多样性也是幸福感的一项独特指标，不仅在人与人之间如此，在一个人的一生中也是如此”。研究者之一、哈佛商学院的博士生汉娜·科林斯表示，人在这些类别的关系中与别人对话越多，就越会感到满足，这一发现在许多国家的样本中都能成立。还有特别有趣的一点是，他们发现“弱联结”式的交往（也就是双方关系较远）也能产生“意料之外的积极体验”。这一点在关系风险较低的单独对话中尤其明显，可见弱联结“能作为桥梁提供信息和资源，由此在强化一个人的网络方面发挥关键作用”。

我知道“机会主义者”这个词有一些负面含义。它常使人联想起攫取财富或权力的坏人，这种人“利用环境取得眼前的优势，不受一贯的原则或计划引导”。[4] 但我用这个词时并无恶意。在研究中，我们必须在机会出现时发现它们，包括新的想法、之前被忽视的可能性，以及不期然闪现的真知灼见，然后追上去观察它们会引向什么结果。我们必须做机会主义者，换言之，我们必须抓住机会并探索它们的潜能。还有，虽然身为内向的科研人员很难投身社会，我们仍必须靠不断建立社交网络来增加机会，尽管我们社交的对象乍一看可能在完全陌生的领域工作，这才是觉照的生活。机会主义的觉照以奉献为基础，要培养熟人和关系，以便用行动实现更大的善。

主动的机会主义能解除大脑的低能态模式，不让它滑入熟悉的环境。在与别人交往时，我们也在用一个天然的 PING（互联网分组探测器）信号警醒大脑，并促使它采取行动。

通过社交在职场上建立人脉的做法也会失效，这时它就变成了一件乏味、义务性、交易性的苦差事了。与之相比，在自然的方法手册中，联网是一项基本功能，也是一种创意勃发、充满能量的现象。对于神经元，这是决定生死的大事，它们只有联成网络才能蓬勃生长，一旦因为疾病和细胞生命周期而失去和其他神经元的联结，它们的丧钟就敲响了。[5]一些植物为了繁殖后代必须进行异花授粉，它们要依赖鸟类、蜜蜂和其他媒介帮助授粉。蚂蚁和白蚁用局部信息素的集体算法来协调行动与任务。细菌会释放分子，以此协调对宿主的定殖或做出防御。集群行为（它的最佳形式是集群智能）更体现了社交联网的优势。[6]凡是社会性物种，从蚂蚁、蜜蜂到鸟类、哺乳类，每一个个体的贡献都能提高种群的集群智能。卡马拉解释说，有的时候，种群内的个体协同“会产生一种远超个体的智能”。[7]

我们在人际交往上的选择和有意向的后续行动也是一个促成觉照的因素。人与人的交际和活跃的互动也是人类生命力的体现，我们能为自己的搜索／采样过程注入能量，使其跨越时间、距离和文化差异的隔阂。主动交往可以消除孤独感，而孤独感是当下不断增长的精神健康问题。就像精神病学家、心理治疗师、作家菲尔·施图茨在网飞纪录片《施图茨的疗愈之道》中指出的那样：“你的人际关系就像攀岩时用来抓握的物体，能将你拉回生活之中。其中的诀窍是你要主动伸手。”

“横向思维”是心理学家、医生兼发明家爱德华·德博诺在1967年提出的名词，它用一个比喻普及了不拘定式的思考，即人可以有好几顶“思维帽子”，或者说有好几种视角可以转换，这也是在组织中推动创新的一种策略。最近，神经科学研究又深化并扩展了我们对大脑网络系统的理解，指出大脑中有规模庞大的相互联结，我们通过它来从内部和周围的源头不断获取信息，作家安妮·墨菲·保罗在《思考如何超越思考》一书中将这种联结称为“延伸的心灵”。[8]长久以来的成见认为心灵“受大脑束缚”，只在颅骨内存在和运作，保罗的观点正相反，她引用神经科学和哲学的成果，描述了一系列除神经元以外的灌输大脑、塑造心灵的资源。“心灵延伸到颅骨之外、大脑之外，进入我们的身体，也可以说是身体的感觉和动作延伸进了我们思考、学习和工作的物理空间，它们还延伸进我们和其他人的关系，延伸进我们辅助思考的工具。”她写道。[9]

已经在问题求解和创新中证明行之有效的方法，也能照亮我们生活的每个方面，包括我们最私密的想法和关系，我们的想象、梦和日常生活，都可以置于那个意向的觉照之下。在实践中，所有这些都能用到积极的外联：要走出身边的圈子，到外面去寻找信息、洞察、角度、看法和经验。运用觉照模式下的高能态大脑，我们就能在思维之间“异花授粉”了。或者像艺术家、工艺师兼哲学家詹姆斯·布赖德尔在《存在之道》一书中所写的那样：“要让视野超脱到自我及自我的创造之外，瞥一眼另外一种或是另外许多种智能，它们其实始终存在于我们眼前，并且在许多方面走到了我们前面。”[10]

对于各种多样性不仅接受并且主动追求，这种做法会改变一切，从你读（或听）这本书时用到的神经网络，一直到你在一天的运动中散发的能量，都是如此。毕竟能量的存在超越语言，不拘常理，它的许多传输方式是科学还无法解释的。

菲利普·夏普：你谈话的对象，应该知道一点你不知道的东西

菲利普·夏普是一位遗传学家，在麻省理工学院科赫综合癌症研究所任学院教授，当他说起为他赢得诺贝尔奖的细胞生物学研究如何不断取得突破时，他提到科学之外还有一条值得注意的线索贯穿始终，那就是一股与其他人交谈并从他们身上学习的渴望。“我喜欢的谈话对象，一定要知道一些我不知道的东西。”他告诉我。他将科学灵感描述为一个过程：“它是从生命的旅程中来的”。令我印象深刻的一点是他会观察兴趣之外的事物，以此加深他的兴趣、扩大他的影响。

我们在追求兴趣的途中，有时会发现更令我们感兴趣的东西——也许是一个更高的目标——这时就会涌现出一个与更深的意向联结的机会，它或许会引领我们走向一条全新的道路、一个全新的环境。我们越是与自己最深的兴趣保持一致，就越能借助我们使用的能量产生引力，将别人都吸引过来和我们交往与合作。

任何优秀的组织或机构都是如此，也可以说任何一个共同体或者人的一生都适用这个道理。根据夏普的描述，他的身边围绕着各式各样的科学头脑，无论老少，都很能启发思考，他们不仅是一股影响力，还是一种环境，是一块供人成长的培养皿。[11] 他在接受麻省理工学院“无限历史项目”（Infinite History Project）访问时指出：“当你进入这个共同体……你会环顾四周，询问谁的想法最有价值、最有趣味，谁把事情做成了，谁在推动这场表演。”[12] 他还说，当你进入一个想象力丰富的环境，“你就会把你的信息和洞察也加进去，这会刺激你身边的人着手去解决问题。他们会带着信息和工具回来交给你。于是你有了不同的观察角度……也会用新的方法解决问题了。这种交互就是这么精彩”。

夏普的童年是在位于肯塔基州一个小农场的家中度过的，生活贴近土地和动物，这也激发了他对科学的好奇心。当他沿着这条道路前进，到各地参加学术会议时，他总会在途中带上同行的研究论文阅读，始终坚持学习。“能详细了解其他人是怎么想的，课题是怎么展开的，还能加入自己的点滴贡献创造新东西，这真是一种莫大的享受。”他说。

后来有许多次，夏普主动寻找机会参加其他实验室的例会，他和他们讨论研究进展，也告诉他们自己的研究，就这样在同行中不断扩大科学对话的范围。最终他开始扮演企业家的角色。他看准了一个将学院的技术送到病人身边的机会，虽然别人说他干这个坚持不了一年，他还是参与创建了生物科技产业。他在 1978 年与人共同成立渤健公司，将波士顿的肯德尔广场从一处乡下沼泽和工业垃圾场转变成了生机勃勃的世界生物科技之都。[13]“创业会从你身上激发一种品质。”他说，“要想创业成功，你必须和更广泛的社会部门交往……要与各种各样的人见面，试着理解他们会被什么激励，还有他们怎么工作……这段经历使我更懂得欣赏这种才能，也更懂得欣赏社会上五花八门的人。”[14]

“这个过程在我的人生中已经重演好几回了。”他告诉我，“我先是跳出当前的兴趣阅读别的材料，再和有着不同兴趣的人建立联系，然后开始串联线索。在这个过程中，我做出的贡献既塑造了这个领域，也塑造了整个生物科技。”

夏普儿时和家人住在肯塔基州法尔茅斯的利金河畔，父母在那里养牛、种烟叶，他也承担了一部分农活，用赚的钱支付大学学费。现在他鼓励更多工程师和科学家与缺乏资源的农村学生对话，尤其为了激励下一代研究者。他表示，在一些农村社群，学生们平时无法看到做出杰出贡献的人士：“能有一个人站到他们面前，告诉他们科学研究如何激动人心，会对年轻的心灵造成深刻影响。”[15]

> 孩子是我们发送给未来时代的一条活的信息，那个时代我们是看不到了。[16]
>
> ——尼尔·波兹曼，《童年的消逝》

外向的大脑

你可以用许多种方式来实践主动的机会主义。机会的流动有两个方向：向外（由你发起）或者向内（由别人发起，你得看得出来）。无论何种方向，你都要让你的大脑活跃起来，你要能识别出与别人交往的机会，并积极争取。当某件事或某个人奏出的一个音符使你产生了共鸣，或只是激发了你的好奇心，这就构成了一个引子，是在用直觉提醒你那个分析型的大脑：注意看，行动起来。一个机会，就这样变成了千千万万个机会。那可能是一个新朋友打来的一个电话，或者是一次偶遇将你带上了新的方向。说不定和某人相约喝一次咖啡也能引出一个有趣的结果。

> 如果你的知识非常狭隘，仅限一隅，那做出正确决策的概率又有多少呢？[17]
>
> ——克里斯·哈德菲尔德，宇航员

下面说一个外向型主动机会主义的例子。几乎从创办实验室的第一天起，我就决定要和研究领域内能给我们带来成功的各种类型的人打交道。我在前文说了，当年读完博士后，我就兴冲冲地想在转化医学领域开始职业生涯，而菲利普·夏普指出，要从事这项事业，你必须预见所有的关键步骤，那样才能将新的科学进展从实验带入临床、从实验室带入治疗场景。但我知道我没有合适的工具可以做成此事。这里的“工具”指的是一系列必要的专长。通常情况下，在学术界，除了持有商科文凭的人，其他人并没有接受过将产品推到世界上创造价值的训练。我曾在导师罗伯特·兰格身边从事研究，见他做过这件事情，知道这是有可能做成的。在兰格手中这就像呼吸一样自然，而我无论如何都没有他的那份从容。

我知道自己缺乏相关的技能和一条有用的策略，于是我决定去会一会这方面的专才，因为他们掌握的技能对于技术转化至关重要。这些人包括专利和公司律师、补偿和监管专家、生产专家、创业者、各类公司的员工及投资者，此前这些人没有一个是实验室旁那间咖啡厅里的常客。我决定每隔两三周认识一位新人，这个节奏既振奋人心，又便于管控。我会在会面之前想好问题，并做好深入聆听和学习的准备。我还会集中精力快速消化我学到的内容，这样才能不断用新的问题推进谈话。我希望尊重大家的宝贵时间，毕竟并非所有会面都能促成正式合作。我设法用我的洞见或人脉回报对方，即便我们不能马上合作。

社交场合有时很折磨人，尤其是当你不得不参与的时候。想想那些尴尬且千篇一律的寒暄吧！我并不总是喜欢和人见面。我必须拜访某个我不认识的人，或者在一场活动上向人介绍自己，有时候最难的就是走出大门。毕竟触发恐惧的因素写在我们的基因里，迟迟不敢接触也是我们这个物种的特性。因此我一般会回避这类活动，我寻思它们不仅尴尬而且没效率。但有时候，我们需要的不过是一点火星来压倒迟疑，并重新点燃人与人的联结。

当我对这些活动改变态度，开始认可它们建立真实联结的潜力时，我也有更多的能量参与其中了。最终，这个意向（为了建立关系而非交易）降低了余下步骤的启动能量。我觉得它们没那么费劲了，心里的抗拒也少了。我将它们视为一种自我挑战，这帮助我打开了开关。我对我的目的很清楚，并且定好了一个月社交几次的目标。最终，找到与我能量相通的人变成了一场有趣的探险。我的目标也越发清晰了：要建立真实的关系，和对方分享想法，得到反馈，向对方学习，也分享我的经历。做到这些本身就是很好的成绩。

结果我真的找到了有价值的合作者，如果只走熟悉的道路，我可能永远无法遇见他们。2010 年 12 月的一天，我决定放下矜持出席一个医疗器械社交活动，试着和我遇见的人开展真正有价值的对话。这些人中的一位是连续创业者南希·布里夫斯，她当时正在出售手头的公司。而我刚刚拿到华莱士·H. 库尔特基金会的一笔拨款，这个基金会专门支持生物医学工程师和临床医师之间的转化研究合作。我们这笔拨款的用途是推动自停止针头（autostop needle）技术，其中包含了聘请一名顾问的费用。我大胆向南希介绍了自己，我们谈得很投机。我知道她有深厚且成功的创业背景，于是请她与我们共事。在接下来的几个月里，我们的合作成效卓著，我和她一起做了几场报告。她的智慧、热情、信心和动力在许多方面起了催化作用，之后我们团队里又来了减重外科医师阿里·塔瓦库利和 Yuhan Lee。Yuhan 当时在我的实验室里做博士后，现在已经是助理教授了，我们四人共同开发了新的药片手术技术，用来治疗 2 型糖尿病的新陈代谢障碍等疾病。这个想法是塔瓦库利主动向我提出的，这也是内向型机会主义的一个例子。这一切都来自我当初那个简单的决定：放下矜持，迈出一步，做真实的自己，真诚对待我参与的对话和遇到的人。

这样的内向型机会感觉像是通电的电线，充满了能量、潜力和机缘巧合。我刚提到的自停止针头技术也是这么来的。我和麻醉医师奥米德·法尔哈德曾有过交往，当时我们都在兰格实验室做博士后。一天，我们同在一间会议室里吃午餐，他向我描述了一个硬膜外麻醉中针头刺伤的问题。硬膜外注射针专门用来将麻醉剂注入脊髓周围狭窄的硬膜外腔。它们常常用于分娩以暂时减轻疼痛。传统针头有时很难准确刺入像硬膜外腔这样的特定组织，往往需要技法娴熟者操作，如果针头在目标组织内刺得过深还会引起并发症。过去 100 年间，针头本身的创新少之又少。这是一个机会，能用来开发更好、更准的注射装置，同时在设计上尽可能简单易用。

一个小时后，会议室只剩下我们两个人了。我对他说的这些话立刻产生了兴趣，但我对那个领域毫无经验。我们想了几个创造新式针头防止刺伤的办法，但我们还需要找一个专业人才，让他来做出原型装置并迭代想法。后来我在麻省理工学院找到了一名合作者，他是专门设计各种探针的。我们三人一起撰写经费申请，找到赞助，做出了原型机并且迭代，并最终发明出了一种新型针头，那是一款智能注射器，它能感应各层组织的变化，并在刺得过深之前自动停止。我的实验室也由此产生了一个分支，它负责发明一款针头，要能刺入眼球并在几层超薄的组织间停住，由此向眼底实施基因疗法（试想在两层气球之间注射液体，使之注满两层之间的缝隙）。目前还没有通用的方法可以安全而高效地向眼底输送药物。我们把事情做成了，并成立了一家名叫“靶眼治疗”（Bullseye Therapeutics）的公司。后来另一家公司收购了它，眼下正在我们的基础上研发一种治疗黄斑变性的基因疗法。

> 我们被大量信息淹没，却又无比渴望智慧。今后的世界将由综合型人才管理，他们能够在适当的时间组合适当的信息，然后批判性地思考它们，明智地做出重大选择。[18]
>
> ——爱德华·威尔逊

一位化学家和他的卡通画

另一个有益的做法是修改内心的搜索引擎，从而对意料之外的机会加以利用。2007 年 7 月，就在我启动实验室的同一个月，普拉文·库马尔·韦穆拉申请来我这里工作。他的简历使人印象深刻，然而他是一名化学家，我并没有与他的资质相吻合的职位。我在屏幕上滚动浏览他的简历，滚到最后蓦地发现了一样非比寻常的东西。在这个总结的部分，他详细列出了自己的每一项主要成就，并把它们全部画成了简明的卡通画。我一下来了兴致。我从没有想过，在一份简历中竟能以卡通画的形式罗列数据。仔细看时，我发现那些图像都画得明明白白，文字的部分则根本不用读了。他用令人欲罢不能的视觉资料迅速传达了关键信息。

韦穆拉是一位高超的沟通者。他除了值得称道的科学研究，还能巧妙地利用图像讲故事，以此传达科学的要点；他当时主持着一个科学广播节目，在里面向大众解说科学概念。我继续滚屏，发现他还有一些有趣的爱好，包括羽毛球搓球。这一切都在大声昭示他是一个追随激情的创造者。虽然我没有一个能与他的技能完全匹配的长期项目，但我还是把他招了进来，因为我知道接纳多样的创意对于实验室的重要性。

韦穆拉展现了无穷的好奇，还有一股对自己的技能和努力妥善利用的渴望。他不仅热衷于推进他那个领域的知识，还热衷于为这些知识找到实际用途。对于他，化学是一间另类的艺术工坊，而分子就是他的创作媒介。一次，他用几种特殊分子合成了一种水凝胶（黏稠度相当于室温下的黄油），经过涂抹或注射，能向患关节炎的关节或其他炎症部位定向释放药物。这种合成分子可以在接触炎症酶时一分为二（也就是拆分），从而释放多种药物，而这些药物都是在之前的安装过程中放进水凝胶的。

但我们还面临一个令人生畏的障碍，那就是复杂的监管审批和必要的生产流程，这些都可能轻易抹杀我们的努力，使这种新材料无法得到应用。我们确实用一种新材料开发了一个新流程，但关键问题是：流程是有了，那么能否将这种新材料替换成 FDA（美国食品药品监督管理局）的公认安全清单上的某种材料呢？如果能够，我们就可以为一种具有成本效益的现成物质赋予新的用途了。怀着狂喜的心情，我们真的在公认安全清单上找到了几种替换材料，包括长效维生素 C 和一种做冰激凌用的乳化剂，它们能够自我组装成世界上最简单的炎症反应给药系统。

后来因为韦穆拉的研究，又有两项纳米技术取得了进展，它们针对的疾病仅在美国就有数千万患者。第一项治疗的是皮肤接触过敏（如镍币过敏），估计影响 10%～20%的人口。第二项即将进入临床试验，用于治疗炎症性肠病，在美国估计有 2350 万患者；它也可用于治疗其他炎症性疾病。

事实证明，韦穆拉是一个不经意出现在你信箱里的隐藏高手。身为主动的机会主义者，他是自己找上我的，他没有理会化学家求职的传统界限和简历规范，而是采取了一种更富创意的求职方法。与韦穆拉共事的日子是我职业生涯中的精彩一笔。若非我也是主动的机会主义者，当初在他的简历中看到“化学家”的字样我就不会再看下去了，因为我知道团队里没有化学家的位置。我俩都是幸运的，不过作为主动的机会主义者，富有充满活力的搜索引擎精神，我们的幸运也是自己造就的。

琳达 · 斯通：将走运的潜能发挥到最大

人们常将自己的成功归结为运气，说自己是在正确的时间待在了正确的地点。但这句话到底是什么意思？你能否将自己走运的潜能发挥到最大呢？一杆进洞对于任何人都是罕见的成就，但如果你是职业高尔夫球手，那么你打出一杆进洞的可能性就是非职业球手的五倍。[19] 有了恰当的做法，我们就可以增加自己在任何领域走运的可能。

琳达·斯通是技术创新领域的先驱型领袖，她从一名教师和图书管理员起步，后来成长为微软公司副总裁。没有人会说她只是运气好罢了。她从一开始就勤奋工作，每一步都追随自己的热情，并且始终被一股渴望驱使，那就是推动技术更好地改善生活。她也一直是这么做的。当我们谈起她的职业生涯时，我感觉她有好几次把握住了关键局面，就连一些尴尬或者不利的局面，她也总能将它们逆转成机会并且采取行动。我来说说这是什么意思。

斯通小时候一直对技术和计算机很感兴趣，后来她从芝加哥城郊搬到华盛顿州，求学于长青州立大学。她之所以选择该校，是因为在电视上看到《60分钟》节目介绍了这所学校不拘传统的文理学院。她心想这看上去真有意思，于是就决定去了。长青州立大学是哺育创新思考者的著名港湾，她在这个严谨又不循常规的环境中茁壮成长。

在长青州立大学图书馆的地下室里，她发现了一座完备的木艺工坊，并且自己做了几把木头勺子。她还发现了一套早期的柏拉图计算机系统，于是她开始摆弄打孔卡片，并编写各种程序。

从长青州立大学毕业之后，斯通成为一名教师和儿童图书管理员。她还给在职教师以及职前教师讲课。后来她在一次车祸中身受重伤，在漫长的康复过程中无法使用右腿，只能终止和男友去全国旅行滑雪的计划。男友在出城之前（是的，他一个人去了），给她留了一台4K Timex Sinclair计算机和一本介绍BASIC（初学者通用符号指令代码）语言的书。她利用养伤的日子对技术做了深入了解，后来和其他人一道，率先将计算机引入了她工作的学区。她还组织在职教师参加了几个事业发展项目，向他们传授Logo计算机语言，以及在教学中使用计算机的方法。

斯通至今仍在感叹她迂回的职业道路上出现的机缘。比如1984年，她自费参加了第一届Logo大会，主持人是麻省理工学院媒体实验室的西蒙·派珀特。她听了一场关于创意的讲座，之后和坐在身边的女子闲聊起来。她提到刚才的讲座令她想起了Synectics公司和一本相关的书，还有她在长青州立大学的几段经历。“我就在Synectics工作！”女子大声说道，斯通顿时高兴坏了。

“怎么会有这么巧的事？”斯通今天还对她之后的好运感到诧异。去Synectics的办公室参观时，她表示很想将公司的做法带到她的学区推广，她问公司，如果她能申请到经费，公司是否愿意分享自己的培训体系？几个公司领导反问道，她愿不愿意帮他们开设第一批销售账户？

虽然从未有过销售经验，她还是答应了。那个学年，她一到午休时间就打电话向各家公司推销 Synectics 的服务。她的学区准许她请几次年假去 Synectics 参加培训，令她惊讶的是，她竟真的在西雅图为 Synectics 谈成了几个客户。更令她意外的是，她每次参加 Synectics 的讨论会，都会有其他公司的与会代表把她拉到一边问她要不要替自己的公司工作。

一天，在一场讨论会上，苹果公司的代表过来劝她跳槽到苹果。她当时正用着苹果的产品，因此视之为一个激动人心的机会，但真正令她在意的是，苹果为什么会对她感兴趣。“我们就喜欢雇你这样的人。”那个代表说，“我们并不总是要求员工具备特定的技能。有时候，我们只想找一个思想不拘常规的人，而你就是一个不拘常规的思考者。”

她去了苹果。在之后的每一次工作调动中，从苹果到微软，她都有着同样的理由：她想探索前方的机会，想通过工作让技术改善生活，尽量发挥个人和集体的创意，她还想和其他怀有同样热情的人共事。

斯蒂芬·威尔克斯：在时间旅行中找到灵感

“社交”这一概念包含了无法预料的化学反应，我们往往只有在回顾过去的机缘时才能领会到这一点。我是在和斯蒂芬·威尔克斯谈话时想到这个的。威尔克斯是著名摄影家，他的那些标志性的全景作品，乍看只是一张张静态照片，其实却叠加了在同一机位拍摄的许多幅影像。他创作的奇幻风景实际是对时间的压缩。在他的史诗系列《从早到晚》中，每幅全景照片都包含了 1000 多幅单次曝光照片，它们都是威尔克斯在同一地点，花一个昼夜连续拍摄的，为的是捕捉变幻的光影。从中央公园到塞伦盖蒂大草原，他靠数十年的创作过程形成了独特的风格与技巧。在和我的谈话中，他很快承认多元的创作影响非常重要，是它们塑造了他的工作方式。从某种意义上，这些影响也是在时间中层层叠加的。

举个例子，他用一丝不苟的细节捕捉当代的城市景观和人，这相较于 16 世纪的荷兰农民生活似乎天差地别，但当他描述最早影响他的艺术家——耶罗尼米斯·博斯和老彼得·勃鲁盖尔时，那份亲近却跨越了几个世纪。他回想七年级时去纽约大都会艺术博物馆参观，在那里第一次看到了勃鲁盖尔的画作《收割者》。

他记得自己站在画作跟前，完全被迷住了："我还从来没见过任何类似的作品。我记得我朝它走去，细看那些田野里的人。我几乎能感到汗水从他们的眉梢淌下。每一个人都忙着手上的劳作，每一段人生似乎都浓缩在这幅壮美的风景中。我觉得完全迈不开步子了。像这样一幅风景，还有它蕴含的这些人生故事，都深深地、深深地触动了我的情绪。别人问我灵感从哪里来？答案是当我看到这幅画作时，它已经深深地印进了我的脑海中。"

年轻的威尔克斯很快又发现了博斯，这位同样来自荷兰的大师曾经对勃鲁盖尔产生过影响。他思索起两位前辈和他之间 400 余年的时光："艺术的灵感是可以超越世代的。"

> 那是一段迷人的旅程。我真的发现，只要我能保持这股能量，这股相信、坚持到底的积极能量，这股事情一定能成的信念，我们就会拍到想拍的画面，动物也会自动聚到水潭边上。[20]
>
> ——斯蒂芬·威尔克斯

在这个疫情后的世界里，觉照将在重建社会交往方面发挥惊人的作用。人是社会性物种，疫情猛地打断了这种社会性，就好像一场风暴刮过，把电线全吹断了。无论这种打断作为公共卫生措施是如何急迫，我们都必须有意向地重建交往。

就像电脑死机时我们会按下重启或“恢复出厂设置”一样，每当我们的社会结构被扰乱时，我们也可以利用这个机会，怀着更强烈的意向选择新的设置，我们认为有价值的那些可以恢复，其他的或许可以重新选择，比如抛弃已经沦为习惯的陈旧设置，换上新的，让它们用崭新的光芒积极照亮我们这个世界。

机缘和好运都有一股神秘的气质，但是你不必等到行星排成一线再乞求好事发生。我们中的一些人还迟疑着，另一些已经勇敢地投入了，我们这个社会性物种本就有这样的差异。有时我们需要的只是一点火星来重新点燃交际。我们可以去发现各自恐惧的原因，比如害怕被拒绝。要明白恐惧虽然刻进了基因，但我们可以覆盖它，成为更主动的机会主义者，并由此激发出最好的自己。

让你的超能力协同起来

作为个人，我们的神经多样性意味着我们会有许多不同的体验，它们也以不同的方式重新塑造了我们。甚至我们可能来自同一个家庭、在同一个地方长大，却由于大脑本身的差异有着不同的偏好，或做出了相差甚远的决策。我和我姐姐只相差几岁，成长的环境也是完全相同，但我们从小就很不一样，后来更是因为地理的阻隔越走越远。一直到大约 30 年后，对父母的共同关怀才使我们再次聚首。我们也重新发现，无论在实际层面还是精神层面，长大后的对方都有值得我们欣赏的品质。

在家庭和家庭以外的地方，我们和别人交往时都有丰富的内容可供探索，要永远对新鲜事物保持开放，从中学习并做出自己的贡献。

当我们拓展自己的社交圈子、更多地介入社群活动、参与本地以及更加广泛的倡议与合作时，这一普遍原则都能适用。在我们的实验室里和其他工作场合，只要将一支多元团队的各股力量协同起来，就能提高我们解决问题的能力。[21]

坦普尔·葛兰汀曾经指出，我们往往太专注于需要修复的事物，比如建筑、桥梁和其他基础设施，却忽视了谁有能力去修复它们的问题。[22]她敦促我们多关注神经发散思维，尤其是它的典型特征“超专注”，她说那是“创新和发明的关键”。

要想激发觉照因素来实现更有创造性，也更有趣味性的互动与合作，就要记住以下几点。

- 要融合众人的经验与专长，这有助于为讨论搭建广泛的框架，使得哪个观点也不能盖过其他观点。
- 在如何解决问题、提出方案方面，多样性会带来激动人心的成果，尤其是当团队中有来自不同国家、文化和教育体制的人时，因为他们不会拘泥于西方式的思维过程。
- 工作环境要有好的风气，目标是尽可能减少人的自大，尽可能增加不同领域的交流，这能鼓励大家在智力上冒险，并为了实现团队的目标互相质疑。
- 在一个主动的机会主义环境中，人人都要熟读文献，准备好精神十足地参与话题、促进对话和团队的思考。

有了合适的团队，就有可能做出优秀的成果。

“在实验室里，我看到了合作性思考的力量。”苏珊·霍克菲尔德这样对我说。作为神经科学家，她在去耶鲁大学和麻省理工学院担任高管之前，常常参加各种实验室会议，听取研究问题的新点子、新方法。“那真像魔法一般，一个新问题出现了，就有一群聪明人在它的相关领域开展研究。有人提出了一个点子是其他人靠自己根本想不到的，这就是集思广益的魔力。关键的不是一个人，而是有一群人来共同思考一个极其复杂和艰深的课题，接着某个伟大成果就从这个魔法般的心灵组合中产生了。”

> 如果只有一种思考类型，我们的环境、我们的世界和我们的社群都不会健康。[23]
>
> ——丽莎·佐佐木，史密森尼学会

传染性的利他主义：为了善的觉照

2022年初，俄乌冲突爆发，据信造成了1000多万人逃离家园。不久之后，全世界有许多人表示想要帮忙，但不知道具体该怎么做。我也是其中的一个。一天早晨，我在领英的一个网友发了一个帖子，表示将向乌克兰流亡学生开放她的英国实验室。我思索了几天，然后意识到我也可以效法。于是我在领英上发帖，一下子引来了4.8万个浏览，评论区也有了深刻且目的明确的参与和讨论。我问实验室的几位成员是否有兴趣提供帮助，他们立刻全数参与进来。我又问了医院里负责科研的副院长，能否在必要时帮我们办妥签证之类的事务，他同样热心地伸出了援手。最后大家提供了我根本意想不到的帮助，为一名口腔科学生、一名移植外科医生和一名儿科医生找到了工作机会。许多人原本就希望做些什么，在这时燃起一点星星之火，就能激励他们做出贡献。

如果你把世界看作一个巨大的机会，能用来消除隔阂，学习并了解别人，分享，产生正面影响，那么不久之后你会发现，有人就走在你前方两步远的地方，他的成功你可以借鉴。当我们寻找这样的机会时，我就受了很大的启发：原来别人想出了这么多法子来利用社交媒体和社群活动，他们由此快速找到了需要帮助的人，并动员大众响应，以此来帮助他们。有人说，利他的冲动就写在我们的遗传密码里，我们有所谓的“无私基因”，或者一种保护、同情的冲动，能在别人落难的时候伸出援手，这股冲动不仅使我们倾向更大的善，还会驱使我们将它变为现实。[24]就像引力，这股在演化中继承的冲动能够协调资源，从而克服距离、冷漠和组织惰性形成的障碍。

伯克利社会交往实验室主任达谢·凯尔特纳在谈及他的著作《生而向善》(*Born to Be Good: The Science of a Meaningful Life*)时说道：“哺乳纲和人科的演化塑造了一个特别的物种——我们。我们天生对善意、玩乐、慷慨、崇敬和自我牺牲有强烈的倾向，而这些关键品质都能帮助我们完成经典的演化任务，那就是生存、复制基因，并使群体顺利运作。”[25]试想一下，每当你感受到触动、感动、共情、同情、保护、关爱的时候，你的大脑都会点亮，随时准备将这些情感付诸行动。而当你行动起来，并用这个念头触动别人时，他们的大脑也会点亮。这就是觉照的光芒。

- 主动的机会主义者会寻找、交换并整合创意 -

要将无限的潜能视作现实，要明白高能态的大脑是没有边界的。要拥抱知识、灼见、创意和专长，也不要忘记能量和热情，要用这些来激发新颖的思考，加速善的实现。书籍和杂志、播客、TED 演讲、爱好和旅行都是方便的切入点。我们的大脑喜欢紧盯某些事物、用笔形手电在上面照出一束窄窄的光，但我们可以用宽广的心态来制衡它，在最大范围内看到并且寻找联结的机会。你越是主动参与世界，走运和成功的概率就越高。爱德华·德博诺在谈到横向思维时还说过一句名言："在原来的洞里越挖越深，就不可能在别处打洞了。"[26]他的帽子和打洞比喻自提出后就一直被人打趣，包括"不要深挖，要换地方挖"。[27]而主动的机会主义者既会深挖，又会换地方挖。下面是一些引入主动机会主义的觉照策略。

- 敞开大门，让机会不必叩问。和陌生人聊天。和朋友的朋友碰面。结交知识结构与你不同的人。我每次坐优步时总和司机闲聊，往往下了车还因他们说的话陷入思考。

- 主动发现你的个人经历在什么地方有所局限，它可能形成了哪些盲点或无意识的偏见。通过有意向地多看、多学和积极参与，这些盲点和偏见是可以消除的。

- 将神经多样性看作一项优点。"神经多样性"这个词往往用来描述某人的学习能力缺失或者学习困难，不太用来描述一个人的优点。但其实每个人都天生有一些优势和能力，我们都在同一条连续谱上，各有强弱而已。当你遇到某个思路与你不同的人，要多加注意。我们越是努力从彼此的差异中学习，收获就越大。

- 在工作团队中，利用有针对性的合作，在一小组敏捷而深刻的思想者中尽量扩大基本的多样性。你寻觅的合作者，要能带来你本不具备的知识和经验，要能带来能量，建立势能，还要能帮助大家以其他方式思考课题。

- 保持好奇心，不要拒绝意外。我女儿乔丁在 2009 年出生之后，我去给一个拨款委员会做报告，想要一小笔经费来保证实验室的开销，然而我的报告没有做完，因为我太累了，差点在中途站着睡了过去。后来其中一名委员找到我，请我去和他见面喝杯咖啡。我当时还有无数份拨款申请要提交，睡眠不足的大脑里冒出的第一个念头是：我真的有时间去喝咖啡吗？但接着在一阵迷雾中闪出了一点火星，我心想：或许这杯咖啡能喝出什么名堂来。我去了，我们的对话引出了两家公司，实验室也得到了四年的经费赞助（从另外一个源头），能继续从事研究了。

- 要认清周围的人有什么你欠缺的技能。绝不要因此觉得羞耻或自我批判，你只是开展了一次单纯的自我评估，并做出了找到具有某项技能或特质的人并向他们学习的选择。要向对方请教他们的技能。研究他们的行事方法。寻找你可以学习的那些技能。

- 要主动。[28] 追随你的兴趣，或是倾听别人最急切的需求并主动帮忙。这是为社会做贡献的好法子，能让目标充实你的生活。

第五章

对你的脑子掐一把：注意力是你的超能力

用有意识的拉扯中断思维的散漫和分心

“

专注力是我们固有的能力，我们只是忘记了怎么把它打开。[1]

——亚历山德拉·霍洛维茨，《论观看：行走者的观察艺术指南》（*On Looking: A Walker 's Guide to the Art of Observation*）

我们一家在我 8 岁左右念三年级时搬到了乡下，虽然我把注意缺陷多动障碍也带去了，到了新学校仍有严重的注意力不集中的问题，但是我很快发现在这片新的乐园，生命竟是如此令人惊喜。放学后我常常在自家后院里一待就是几个小时，或者到周围的田野和森林中探索。一天下午，我正沿着长长的碎石车道行走，经过一棵枝干扭曲的老树时，从树枝上垂下的一个小东西吸引了我的注意。我心想它看起来好怪，但仍以为那是树的一部分。走近一看，它稍微动了一下。我又走近细瞧，看见了闪着亮光的细小牙齿。老天，一只蝙蝠！看见它我很惊讶，甚至震惊！我小心翼翼地后退。可我的眼睛怎么也没法从它身上移开！最后我撒腿狂奔了 300 多米（越过了一条小溪上的一座桥，又爬上了山丘），跑回家向家人汇报去了。

在接下去的两年里，我开始意识到自己总会对周围的大自然着迷，虽然我在学校里注意力涣散，但到了自然中却能轻易集中精神。望着屋外的后院，我觉得有好多东西可以探索——一片森林、一块农田、一条溪流。当我探索自然、注意力被什么东西吸引的时候，我很容易就能做到专注。接着我又发现对一些书也是如此，尤其是刊登事实和笑话的书。我不必强迫自己专心去读它们，因为事实本身就很有趣，笑话也很好玩，再加上内容篇幅适中，正好供我吸收。

后来我萌生了一个想法：能否将我现在的状态转化为一种策略，帮我在学校里集中精神呢？在大自然中，每当有趣的东西吸引我的目光时，它就像是掐了我一把似的——捏住我的注意力，把其他念头都挤掉了。不仅如此，它给人的感觉，也不同于分心的事物在我的注意缺陷多动障碍大脑中产生的效果。那一掐不会增加我心中的混乱，只会让我感到专注和宁静，同时又令我振奋。那感觉真好。当心灵处于宁静而振奋的状态时，我便能将注意力转向任何事物，内心的能量也自然会朝那里涌动。10 岁的我，脑子里的参照对象还只有《星球大战》和《宇宙的巨人希曼》，于是那一掐就显得像是某种超能力了。

当时，大人已经教给我一些传统策略来更有效地应对学业，除了运用它们，我也开始有意地试验掐自己一把。一旦掐住了注意力，我就会感到宁静和警觉，并能专注于我想要专注的对象。就拿早上叠被子来说，我妈妈一直想让我自己做这件事，但它在我的待办事项中永远排在最后，因此我需要用专注来把它提前。还有自己做饭及其清理：我经常觉得做一件事容易，但事后再鼓起干劲清理就难了，因为这时我的心思已经转到别的事上，没有动力去收拾残局。我在学校里依然学得费劲，但是通过这个过程，我意识到自己毕竟是有潜能的，有一些储备的注意力能量是我可以利用的，我需要的是想出法子来可靠地做到这一点。我开始试验解锁这股潜能的方法，慢慢地摸索出了如何将它运用到各种事物（包括学业）上去。在学校里我的焦虑情绪很重，因此在那里的进展常常中断，但我仍继续试验。

我一直不明白为什么掐一把会有效果。直到不久之前我对一个问题产生了好奇心：在皮肤上掐一把是怎么改变被掐点周围的血流的？[2]这在神经系统中是否也有对应的机制？我在神经科学对一个概念的描述中找到了可能的解释，这个概念在一百多年前首次见诸文献，称为“功能性充血”。当时，19 世纪的意大利生理学家、科学家安杰洛·莫索研究了一些病人的皮质血流，这些病人被送到他这里时，要么头部受伤，要么因手术将（活的）大脑暴露在外，可供他做直接而长期的观察。[3] 如今，神经影像和其他研究显示，当大脑局部区域的神经元激活时，这一区域的血流也会增加，由此快速加强对该区域的氧气和养料输送。想来，你不必迎面撞上一只蝙蝠，也能掐一把神经元并且促进大脑的血流。如果你能选择合适的时机和场合掐它们，那就更好了。

分心的事物浩如烟海，何必再加一项

诺贝尔奖得主赫伯特·西蒙在他 1971 年的著作《电脑、通信和公众利益》（*Computers,Communications, and the Public Interest*）中写了一篇先知先觉的文章，他说：“因此，丰富的信息反而创造了贫瘠的注意力，这一点注意力需要在充裕过头的信源中做出高效的分配，否则就可能被它们吞没。”[4] 半个世纪后，我们才开始明白他说得多么现实。如今，长期的分心已经成为当代生活的标志性特征。

可这又不能完全归咎于当代生活。原始的脑回路仍在驱使我们的生存反应，由此分散我们的注意力。正如心理学家丹尼尔·戈尔曼所说，我们的大脑“生来就善于游荡”。不妨把这想成是演化上的东张西望，大脑天然会切回原始的漫游模式，把所有感觉都唤醒以应对潜在的威胁或者机会。曾经的威胁是猎食者或猎物，也可能是植被或地貌中缺少了什么东西，显示有麻烦潜伏。而今天的问题是电子设备、各种消遣，以及专门发明出来吸引我们注意力的数字算法，它们的作用原理，正是吸引那个游荡的原始心灵的注意力。

既然大脑会对生存线索优先响应，我们的注意力就很容易被劫持，并维持一触即发的警觉状态，我们的心理雷达始终在地平线上扫描，等待着下一波敌情。但这并不是说我们已经陷入其中且毫无解脱的希望了，也不是说我们动辄分心的状态已经不适应现代社会。我们可以反过来利用这一系统，使它为我们服务。

因为人脑的天性不仅是游荡，还有猎奇。当有什么事或什么人激起我们的兴趣时，管他是猎食者、猎物，还是引人好奇的什么东西，大脑都会将它作为新鲜事物记录下来，并触发一连串神经化学反应。其中的一些效应只能持续几毫秒，还有些能维持几分钟，但是通过不同的机制，它们都能提升我们的感官，促进我们的知觉，增强我们的动机和反应性，并对我们的奖赏加工、学习和记忆产生其他正面效果。大脑对新鲜事物和集中注意的反应，以及对游荡和猎奇的反应始终在相互作用，使我们保持充沛的能量。

掐一把能吸引并维持你的注意，使你更主动地关注你选中的对象，并随意调节焦点，就像是一台显微镜上的调焦旋钮。在观察一个载玻片时，你先用粗调旋钮使样本进入视野，再用精调旋钮来瞄准样本的不同方面。试想一下，如果你能以相似的方式，将你的注意力引导至任何事物，先是觉察这个事物（一种笼统而确定的聚焦），再进一步锐化或是扩大你的注意力。或者将这一掐想象成注意力的笔形手电，你先是聚集光线照亮某个特定事物，再凑近获得更清晰的视野，或者退后照亮更广大的区域。

从散漫转变为专注，背后的神经科学牵涉到一丛微小的细胞，它们位于大脑底部与脊髓相连的地方，称为“蓝斑”。我们知道大脑额叶帮我们集中注意力，并以此辅助情绪加工，抑制原始冲动，使我们能够组织、规划和决策。而这微小的一丛细胞也能通过调控我们的唤醒、警觉和定向，对我们的注意力集中发挥重要作用。它们是神经递质去甲肾上腺素的主要来源。这块所谓的蓝斑通过帮助我们思考重要信息来支配我们的注意力。之所以叫它“蓝斑”，是因为这丛神经元内的黑色素颗粒赋予了它一种蓝色。说起来有趣，注意缺陷多动障碍患者的去甲肾上腺素加工也与常人不同。

大脑在受到集中注意力的一掐之后，就会调动认知和其他大脑－身体进程（包括感觉、情绪和记忆），为更多意向性的思考及行动注入能量。实际上，你可以持续地引导、再引导或者刷新你的注意力，从而将涌动的觉照能量维持在高位。我们可以有目的地利用我们的注意力进入一种心流状态，在其中做到高度专注，将分心减到最小。练习掐自己一把能帮助我们开发相关的技能（强化神经联结，以养成新的有意向的习惯），并最终将大脑训练得随心所欲：只要想，就能进入觉照。在实践中，要持续、多次、有针对性地掐自己一把，这能促成并整合新的认识，不仅对我们好奇或热衷的课题这样，对我们的自我认识也是如此。例如，我们可以先专注于某个外部事物，像是某种处境或别人的一句评语，然后掐自己一把，将注意力转入我们因此体验到的情绪，从而揭示内心深处的某些东西。

作为试验，不妨试试下面三个掐自己一把的步骤，再用第四步得到一些额外的东西。

- 先将注意力聚焦在某个激发你好奇的事物上，要么是某个困扰你或者使你平静的事物：窗外你中意的一幅景观、一张照片、你珍藏的一件私人物品或者你的猫猫狗狗。同时留意你注意力中的能量变化。
- 用这充满能量的注意力一掐来更深地接通你关注的对象：拆开那个唤起好奇心的念头，对关切的事物进行反思，凑近端详窗外的风景或是你手中的照片，怀着额外的感激关注你的动物伴侣。
- 体味这个知觉敏感的时刻来加深体验。然后再掐自己一把，以此加深注意力，或者将视野转到更大的风景。

• 追随心流。我发现，如果我能在大约 5 分钟内抵制分心，专注于我选中的事物，这套组合动作就能将我带入心流。

> 注意力是人类精神最强大的工具。我们可以用一些练习来增强或扩大自己的注意力，比如冥想、吐纳和锻炼，要用电子邮件、短信和社交媒体这样的技术来扩散它，或者用药物来改变它。说到底，如何运用这种非凡的资源，全看我们自己怎么选择。[5]
>
> ——琳达·斯通，《注意力计划》（*The Attention Project*）

我的注意力试验是不得已而为之，因为我本来的注意力太过涣散，简直无法在学校里学习，也破坏了我的人际关系和社会交往。现在，我的心灵仍会疯狂地游弋，不只在阅读的时候如此，在听有声书或看电影的时候，我也坚持不了几分钟，我的心思开始漫游，必须重听或者重看。多年来，我一直认为时间管理的技巧能解决我的注意力涣散问题。但我后来发现，时间管理是一件面向组织的工具，用在我个人身上是不起作用的。我的确可以留出一段时间给某件事或某个人，可是在那段时间里，我还是驾驭不了自己的注意力，这要么是因为当下我的兴趣或压力还不充分，要么是因为我无法跨出第一步。

最后经过试验，到了 13 岁读八年级时，我认识到要克服注意力的难关，我必须通过许多小步骤前进，无论这些小步骤走了多少遍，它们一直都很难。我必须集中注意力哄骗我的大脑，才能让心思从天上飞回地球，接着才能向前迈进。通常只要带动一点微小的势能，就能积少成多，推着我克服最初的抗拒。

事实证明，“掐一把”是做到这一点的完美工具。小时候的我不明白，为什么总感觉有一股幽灵似的力量在吸干我的注意力，我以为原因是我那个有着古怪缺陷的大脑。从医学诊断上说，我的大脑有些异常，可是现在回顾，我明白了当时感到的那股幽灵之力，其实只是完全正常的一项大脑特征：你的、我的、大家的大脑都是如此。科学家将其称为“默认模式网络”（default mode network，DMN）。神经科学研究了脑电波的模式、频率和其他数据，据此将 DMN 描述为大脑的一种基本特征，说它本来就会稳定地输出一连串背景活动。用大白话说，当你用力挣脱白日梦，或者自觉陷入了沉思时，你很可能就被大脑的 DMN 劫持了。用觉照这面透镜来观察，DMN 就像你的大脑在源源不断更新的一个流媒体频道。在低能态模式下，我们不会特别注意，只把它当成耳边的背景噪声。可是一旦打开觉照的开关、有意识地注意，我们就会一下子发现它并非噪声，而是我们自己的迪士尼频道。在一项对默认模式差异性与注意缺陷多动障碍的研究中，研究者发现与健康对照组相比，未经药物治疗的注意缺陷多动障碍患者的 DMN 激活模式更强。这种差异性还和较低的任务完成水平有关。[6]

大脑的静电、白噪声，还是掐一把的播放列表？

在日常生活中，我们常常对游弋的心灵爱恨交加，要么视之为不利的干扰，要么视之为有益的调剂。失焦的心灵中会产生沉思、自发的创想或明澈的状态，是压力重重的一天中的有益放松。可要是在需要专注的时候，我们仍感到不合时宜的失焦和散漫，那就放松不下来了。这种无拘无束的心灵，究竟是敌还是友呢？

直到不久前，科学家都将 DMN 视作一种中立的噪声、一股低压静电。而最新的研究指出，它可能更像是一张播放列表、一个持续的评估进程，大脑用它来保持记忆、意义、预判和可能性，它是一种混搭，包含了在过去、现在和可预见的将来合成你的所有元素。也许DMN 的部分功能（当我们被它缠住了脱不开身时感到烦躁的那一部分）是在大脑中模拟一些场景，以显示可能会发生什么、别人可能会说些什么、某些选项可能会造成什么结果，这样我们就不必真的经历那些排列组合，也能知道怎么教导自己了：只需彩排即可，不必真的上台。

研究指出，当我们专注于一项任务，DMN 的唠叨就会变得不再刺耳，而当我们不够专注，唠叨就会变得更加明显或者刺耳。[7] 白日做梦、心猿意马、有益的反省或细想沉思——面对 DMN 产生的这些体验，你是听之任之还是主动引导？大自然为此准备了一款 App（应用程序）：认知控制，也就是大脑灵活变化、适应环境和追随目标的能力。[8] 你可以利用神经的这种反应性和适应性来打断你的思维并重新引导。再加上觉照的一掐，你就可以强化对手头事务的注意力，或者将注意力切换到截然不同的事物上去。无论如何，有意向地转换你的注意力，就是在利用这种天生的能力。

当一个刺激（这里指那一掐）的新鲜劲儿过去，大脑便会调节它的应对方式，一般来说，是将反应下调得不那么显著，不过具体如何还取决于其他因素，比如你周围发生的事情和内部的影响，这种影响可能是心理的，也可能是有其他神经脉冲在同时发射。

最近在测量大脑活动的研究中，一些科学家修正了对于神经可变性的理解，也就是大脑在对刺激做出反应时，神经脉冲的不规则波动。[9] 长久以来，这种可变性一直被想当然地认为是神经元噪声的又一个例子，多半是无关紧要的。但现在科学家认为，也许神经可变性其实是一个适应性的平衡机制，参与了神经系统的响应和学习。

有证据显示，成功的行为之所以出现，也许正是依托了神经可变性，而不是克服了它，比如马克斯·普朗克人类发展研究所的研究者们就这么认为。[10] 无论是要一个人加工一张面孔、记住一个物体，还是完成一项复杂任务，他想要达到最佳的认知表现，似乎都必须能够随时调节神经可变性。另一方面，当认知过程稳定下来，可变性也会随之下降，这也是一个好迹象。

如果说集中注意力能够抚平神经可变性并静默噪声，那么集思广益就是一件久负盛名的搅动可变性和噪声的工具了。[11] 要使新鲜的想法（刺激）流转起来，还有什么办法比激发神经可变性而不是抚平它更好呢？围绕这一概念，我设计了我们实验室里的集思广益流程，由此让大家突破由熟悉观念和专长领域构成的舒适区，摸到外面激动人心的可能性边缘。我们面对的医学课题之所以常常无解，就是因为它们被表述得太狭隘了。而通过在专注和发散两种状态之间跳进跳出，我们能够最大限度地探索新观念的多样性，并从各个角度表述同一个课题。依靠这种做法，我们常常能发现其他人忽略的真知灼见，并为潜在的答案辟出新道路。在这里，提问就起到了那一掐的作用，能帮我们在仿生发明的过程中稳步迈向新领域。

> 要像激光般专注，而不要像手电筒。[12]
>
> ——迈克尔·乔丹

超越知觉的局限

我们在实验室里常常这么做。在我们研究的许多节点上，事情会发生意料之外的转折，或者怎么也无法得到答案。每当这种时候，我们就会将注意力重新聚焦，用焕新的能量继续前行。我们必须不断对自己的知觉“掐一把”以认识新的可能性。对于自己的从众思维、本领域的教条、其他人的乃至自己的成见，我们都需要不断质疑并且常常打破。我们每一个人都会像这样发散再重新聚焦，我们还能像一支接力队似的一起做这件事。在我们这种集思广益的环境中，常会有人灵光一闪想到什么，然后为其他人创造新的思考氛围。

当眼前出现新的问题，我们必须尽力想出新的答案，并阻止心灵引导我们考虑现成的技术或方案，因为那样往往无法得出理想的成果。一开始，我们的确会查看工具箱里的现成技术，但我们也会保持警惕，生怕一股天然的势能或引力会带着我们走上老路，使我们浪费宝贵的时间和资源（等一个研究周期完成，两年轻易就过去了）来改进现成的技术，那样我们接着就会遇上新的复杂情况，最后才意识到我们一开始就应该换一个新的思路、几套新的方案。我们会在研究中有意避开这条抗力最小的路。怎么避开？用策略性的提问来掐醒自己的注意力。

我们现有的技术能做什么？更重要的是，它们做不了什么？这又如何与当下的课题定义相契合？因为当下最重要的是：我们需要的是什么？其他人已经试过了什么？哪些已经失败了？哪些做出了一些成果，但还不够好？生物学、医学和转化（包括可伸缩性、专利、临床试验等）的哪些环节，是一开始就必须考虑的？其他人做出的最佳成果是什么，用的是什么模型？我们要做出怎样的成果才能为整个领域带来惊喜，让投资者、同行、产业界和社群都感到兴奋？什么样的成果能使我们显著推进本领域的发展，并使患者获益？

这一初步的评估流程往往能帮助我们更清晰地定义新课题。然后我们会重新聚焦，完全着眼于这个新课题，将过去的研究、旧的课题，以及我们开发过的旧技术统统束之高阁。

下面是一个精简的慢动作版本，从中可以看出我们如何在实验室中用掐一把的手段来加速并深化我们的问题解决过程。下面的提问引出了几轮解释性的探讨和研究，在我们设法创造出更好的医用黏合剂时，它们最终促成了几个有用的仿生学成果。

提问：现有的什么课题，可以用更好的医用黏合剂来改善？

这样提问迫使我们为了定义课题而深入挖掘。我们请教了医生、护士和医药公司的员工，由此认清了需求：我们需要的那种黏合剂，要能将监测设备固定在新生儿娇嫩的皮肤上，取下的时候又不会撕破皮肤，它要能在一个幼儿搏动的心脏内封住一个洞口，它还要能像缝合钉那样将皮肤或组织黏合，又不能像缝合钉那样在组织内弯曲而弄伤皮肤。缝合钉还会为细菌的入侵和生长创造一片温床，并且需要笨重的设备来安放，而在切口很小的微创手术中，这些设备本就不易使用。

提问：自然界中演化出的黏合机制，有哪些能为我们带来灵感？

我们曾经仿照壁虎做过一款组织黏合剂，但它的持久性还不足以应对高难度环境，比如皮肤移植或者在搏动的心脏内部。我们集思广益，研讨了各种动物是怎么附着在它们遇到的物体上的。我们考虑了蚊子和蜜蜂的口器，然后有一个同事问道："那么豪猪的尖刺呢？"

提问：关于豪猪的尖刺，有哪些已经掌握的知识？

我们做了功课。北美豪猪（不同于非洲豪猪）的尖刺上有倒钩，方向与刺尖相反。这些倒钩的直径约等于人类头发的直径。打斗时，刺尖扎进目标的组织，倒钩使尖刺难以拔出。

提问：关于这些倒钩的作用原理，我们还知道什么？豪猪的尖刺是如何通过"打、扎、停"的过程，嵌入目标体内的？

几乎没有学术研究关注豪猪的尖刺，比如扎进皮肉需要多大的力、将尖刺拔出又需要多大的力等。

提问：我们该怎么研究呢？

我们将豪猪的尖刺刺入组织，并观察了刺入的位置。我们发现，大部分尖刺都在刺尖 4 毫米区域内分布了几排倒钩。意外的是，将一根带倒钩的尖刺扎入组织，用到的力只有同样直径的针头或是剃掉倒钩的尖刺扎入组织的一半左右。而且，一根标准针头或组织缝合钉在进入组织时会造成微小的撕裂，而带倒钩的豪猪尖刺则不同，它只会扎出一个完全平滑的洞口，这样要预防感染就容易了，因为粗糙的边缘会加重感染。

提问：我们能否将人工合成的尖刺固定在一枚生物降解缝合钉的两头，这样就不必将缝合钉的两头弯曲并钉入组织了？

你得到要领了。每次提问都能帮助我们在最有意义的探索和新问题上集中注意力。

推动力和细微的差别

我的同事维韦克·拉马克里希南指出，当你的大脑习惯了之前它认为新颖的一样东西，你或许就会想当然地认为，接下来必须找到比之前更大、更好的东西才能够满足它。但其实你不妨像维韦克一样，开始观察周围事物最细微的变化，他称之为“万物的无常”（我会在第十一章对此进行详细讨论）。简单来说，他的意思就是通过注意可察觉的最小变化，昨日与今日之间的对比已经足以使大脑为惊奇所激发了。这一掐不必大力。只要能点燃火花，建立联结，让球滚动起来，有效地降低启动能量，促成有目的的转变即可，不必努力用意志力来施加控制。

对于我，成功的自掐招数包括以倒转的次序阅读文本，从一篇论文的最后部分读起，再渐渐读到开头。这能帮我将任性的注意力集中起来。我承认我是一个极端的特例，但这个原理对普通人同样适用：你的注意力会在刺激中断或者出现新颖陌生的刺激时反射性地集中起来，你完全可以利用这一点。对于我，掐一把大脑意味着能随心所欲地将这一过程运用到任何事情上，比如研究一个项目、和伴侣交谈或是规划你下一步的职业发展。先掐一把大脑引起它的注意，然后就能专注于任何你想要专注的事情了。

> 对自己默默放手，接受真心热爱事物的强大吸引。[13]
>
> ——鲁米

你自己的复杂人生和职场难题或许和我们在实验室里遇到的不一样，但这个掐自己一把的过程，也就是觉照过程，却是放之四海而皆准的。我们在日常生活中对注意力的管理会定义我们人生的几乎全部。任何人想要成就一项需要持续关注的事业，无论是工作计划、家庭、人际关系还是人生理想，他都会知道当做这件事的能量消散时是什么感觉。在这时候用力掐自己一把，就能注入新的能量，唤醒你的注意力。第一步不妨先反思你的选择。

不要拉，要推

注意力“拉力”是打断你的注意力并将它拉开的事物。注意力“推力”则是你自己发起的转变。老实说，我们人生中的许多拉力都来自无关紧要的事物，并不能为我们提供多少价值。它们或许是习惯性的思维，比如对旧事旧情的反复回味、沉思或者担忧；又或许是习惯性的反应，比如觉得自己必须立刻响应每个人的要求。有时这还会牵连出另一个习惯：不动脑筋地浏览媒体或社交媒体，要不就是用吸烟、喝酒和吃零食来打发时间，或者虽然做了一些思考，但仍在过量地浏览媒体，尤其是社交媒体。

讽刺的是，即便是社交媒体巨头 TikTok，当它在国会听证会上被指控未能减少年轻用户的滥用时，它也搬出了“暂停”功能来为自己辩护。最近 TikTok 宣布上线了一条新的减速带，为 18 岁以下的用户设置了一个 60 分钟的“每日刷屏时限”。已经有年轻用户表示，这个时限只要点几下屏幕就能取消。不过 TikTok 的家庭安全与发展健康主管特蕾西·伊丽莎白表示，有研究指出，只是停下来决定是继续刷屏还是退出软件这一举动，就足以促使用户退出。[14] 她说：“一旦暂停，用户就必须积极思考自己在做什么，并决定是否继续使用这款 App，这是一个非常重要的功能。”

虽然这类减速带不可能对每一个人起效，它毕竟参与了一个重要的心理过程，让我们能识别并减少琐事对注意力的拉力，并用有意向的推力去替换它们，也就是通过有意识的选择，将注意力集中在有意义的事情上。你越在这上面练习，启动能量就越低，最后你只要注入少许能量就能将琐事放下，并轻易（且更快获得回报）地将注意力集中在对你最重要的事情上。

凯蒂·米尔科曼是宾夕法尼亚大学沃顿商学院行为科学教授，也是《掌控改变》一书的作者，她说：“你可以给自己设置一些摩擦力，让自己在不假思索地做出某个行为之前，先停下来思考片刻。那至少能让你心灵中的思考部分有机会反省——这真是我现在想做的事吗？而不是任凭心灵中的自动部分来下决断。”[15]

普拉提、播客和新习惯

许多在生活中对我们有深刻意义的东西都是持久不变的，比如家人、朋友乃至我们喜爱的工作，它们因此也很容易沦为我们习以为常的背景。有人说，非凡的事物往往就藏在眼前。你也许得掐一把自己的大脑，才能对那份非凡性做出回应。

我很晚才认识到心灵－身体－精神之间的联结是多么重要，虽然我妻子杰西卡是一名资深普拉提教练，而普拉提中早已包含了这三者。[16]于是，当普拉提随着杰西卡的温柔教导，最终为我打开了一条探索精神世界的道路时，我感到分外惊讶。在那条路上，我发现只要对我们固有的灵性或直觉能力加以有意识的关注，就能够强化联结、激发神经网络。我越是探索自己的内在生活，许多事情的启动能量就变得越低，比如尝试、阅读、收听播客或在餐桌上提出一个和孩子们谈论的话题。

普拉提就是我在转换注意力时需要的那一掐，我靠着它将注意力转向了内在。我们都有一种能用作道德指针的直觉能力，它是一种内在的声音，能将我们引导至对我们最好的方向。但我们往往会忽视这股推力。通过一掐将我们的注意力切换到新的兴趣领域，连同内心的生活也一道切换，就能开辟出激动人心的无穷新路。

有的自掐策略或许显得琐碎，但效果往往不错。比如你可以休息一下出去走走，特别是走到自然中去，或者去做一件和手头的事情毫不相干的事。有时候，仅仅是将注意力切换到另一个项目上也是有益的。任何时候你将一件事物从大脑的后台调到前台，这一转换都可能创造新鲜的能量。在我们的经验中，什么东西能最有力、最连贯、最持久也最稳定地让大脑集中注意力？是好奇、兴奋和目的。这些动机使忙碌的大脑由散漫转向惊奇，并最终转向行动。在日常生活中，简单的一掐就能提升你在当下的感受和思维，并使你更好地投入事务之中。我在开会的时候，尤其在感觉自己正滑入交易性心态时，我就会提醒自己（相当于轻轻一掐），我面前的这一位或几位是他们自己人生中最重要的人物——我是在和一个个活生生的人会面。他们每一个都在自己的人生道路上行走，在和他们交谈时不仅要在意我们的计划，也不能忘了这一点。

动机产生强大影响

对动机和注意力的研究已经显示，高动机水平会加强注意能力。[17] 我们的动机会随时间或环境而变化，因此弄清激发你热情的东西和原因，是对你的大脑掐一把的关键。当你看到别人正在遭受苦难并想出手相助时，你的注意力就被铆住了，不太可能游移。但是往往，我们的目标并没有那么急迫，因此要实现这些目标，我们就必须找到一种方法维持自己的注意力和动机。无论我们的动机是内在的还是外部奖赏（比如金钱、晋升或想买的东西），时刻提醒自己有什么目标、它为什么对我们重要，就能使我们连通自己的情绪能量。这是一股驱使我们的渴望，也能对我们掐上一把。

- 调整注意力，激发动机 -

当你将注意力引向个人动机，这些动机就能提升你的行动能量。看看下面这个清单，里面有没有一两项契合了你当下的状态？眼下有什么东西是你人生中的动机性因素？它们是你希望改变的，还是你希望能多多接纳的？

下面是一些能在特定地方掐人一把的动机或奖赏因素：

目的	健康	权力
渴望	联结	金钱
好奇心	成就	新颖
惊奇	爱	最后期限
急迫	生存	恐惧
愈合	期待	痛苦

合作和育儿：有力的自掐

我在2007年开始成为大学教师时，麻省理工学院的一位研究科学家将我拉到一边，提醒我说做大学老师是会上瘾的。“你得小心点。”她说，“我见过许多离婚的例子。你会被工作吞噬。你必须提防这个。”当时，我认为这绝不可能发生。但我不知道的是，这时的我已经对工作上瘾了。

七年前认识我妻子杰西卡时，我正在攻读博士学位，当时，我的工作时间已经超过了我认识的大多数人，而他们本来就是充满干劲的勤奋者。对于我，比别人更努力地工作是为了躲避学习异常带来的羞耻感。不过我的做法还算比较健康，通过“遇到障碍、重组策略、再次尝试”的一套流程，我找到了几股力量，并在它们的引领下发现，生物医学工程跟我完全契合，也契合我那个过分活跃、在神经上非典型的大脑。成功解决一个问题之后，我一心想的都是再加把劲儿，将前方那个更加艰难、看似无解的问题定义下来，这对于我这个落后生是一项挑战。

与此同时，杰西卡也在积极追求她的兴趣，探索着人类的潜能、健康、锻炼和精神世界。我对这一切隐隐感到有趣和钦佩，但也觉得它们和我工作狂式的生活相去甚远。我们结了婚，当家里多了乔希和乔丁两位成员之后，我那份快车道上的工作也加大了责任和要求。我绝不希望成为大家口中的“限速步骤”，也就是在化学反应过程中最慢的那一步或是拖累大家的那个人。于是我给自己定下规矩，任何事情都要当天给人回复，即使那意味着要连夜工作。后来我的实验室规模扩大了三倍，招募了更多聪明而有激情的研究者，我们和企业家、投资者以及其他转化专家共事，成立了好几家公司来将创新用于治疗。我热爱这一切，我也上瘾了。

我们的家庭生活自然因此而瓦解。工作时我感觉充满活力，离开了工作我就觉得苦恼。但我也时常有一股强烈的直觉，告诉我有什么事情出了岔子。杰西卡逼着我多花时间陪伴家人，可我就是不知道该怎么从那条工作狂快车道上下来。我创造了一个“平衡工作 / 家庭”的假象，好让自己不感到愧疚。然而即使在孩子学校的活动上，我也会去找有相关专长的家长交际，为我手上的工作研究积累势能。被工作驱使的激情和目标感引导我的大脑如一列高速列车般飞驰。当我试着摆脱工作回归家庭，我就会因为没有达到某一个工作目标而感到更大的压力。

和孩子们相处也是如此。“再给我 5 分钟。”就算说好了要和他们做一件事，我也会用这个借口拖延。有时，杰西卡和孩子们已经在车里等了，我却还要冲到电脑前回复几封邮件。后来他们干脆不再等我，直接开车走人。乔希小时候还会缠着我跟他一起踢球或者抛球，后来他也不问了。

当疫情来袭，大家开始居家工作时，我的生活在家中的客厅戛然而止。我的实验室调整了目标，开始参与新冠项目的研究。我们发明了新的口罩、诊断工具、治疗方法，还有一种能包围并杀死病毒的鼻喷剂。我对这些研究十分投入。但在封控中，我也看清了我错过的东西，那就是一种慎重、有意义、情感密切的家庭关系。我一直是一个缺席者、一个心不在焉的父亲和丈夫，我这样做已经太久了。我痛苦地觉悟到，自己必须有意识地做出转变，好将一些旧的模式打破。

为了和乔丁共度时光，我开始在杰西卡开车送她去学校时同行。我想在校门口祝她开心，挥手和她道别。但实际上，我们却一路都在车里盯着各自的手机。杰西卡给朋友们发消息，我阅读邮件、安排会议、制定方略。这必须改变。于是一天早晨，我不再查看邮件，而是把手机交给了杰西卡，问她要不要看几张旧的家人合照。我很幸运，她看了，还大笑着说：“你真懂我！”剩下的路程，我们浏览照片，在回忆中享受着那些有趣、滑稽、笨拙的美好时光。这对我的女儿或许只是件小事，对我却意义重大，我自此开始更加有意地抵制工作的吸引力，并时不时对我的注意掐上一把，使它更充分地集中到我的孩子和我们的家庭生活上。

常有人说，在任何形势下的最好策略，就是在你走进房间之前已经有了策略。要把意向作为头等大事，专注于特定的步骤，使自己保持正轨。这里的“房间”可以比喻任何事情：一个人、一段关系、一个项目、一个计划。如果在和某人会面的时候，我希望一心一意地欣赏他、理解他的为人和他对事情的轻重判断，那么我在走进房间的时候，就最好把这个想法和意向放在心上。如果我要去和我的儿子相处一阵，知道他确实需要我的支持，那么当我接近他时，我就会有意识地调动自己的支持性能量。我们可以在持续框定和集中注意力的过程中，试验这种对于意向的加深。这一掐的能量是可以无限更新的。

- **要带着目的掐自己一把。**要分清自己想做什么、必须做什么、还有什么是不必马上做的。要在探索和试验中找到对自己最有效的掐法，并以此来区分对你来说什么是关键的、什么可以缓一缓、什么又是毫无价值的。

- **掐出积极的心态。**要将注意力集中在你的目的上，瞄准能创造积极回忆的经历，或者为你觉得重要的事情储备能量。[18] 当你将心思集中到优先事项上，这些事项就会有力地吸引你，而琐事的吸引力也会减小。

- **要发现熟视无睹的事物。**独自静坐片刻，盘点自己的生活，确保你没有忽略生活中的重要方面。不必自责，也不必羞耻，只要像这样静心评估一番，就能明白什么可能需要你多加（或减少）注意。那或许是你对看重的人或事的承诺，又或许是通过锻炼、冥想、音乐或艺术来开展自我关怀、自我清理、激活心灵，从而将自己维持下去。

- 在任何事物、任何时间中找到掐痛点。你上一次记下日常事务的步骤是什么时候？比如走到你的邮箱跟前，或者带着狗在街区散步。比如叠好洗净的衣服，或者做一顿饭。将注意力集中到这些时刻上，要留意你的每一个步骤、你动作中的节奏和连贯性、其间的重复、你的意向，以及最后的结果。用掐痛点来减少启动能量，提升动机或势能，将这作为正念训练的一部分。比如，你可以对注意力掐一把，通过关注你喜欢的步骤来鼓舞自己下厨：抽一把快刀切蔬菜，或欣赏蔬菜被切开后的截面，那是多美妙的感觉。

- 通过掐自己一把来抗拒琐事的吸引力，训练自己注意新的线索。要了解自己习以为常的生活方式，知道自己对电子邮件、文本、电话、项目截止期、社交媒体甚至对家人形成了怎样的反射式反应，那反应可能相当肤浅。我们必须解除这些反射，从而训练自己实现真正的意向。比如我从前一直忍不住要放下手头的事情去回应别人，但现在我会问自己一句："是我邀请了别人现在来问我这个的吗？这是我原本打算此刻要做的事吗？如果我可以选择如何度过现在这段工作、居家或者个人时间，我会专注于什么？"

- 振作起来。要想好自己的反应或期待可能如何影响他人，并带着这个想法转变周围的能量。试着从以自我为中心的微观关注，切换到兼顾他人的宏观关注。

• 到大自然中去寻找新的和不同的东西。环顾周围，关注大自然的任何方面：人行道缝隙长出的野草，布满昆虫和腐败有机物的烂树桩，筑巢时收集细枝的飞鸟。大自然的精彩细节真是无穷无尽。只要你认真观察，能量的传输就会使你重新振奋。大自然从不令人失望。

第六章

迷上运动：运动是成功演化的关键

无论做什么，先迈一小步，

以此激活新鲜能量

“

身为人类，我们将要踏上的最长旅途，就是从头脑到心灵的旅途。[1]

——达雷尔·鲍勃酋长，斯塔里乌姆族原住民的知识守护者

关于运动，自然界有许多能教会我们。我不是说我们应该模仿一条蛞蝓或是一只麻雀的行动方式。靠双足直立行走已经很适合我们，但我们不妨再看看四周：更大尺度上的运动定义了我们这颗生机勃勃的行星，从野生动物的大规模迁徙到地质板块的运动，再到起伏的海洋和蜿蜒的水道，乃至飘浮的种子和孢子，搭顺风车的微生物，“入侵”的物种，还有我们自身。

拉恩·内森在《美国国家科学院院刊》上发表了一篇论文，题目叫《一个新兴的运动生态学范式》(An Emerging Movement Ecology Paradigm)，他在文中写道：“生物个体的运动是地球生物最根本的特征之一，也几乎是任何一个生态和演化过程的关键组成部分。”[2] 我们都是动物，因此在纯粹的生物学意义上，这句话对于我们都成立。不过我们又是人类，能觉察到内在的生活和精神的维度，我们最好明白，所谓运动也包含了这一片内心的领域。有些物种遵照自然的指引，穿过广袤的地理空间迁徙到远方，并听从体内的时钟，跟着季节和食物的源头而动。我们人类已经能自行生产食物，不必随

季节远行才能存活了，但这并不意味着我们就不需要迁徙带来的冒险体验：那重重的险阻，那种共同创造的经历，大家在迁徙中学习离开，又学习重新回来。大自然仍在通过直觉的线索和我们说话，引导我们通过运动获得健康的身体和丰富持久的内在生活。

和自然的这种对话很有意义，我们常常会忽略自然向我们展示的背景和线索，而通过鸟类、蚂蚁、树木等一众意想不到的老师，我们能再次认识并欣赏它们。每一种生物能够活到今天，都是因为这一物种接受了自然环境中的指引并随之演化，这是生物和大自然的一场流动的对话。有机体和环境之间的生物学谈话，使双方都演化得生机勃勃。

本章开头的引语里说，任何人可以走过的最长旅途，都是“从头脑到心灵的旅途”。我们该如何让心灵随着这个意向一起运动呢？又该如何在这个生命旅程中取得进步？印度教师室利·尼萨加达塔·马哈拉吉写道：“头脑开辟的深渊，由心灵来跨越。”[3] 警觉的大脑常常会放大负面因素，令我们困在难题中无法自拔。通过见证并感知身体的反应，我们能深刻了解自己体验事物的方式，由此自创出跨越深渊的动作。这有助于平息我们身体的生理反应，让心灵平静下来。它还能架起一座桥梁，让我们带着心灵走入一种未经分化的完整体验。

除了锻炼和健身的代谢指标，运动也和我们的社会及情绪发展、我们的终身健康及幸福息息相关。如果你曾经被什么触动过（感动于一个故事，乃至流下泪来），那么你已经体验过情绪能量将你从一种精神状态切换到另外一种的感觉了。或者想想药物如何使能量由混沌转向平和，并对这两种状态关联的脑波产生可测量的影响。

对于许多动物，能找到食物和住所，开展迁徙，随着季节变化追踪食物源头并且交配繁殖，这些都是演化上成功的标志。如果我们再把标准提高一些，不单活下去，还要活得好、活出自己的潜能并为地球做贡献，那我们不妨从全面欣赏运动的各个维度开始。从最私密的内在生活的风景，到脚踏实地地认清现实、处理人际关系，再到各种超凡的体验，我们的投入和探索能力是无穷的。

健康心理学家、教育者凯利·麦戈尼格尔在《自控力》一书中写道："身体上活跃的人更加幸福，对生活也更加满意。这一点对各种运动都成立，无论你喜欢的是行走、跑步、游泳、跳舞、骑车、打球、举重还是瑜伽。"[4]麦戈尼格尔对相关研究做了全面回顾后指出："经常运动的人有更强的目标感，他们体验到的感激、爱和希望也更多。他们觉得自己和社区之间有更强的联系，不太容易受孤独感的折磨或变得抑郁。"她表示，这些好处体现在各个年龄阶段，适用于每一社会经济人群，显示出了一种跨越文化的普遍性。她还指出："重要的是，身体活动的心理和社会效益并不依赖于特定的身体能力或健康状态。以上描写的种种快乐，从希望到意义感再到归属感，和它们关系最大的都是运动本身，而非你是否强健。"

运动还提供了一条历史悠久的道路，它通过舞蹈、太极拳、瑜伽和其他活动，引出创造性的表达、安抚人心的自我调整，以及精神沉思。人的内在也会因为优质"锻炼"的考验而焕发生机，就像锻炼身体一样。无论在我们的日常生活中还是在世界上，行动都会积累势能，再由势能催化出改变的能量。

我嘛，挺喜欢这个快乐的角度。

> 我所说的步行和锻炼并无相似之处……它本身即是一桩事业、一场冒险。如果你想锻炼，就去寻找这些生命的源泉吧。[5]
>
> ——亨利·戴维·梭罗

拥有意识、能受到启发而行动，这是人类这个物种标志性的两个方面，它们和我们的肉体性一样生而有之，都是随着各种需求一起演化出来的，这些需求包括狩猎、采集，以及周期性地迁徙至更适合生活的土地。50 年前，头脑、身体与精神相联系的整体论观点还被西方医学当作一个边缘性概念，而现在这个观点已经牢牢确立了，它改编自古老的东方实践，针对现代西方人的喜好做了推广，最近又被认定为美洲原住民的核心教条，植根于我们的起源以及我们和自然的关系。

《运动改变大脑》一书的作者卡罗琳·威廉姆斯表示："我们忘记了身体是连着大脑的。我们可以将身体作为一件工具，用它来影响自身的思考和感受，就像是给头脑接进了一条热线。"[6] 盖布·德里塔是一位生活教练，他当年放弃收入丰厚的软件销售工作，并不知道接下来该干什么，他说他唯一能确定的是自己的一种直觉：虽然那条受人羡慕的职业曲线的确在推着他的人生前进，但他感觉那个前进的方向就是不对。他凭直觉给身体出了一道难题，骑上自行车环游世界，借此清醒头脑、聆听内心、去追求意向与和谐的生活。

科学研究告诉我们，身体活动能对大脑和心灵造成许多正面影响，因为活动能刺激神经营养因子、内啡肽、内源性大麻素和其他神经递质的分泌。这些益处和身体活动有着不同程度的关联，你只要锻炼或每天步行就能有所收获。不过，户外活动确实益处更大，因为人在户外会接触到阳光，这一点有许多好处，比如刺激身体合成天然的维生素 D。锻炼也对大脑有益，因为锻炼中大脑要根据地形和其他因素调整身体，还要专心照顾身体避免受伤。不过，我们对于户外活动一些收益的机制还不清楚，科学家猜想其中可能涉及我们和环境的某种具体关联。

我担心的一件事，也是我重新开始关注蚂蚁和树木的原因，是每一个物种的长期生存都有赖于它和环境的动态关系，而我们正在丧失这一联结。这不仅仅是一个仿生学家的哀叹。2013 年有人做了一项研究，旨在为人类增加绿色的运动环境，研究论文的题目是《伟大的户外：绿色锻炼环境如何造福大众》（The Great Outdoors: How a Green Exercise Environment Can Benefit All）。几位作者这样写道："人与自然的联结似乎正在发生变化，这将对人类与自然的互动产生重要影响。"[7] 此外达契尔·克特纳也写了一本书叫《敬畏之心》，他指出，我们在户外环境中与自然的共鸣，是源于自然与人类神经系统之间尚待定义的互动。"自然能安抚我们。"他写道，"自然中的一些化合物就是有这个功效。可能是你闻到的花香、树皮或者树脂的味道，激活了你的部分大脑和免疫系统。对于自然，我们的身体天然会做出开放的反应，赋予我们力量并强化我们。"[8]

许多报告显示，现代人几乎 90%的时间都在室内度过。据美国慢性病预防和健康促进中心的统计，美国只有四分之一的成人和五分之一的中学生在身体活动上达到了建议水平。这一缺失伴随着高昂的代价，会造成心脏病、2 型糖尿病、癌症和肥胖。不仅如此，低水平的身体活动每年还会造成 1170 亿美元的医疗支出。反过来说，身体活动则会促进正常的生长和发育，减少罹患多种慢性疾病的风险，并帮助我们在日间更好地行动，在夜间更好地睡眠。研究不断发现新的证据，显示即便是短时的身体活动，也能促进我们的身心健康。

自然会对我们下注

准确地说，我们并不是天生喜欢跑步，或者喜欢锻炼的。我们不是。虽然我们演化出了更加高效和有效的运动本领，但我们几乎天生就会避免不必要地用力。哈佛大学演化生物学家丹尼尔·E. 利伯曼写了一本书叫《天生不爱动》，他表示，人类的演化是为了让身体变得活跃，而不是为了锻炼。先民们的生存固然有赖于身体活动，但是像现代人这样为健康和强壮开展的锻炼，却有悖于我们为狩猎节省能量的深层本能。“人类根深蒂固的本能是避免不必要的身体活动，因为直到近代以前，这种避免都还是有益的。”利伯曼说。[9]

不过我们还是要怂恿自己动起来，特别是当现代的静坐生活方式取代了我们每天活动身体的生活方式之后。精神病学家约翰·瑞迪在《运动改造大脑》一书中指出，就算采集与狩猎已经为杂货店购物和订购快餐所取代，我们的基因里仍留有活动的编码，我们的大脑也注定了要指挥活动。他写道：“如果将活动取消，就会打破一种精细的生物学平衡，这种平衡是经过了 50 万年的调节才形成的。简单地说，我们必须开展耐力的新陈代谢，才能让身体和大脑都处在最佳状态。”[10]

只要我们采取最简单的步骤使自己活动起来，大自然就会把赌注押到我们身上。大脑和身体相互裨益、密不可分。在锻炼时，你的身体会释放几种因子，保护大脑和身体免受应激反应的刺激，其中包括脑源性神经营养因子（BDNF）。BDNF 的已知作用是保障神经细胞的生存和成熟，它还能对学习记忆和神经可塑性背后的受体进行调节。

你可以把这想成是神经元的一场舞蹈。脑成像研究已经指出，我们的舞蹈能力背后有一套复杂的动作在支持，就连随着音乐用脚打拍子也是如此。[11] 有一项研究让祖母和孙女一同参加解说性的舞蹈活动，结果发现两者共同舞蹈有一系列好处，包括鼓励锻炼、助长积极感受、提高情绪、拉近祖孙关系，以及转变年轻女孩对于衰老的态度。[12] 研究者将舞蹈的强大潜力视为一种创造性的干预，尤其对老人而言，它能促进肌肉的力量、平衡感和耐力，预防焦虑和抑郁，还有助于对抗痴呆。

神经科学家温蒂·铃木是纽约大学神经科学中心的神经科学和心理学教授，也是《锻炼改造大脑》一书的作者，她表示：“每次你参加锻炼，都是在给大脑洗一个神经化学的泡泡浴，经常洗这样的泡泡浴还有助于长时间保护你的大脑，使它远离阿尔茨海默病和老年痴呆症等。”[13] 在《大脑可塑性》（*Brain Plasticity*）杂志上刊登的一项研究综述中[14]，铃木和她的团队报告，就算只是一次健身（主要是有氧或抗阻训练）[15]，也能增加多巴胺、血清素和去甲肾上腺素这几种神经递质的含量，它们都是提升情绪的物质，还能在健身后的三小时内改善记忆和专注力。锻炼产生的最稳定的行为效应包括增强执行功能、提升情绪和降低应激水平。这种对认知和情绪产生的积极效应，也有益于人的整体精神健康，铃木因此建议，要将短时活动纳入你的日程。每锻炼一点都有好处。[16]

惰性是第一道阻碍：迈着小步越过它

只是知道什么对我们有利，未必就等于有了实践它的动机。真要这么简单，你这辈子只要在新年的时候下一次决心就足够了。但即使知晓没能点燃火星，你也能靠别人的鼓舞来推动自己。我常会邀请不同健康领域的专家、成功者或是教练来实验室里做午餐演讲。一次，一位成绩优异的举重运动员来和我们交流。他没有让我们都跟他一起举铁，他只是说起了他生活中遇到的一些坎坷，以及举重是如何帮他走出来的，他还描述了自己如何在这项运动中越做越好。我们都在一场场激情洋溢的 TED 演讲中受到过运动员和其他演讲者的鼓舞，但即使是这些，也并不总能激励我们坚持锻炼或运动。

你不必为此感到羞耻。一边是消耗能量，一边是保存能量，演化已经决定了我们会在两者间左右为难。就像利伯曼指出的那样，保持惰性是人的本能。要记住，从演化的角度看，保存能量才是生存下去的关键。

我们又该如何克服惰性，或者克服那股使我们陷于低能态脑的向下的拉力呢？虽说我们的大脑线路默认了保存能量的环保模式，但是与冬眠的熊不同，我们毕竟可以用有意识的注意力和务实的策略覆盖这一模式，由此将自己从环保模式调节到活跃模式，并就此活跃下去。

我们可以借鉴那本诱人的方法手册，再采用一点营销业的勾留策略，这能降低开始运动所需的启动能量（或许可以参加一个锻炼项目），将阻力减到最小、回报加到最大，并且有意识地培养用运动取代懒散的习惯、让自己对运动上瘾。我们虽然天生就有保存能量的惰性，但我们同时也获得了另外一种本领，那就是通过选择改变习惯，拦截那条陈旧代码并将它覆盖掉。

> 没有运动就没有一切。当某个物体开始振动，全宇宙的电子都会随之共振。万物都有联系。[17]
>
> ——阿尔伯特·爱因斯坦

找到对自己有用的手段：一种用于实验的觉照方法论

当我们把运动说成一个觉照的燃点、一件你可以用意向驱使的工具，我们的意思是将运动之力当作能量的源泉来汲取。至于如何运动以及何时运动，就因人而异了，也许对同一个人在不同的时间也有不同的标准。一天中，有些时段比其他时段更适合开展某些运动。也许你在和朋友一起时更有行走的动力，而一个人就不太情愿了，这样你就该找一个双方都有空的时间。我们的昼夜节律和体内化学物质的自然起伏决定了我们进食、睡眠、学习和放松的最佳时间。无论你想做什么，要降低启动能量，就得让这个自然节律站到你这边。

要找出什么样的运动适合你、什么不适合，实验是最理想的过程。这不是多了不得的过程。你自己就是实验室，同时也是项目负责人、唯一的实验对象，你还是你这篇论文的作者，写出来发表在你自己的期刊上（并且没有截稿期限）。你可以使用可穿戴技术，比如Fitbit或更精细的数字手表，用它们来追踪你的数据，你也可以用老派的方法，倾听自己的身体。

有趣的是，当我们充分感觉运动的体验时，我们很快就会知道一项锻炼甚至一种冥想技术是否见效了。你的身体、大脑和心态加上你的情绪，都会给你反馈，你要做的不过是记录它们。例如，如果你在跑步时觉得兴致高涨，或者既开心又疲惫（重点在“开心”），那你就知道这项锻炼是适合你的，能够收到积极满意的效果。你多半会在跑步后感觉很好，也可能感受到努力健身后的那种“舒服的痛感”。而如果某项运动感觉不对或收不到满意的效果，你不妨先去评估一下造成这种感觉的可能因素，然后调整你的方式，或者换一个项目。

关注这些细微的内在线索，特别有助于形成运动习惯，或者调整其中的细节，从而实现受益最大、伤害最小的效果。几年前的一次，我意识到此前一直忽略了体重的缓慢增长，一下子对减肥变得动力十足。起初我采取了节食法，失败后转为少吃碳水化合物，然而几周过去，没有任何效果。我先是灰心，继而又变得坚决（我看到了其他努力减肥的人，因此受到了鼓舞），我认定了只有跑步才能帮我减肥。我穿上运动鞋出门跑步去了。起初我很快就气喘吁吁，对继续跑下去严重抵触。有几次我感到自己好像换气过度了，觉得胸口发紧、心中恐慌、大脑也尖叫着“停下”。我到网上搜索，找到了各种教你如何在跑步时有效呼吸的建议。我尝试了腹式呼吸，这种节奏技巧要求你每跑三步吸一口气，然后每跑两三步再呼一口气。我也试验了其他技巧。最终我找到了一种呼吸策略，因此减少了焦虑，也能放松地跑得更远了。

接着我又碰到了另外一个障碍：在开始慢跑训练后不久，我的脚踝疼得几乎走不了路。有一天，我剧痛难忍，蹒跚着来到医院急诊部。医生怎么说？叫我多休息就好了（很庆幸，医生们没有发现伤病）。我又上网搜索，知道了跑到半程拉伸相当重要，于是我照做了。我还买了一双新跑鞋。后来就不疼了。在我看来，这也是自然的方法手册上记载的一页方法：在试验中进化。我试验了跑步的时机，也调整了跑步的节奏和时长，琢磨了什么有效，什么无效，什么在六个月前还是有效的，但现在由于某些因素的变化，已经不怎么管用了。试验是关键，持续做细节的微调让试验得以持续。我渐渐摸索出了一套对我有用的迭代系统，我自己也随之进化。

> 这件事说出来有些奇怪：锻炼能使我的大脑自由“放飞”，盘旋一周再忽然回到我正思考的课题上，但这时它已经切换了角度，对事物有一个全新的看法了。
>
> ——蒂娜·凯沙瓦齐安，卡普实验室前实习生

沉思或冥想活动也能带来看得见的反馈。如果静坐式的正念冥想反而提高了你的焦虑感（许多人都有这种体验），那就试试行走式冥想。对于冥想收益的早期科学发现都来自对僧侣和其他“冥想大师”的研究，他们都是专事静坐式冥想的。但是如今我们知道，有许多别的选项也能产生可观的健康收益，包括行走式冥想和其他怀有正念的日常活动。重点是要试验，要倾听你身体的反馈，然后一点点调整。

健康追踪技术的一项优势是它能够产生你在别处无法获得的详细数据。根据设备或者应用的不同，这些数据可能包含步伐、站立时间、静息心率、平均心率，以及心率变异性（HRV）等信息。你可以用这些信息调整运动的时机或其他方面，无论你从事的是锻炼、冥想，还是其他符合你目标或兴趣的活动。随时追踪信息能使你充满干

劲，它还能降低你的启动能量，并在其他方面产生有意义的影响。我的朋友丹尼尔·吉布斯是一位退休的神经学家，患有早期阿尔茨海默病，他现在每天散步，一有机会就出去远足，他始终相信这些有氧运动是一种预防性的健康生活方式，研究也证明了这的确能减缓认知衰退的过程。他在回忆录《我脑子上的文身：一位神经学家与阿尔茨海默病的战斗》（*A Tattoo on My Brain: A Neurologist's Personal Battle Against Alzheimer's Disease*）中写道，有一天他注意到自己的认知开始略微衰退，变得有些健忘和迷惘了。他还感觉他在锻炼时和锻炼后的思维比较清晰，但在科研中，像他这样的个人观察只被看作“逸事证据”，虽然有趣，但不算作科学数据。然而来自追踪设备的数据证实了他的感觉：平均而言，他的认知测评分数在有氧锻炼后会上升 8%。一天，在一次费力的登山远足之后，他的健康追踪装置报告他的心率达到 131 次，大大超越了远足前的 64 次。在用时 57 分钟、跨越 1.75 英里（约 2.8 千米）、爬高 850 英尺（约 259 米），从起点攀至终点之后，他的认知测评分数增长了 15%。对吉布斯来说，有了这个精细的追踪程序和即时反馈，加上这又是一项临床试验的一个环节，使得他对这次远足格外享受。“我很喜欢观察数据中的这些活生生的细节。”他说，“这为我打开了一片向内的景观，供我欣赏。”

HRV 是两次心跳在间隔时间上的波动，我会在决定当天是否要剧烈运动时参考这个数据。我注意到我的 HRV 会在一次剧烈运动后下降。如果我的 HRV 降得比平常还低，说明我的身体仍在恢复，我就会在那一天减少运动，感觉精力不济时也会放自己一马，而不是责备自己说疲劳都是臆想出来的。

无论有无技术支持，这种试验方法都有助于你，你可以用它来探索那些驱使你的思想和行为的隐蔽因素，清晰地认识到自己想做什么，并将自己从阻挠你的那些习惯中解放出来。我们的内心都有一个钟摆，它在喜欢和厌恶之间来回摆动，仿佛在正负磁极之间周转。若没有了有意识的引导，我们很容易被当下的诱惑拉向两个极端。你可能会因为某个不相干的事件而吃惊或者发生应激反应，突然产生了抛开那个行走计划的想法，接着你或许还会想把情绪连同食物“一起吃掉”，这些食物是你平常不会主动吃的，现在之所以会吃，是因为“哎呀，反正今天的健康目标已经黄了，吃吃又何妨呢？”。

这时简单地向自己提一个问题，就能打断这股冲动。举一个小小的例子：一天下午，我忽然想要吃点巧克力，于是就吃了几块。但我觉得不够，于是又吃了几块。然后，我在第三次想吃的时候打住了，我趁着停顿的时间问自己：如果接下来 5 分钟我能忍住，那么 5 分钟后我还会想吃吗？我催促自己忙碌了 5 分钟，随着时间的推移，这股冲动也渐渐平息，我不想再吃了。我们听过许多人谈论“活在当下”的力量。可是我想，我们有时候是不是太沉迷于当下了呢？如果我们能将想象向前方延伸哪怕 5 分钟，我们就会明白，当下显得如此强烈的冲动和诱惑，消失起来也一样迅速。我们内心的这种无常、心灵的这种易变性，可以化成我们的盟友，作为你用来重燃意向的觉照因素。要允许自己即兴发挥，使你的这股无常之力为自己所用。

你越是频繁地停下来用觉照意向打断自己的念头，就越能在脑中强化这个模式。当你这样做时，其中的发力动态也会从驱使你行动的文化及其他外部因素，转向你自己的发力点。这一点在今天尤其重要，因为文化的力量正通过数字领域和社交媒体的持续诱惑不断变大。丹尼尔·利伯曼指出：“现在文化的演变已经是作用于人体的主导演化力量了。”[18] 他还告诫我们：“要说我们这个物种庞杂而丰富的演化史中最有用的一条教训，那就是文化并不容许我们超越自己的生理。”

生理告诉我们必须动起来才行。

人是一股自然之力，要在行动中体现自然

关于耐力训练，我从埃德·麦考利那里学到了很好的一课，当年我读九年级，他是我的第一个英语老师。我在他的课堂上举步维艰，但我打定了主意要提高自己的语言技能，虽然埃德是一位对我期许很高的严师，但他也是一个智者，一个良师。我常常和他会面，在他上课期间、在课后，有时甚至在周末。他会和我一起坐下，帮我从各个角度看待事物。他用许多时间和耐心教导我，看着我一点点进步。我也产生了一股热情，想用自己的成长打动他。现在回想起来，要给我由衷敬佩的人留下好印象，是我当时的一股强烈动机。即使我还无法满怀自信地判断自己的成长，只是要打动埃德这一点就足以使我投入正确的行进步骤了。再想深一层，也是因为他的帮助才使我对自己有了信心。他好像从未失去过乐观精神，虽然教我这么一个学生肯定费劲得像跑马拉松。

我之所以会在说起运动、锻炼和数据追踪设备的时候想到他，是因为毕竟有些东西是这些设备无法告诉你的，但那时的埃德可以。你有时会听见他以这些东西为理由，要求学校保留体育运动，并鼓励孩子们留在运动队里，无论他们的运动能力高低。埃德说，他见过的在人生中取得最大成功的人，都是爱跑步的人——不知道为什么，跑步能训练出某种深邃的品质、一种人生的耐性：如何投入，如何坚持，以及不顾阻碍地走下去。当你认真地跑步，你就是在人生的许多方面磨炼毅力。有时你的身体想要停下，这时你就应该运用大脑，指导自己继续坚持。跑步未必适合每一个人，埃德的建议是：坚持运动即可。

奔跑时，我们能捕捉到大地的节奏。我们能感受大地的心跳。是这些给了我们力量和耐性。大地托举着你。当我们

奔跑，我们也在心里听到祖先的声音鼓励着我们。[19]

——戴夫·库谢纳长老在纪录片《像一个人般奔跑：领先者之旅》（Run As One: The Journey of the Front Runner）中回忆1967年泛美运动会上的原住民队火炬传递

耐力的回报就是耐力本身

2009年，乔·德·塞纳在佛蒙特州的一派田园风光中创办了斯巴达耐力赛，他和妻子原本在大城市生活，在华尔街有一份事业，后来才搬到这片乡野安家。他说他们搬来后尝试过好几项事业，包括一家乡村商店和一座加油站，但哪样都不见起色，他开始有一点郁闷了。他自己在几年前就投入了耐力运动，当时夫妇俩还在城市生活，一天办公大楼的电梯坏了，逼迫他只好去走楼梯，半路遇到了一名男子，自称经常在楼梯间里为了越野挑战赛而训练。他们攀谈起来，然后开始每天一起训练，乔就此上了瘾。很快他就到全世界报名当地的越野挑战赛，后来还开始培训有志于此的人。

一天，有个朋友鼓励他在自家的佛蒙特农场里创办一项障碍赛。“我骨子里是一名创业者，自己也在参加这类比赛，于是我想，我确实可以办这么个比赛，肯定很好玩。况且，把自己喜欢的事情做成事业，那不是太享受了吗？”只是他对于障碍赛的想法还是有些保留。在他看来，越野挑战赛包含了皮划艇、自行车和跑步，比较像奥运会项目，他说那“感觉是正规的体育”。而障碍挑战赛不仅要将参赛者扔进崎岖的赛场，还要故意给他们下绊子，用泥坑和铁丝网来阻挠他们。他当时的念头是，这简直疯了。“谁会来报名受罪呢？”

结果来了500名“受罪爱好者”，斯巴达耐力赛由此诞生，进而还成长为世界领先的障碍赛。“现在我明白这是为什么了。”德·塞纳说，“是人与人的关系太疏远，大家想要再度亲近。而我们做的就是帮助他们亲近。我们是一条人与大地、与自己重新联结的通路。现在常有人发邮件来说‘你们改变了我的人生’，但其实我们没有，我们只是搭了一个台子，是大家自己改变了自己的人生。说来也真是好玩，因为只要一点泥巴、几段铁丝、流几滴汗，大家就能意识到‘哎呀老天，要健康生活就得这么干’了。”

我们的内心都有一股张力在提醒我们什么时候应该放弃。总有一个声音在告诉我们最多能走多远——不仅是当下的事业，也包括我们的潜力。我们好像活在一个泡泡里，只能在能力的范围之内伸展长大，我们想象这个泡泡的内表面是坚固的，但其实它有弹性。如果我们愿意推它一把，就能扩大自己的潜能。不过，只有我们用力推这个泡泡，始终将它撑满，这股潜能才会实现。

德·塞纳坚称这是可以做到的。他的这股能量不断地传给他人。你不必真的去跑一场斯巴达耐力赛，也能受他的感召而行动。他是完美的远程教练，是在脑袋里督促我的声音。每当我在锻炼或行走时想偷点懒、不再努力，或者在申请经费、做报告、构思观点的时候想放自己一马，总之，每当我在任何需要持续投入能量或注意力的活动中想偷一下懒的时候，内心都会响起他的话：我还有点时间，或许能再做点什么。德·塞纳是觉照能量的化身，只是想到他，就能推着我再前进一点。

我愿意认为，像德·塞纳和其他将能量传播出去的人随时都能激励我们付诸行动。我儿子在他的中学橄榄球队里担任四分卫，他的教练查德·亨特就散发着一股无穷的运动能量，他是一位能看出选手的潜能并帮助他们释放潜能的真正导师，无论场上场下都传授着领导技能。我在很多地方都遇见过这样的人，他们点燃一粒火星，在一刹那转变我的心态。你的塞纳是哪位？谁是你的远程教练？

无论我们是认识他们本人还是读到过他们，能有一个人用他的能量和决心点燃我们、推着我们前进总是好的——如果你愿意努力，就去寻找那个相信你、支持你并鼓励你拓展自身潜力的人。你肯定能找到。

> 我喜欢那些有意义的动作。它们能教会我一些东西。通过练习在普拉提中学会的动作，顺着自己的节奏、超越功利地练习，我辟出了一条道路引导我的潜意识心灵。它做到了许多事情，比如帮我改善体态。我练习或快或慢地移动身体，做出所有它本应做出的动作，这样能训练我的大脑，抚平我的心灵，我觉得妙极了。
>
> ——杰西卡·西莫内蒂

选择一个有意识的节奏

我们很容易在一天中被紧急待办事项吞没。把待办事项快速勾掉固然使人满足，但这也会变成一种瘾。你的行动越快，一波波肾上腺素和内啡肽的奖赏来得越快。但如果不加以遏制，对速度的追求就会使钟摆失去平衡。惰性也会如此。要留意你在生活的各个环节中行动多快或者多慢，然后调节出一个有意识的节奏。

比如我就发现，在冥想时，我的大脑很像我的手机，会不断推送我需要记住的事情，比如我忘记的事、安排好的事。它们五花八门，都是生活中未完成的事项：我忘记要回复某人的信息了。我们该怎么解决把项目拖住的那个问题？我最近都没有给父母打电话。

冥想中产生的这些念头会引发一些焦虑，换作从前的我，肯定会立马将焦虑转化为行动，由此打断冥想。但如今在积极冥想中，虽然我的头脑仍在驰骋，却已经学会切断那股马上起身的冲动。身体的静止使我的心灵也放慢下来回归唱诵，这种集中心神的声音是我冥想训练的一部分。

对任何人来说，平凡的一周里都存在大量机会，你可以利用它们留心自己的节奏，也可以找到方法调节自己的步调、重心和强度，从而达到变化和平衡。比如我就会寻找合适的时段，将自己的心灵从有任务切换到无任务，从而更专注地与他人深入联结。这是一件始终在进行的工作，但我的觉照一周中总会包含几个固定时段，有的用来密集工作，有的用来行走，有的用来让心灵游荡，还有的用来维持和我自己、和家人、和宠物以及和自然界的意向性联结。也有的时段，我用来通过指导或服务帮助他人。还有的时段我要挣扎一番，最后常常能累积出更强的洞见、干劲和行动。

> 在冥想练习中投入时间，你就会更容易选择对什么专注、对什么放手、在什么上流连、在什么上放纵、什么是要回避的、什么是要增强的、什么又是要重申的。[20]
>
> ——吉尔·萨特菲尔德，《刀尖上的正念》
>
> （*Mindfulness at Knifepoint*）

我们必须时刻专注自己或慢或快的运动，并努力在生活的所有领域觉察这种潜藏的节奏。有许多有用的策略可以开发这种意识，我们可以通过试验找到它们，冥想即是其中之一。比如，我就试验过（并取得了一些成功）用冥想来消除工作中一些常见的分心。我发现，如果我能不时冥想 15~30 秒钟，就不必把分心当作休息了，这就是“微冥想”的效用。我也不是在任何时候都会陷入冥想，我会等到工作间隙，当我感到有一股力量正将我拉向琐事时，再开始冥想。我会闭上眼睛，呼吸几次，然后再睁开眼睛，没有别的目标，不过是休息片刻。

之后，我的心思常常就能回到手头的工作，至少也能切换一种精神状态，变得更加平静了，我或许会转向另一件待办任务，然后再回到原来的工作上。在一天之中，能时不时消除无谓的分神，代之以短暂而怀有正念的冥想，尤其是用一次呼吸安抚自己，或开展更多快节奏的呼吸练习，会对我的思考和感受带来正面的变化。

常见的分心活动，像是跃入社交网络、吃零食或者对当下的刺激做出回应，诚然都可以迅速完成，但我们也可以慢慢地去做它们。我们可以在打开 Instagram 之前先缓一缓，细嚼慢咽地吃下零食，先深呼吸几次，再去回应别人。要留意你的心灵周期，观察朝向各种刺激或静止的运动是如何在一天之内起伏的。这是一个发现自我的过程。你或者大胆前行，或者安守现状，要读懂内心的提示，了解什么在与你共鸣、什么在给你鼓舞、什么又在照亮你的精神。这段旅程和这个发现的过程，本身就含有目的，一旦我们把握了这份觉知，发现了这个谜题和它的价值，我们的道路就会照亮。要选择一个有意识的节奏。

人类演化到今天，虽然不是为了迫不及待地在大草原上做无谓的奔跑，但我们的遗传基因也不打算将我们繁衍成一种只知道静坐不动、大吃垃圾食品的生物。我们一直在生活中开展着一项纵向实验，它的结果并不乐观。我们对垃圾食品的渴望就是一个例子。人类的舌头演化出味觉受体，是为了帮助我们确定哪些食物吃起来安全、哪些可能危险。但它们绝对无法抵挡今天的那些高糖分、高脂肪、高热量加工食品，那些东西就是专门瞄准了我们冲动进食的弱点研发出来的。

曾获普利策奖的调查记者迈克尔·莫斯写过一本书叫《上钩：论食物、自由意志，以及食品巨头如何令我们上瘾》（*Hooked: Food, Free Will, and How the Food Giants Exploit Our Addictions*），书中描写了快餐如何激活脑中的奖赏回路，又如何劫持我们的胃并将我们转变成强迫性进食者。快餐还利用了大脑在演化中为节省能量而形成的自动驾驶偏好。“当先祖生活在狩猎 / 采集社会中时，他们与其追捕一只黑斑羚当作晚餐，远不如抓住一只呆坐着不会逃跑的土豚来得划算，因为这种小气的做法被认定为‘能量支出较少’。”[21] 这是莫斯在 2021 年接受访问时说的话，访问他的是“大众饮食”（Civil Eats）——一个致力于对美国食品体系进行批判性思考的非营利性新闻机构。

如今深加工食品唾手可得，其中含有的过量盐分、糖分、脂肪及无营养卡路里也轻易进入我们的身体，这些东西的确好吃，但久食会危及生命，尤其再配上运动不足、睡眠不佳的话，而这两样也已经是家常便饭了。萨钦·潘达是索尔克生物研究所调控生物学实验室的一位教授，曾写过一本富于启发的书叫《昼夜节律的密码》，他指出，深夜吃着奥利奥追看网飞连续剧，不啻是对健康的三重打击。[22]

潘达表示，无视身体的内在时钟会为我们引来灾祸。“昼夜节律是人体的内在时刻表，它存在于每一个细胞、每一个器官，包括大脑之中。”他进而解释，昼夜节律构成了“人体的主程序，我们身体里的两万多个基因，每一个在白天或夜晚的什么时候打开或者关闭，都受到这个程序的引导，它也由此引导着我们的每一个细胞。”如果维护得当，这个由 DNA 驱动的程序就会帮助我们预防疾病，提高免疫力，加速修复机制，增强新陈代谢、解毒过程和 DNA 修复机制，它还能优化大脑功能，从而改善情绪和智力健康。幸运的是，潘达的日常昼夜优化指南相当简单：每天在固定时间睡八小时，白天外出半小时，再锻炼半小时，维持固定进食习惯，醒来后一小时内进食，接下来的八到十二小时再吃几次，然后禁食直到早晨——深夜零食就别再吃了。但不幸的是，现代生活却又迫使我们欺骗自己（还有我们的孩子），天天如此。

这种和自身生理状况的放纵关系是不可持续的，可是我们上瘾太快，明白上瘾的后果又太慢：静坐不动的习惯使我们迟缓惰怠。在心理上，我们轻易滑入了低能态模式。在身体上，我们变得更肿、更慢、反应不足、恢复力下降。缺乏运动使我们的内心生活也变得缺乏活力。我们的内在旅程和外在旅程一样，都对幸福的人生至关重要，而内在旅程需要注意力的维持。有了这种特殊的能量和投入，我们才能反思到内心深处，并坚持不懈地探索内在的人生。

考虑一下我们这个社会普遍存在的酒精滥用问题吧——对许多人而言，这是毁灭性甚至致命性的——可是用酒精来应对难过的时刻、麻痹大脑产生的不适想法，却又那样诱人。

我说这个依据的是我从前的亲身经历。在我的职业生涯早期，我一度每晚要喝两杯朗姆酒，才能将自己由白天实验室的工作状态，切换成“夜班”状态，以便到家里做更多的工作。我这样自然遇到了难处：无论什么时候总是疲惫，偶尔还感到抑郁，情绪也变得难以控制了。酒精似乎能通过减少抑制或者阻碍，在人际关系中创造运动，但是要真正做出有意义的运动，就必须考虑这些障碍是什么，它们是怎么拦住去路的，我们又如何通过有利健康而不是摧毁健康的方法来消除它们。另外，酒精的一个副作用是破坏睡眠质量，而睡眠一旦变差，就会抵消我们从运动中获得的积极神经递质的效益。

我们那个大而精致的大脑可以成为一项优势，但这是有前提的：我们必须用它来考虑自身选择和自身行动（或者不动）的后果，要看清前面一路的陷阱和灾祸，时时修正路线。自我毁灭在演化上是无优势可言的。

迪士尼的“进步旋转木马”多年来一直在做周期性的翻新，但是几年前当它因为技术问题停运之后，有批评者提出干脆将它报废，因为它所代表的观念已经跟不上时代了。无论这个主题公园展览的命运如何，我们都需要修改我们对于进步的叙事，新叙事所描绘的人必须积极投入，与自然及彼此共处，还要对技术妥善运用，从而为人类和地球创造一个可持续的未来。我们再也等不起了。我们必须从旋转木马上下来，开始前进。

- 再加把劲 -

你可以加大生活中的运动量，或者以简单的方式尝试新的动作，尤其是，你或许可以自创一个难题或奖赏来提升动机，由此降低开始运动所需的启动能量。一旦动了起来，势能和积极的反馈回路就会推着你持续向前，并将你自行开启的运动铭刻进记忆。将来需要的时候，你可以回想这股势能升起的感觉，以此在活动中断或静息之后，重新将它点燃。不妨试试下面这些方法。

- 制造一点摩擦力、一点针对性的逆境。走一条坎坷的路可以创造积极的挑战欲望，还能培养出坚毅的品格，让你坚持走下去。逆境会逼着所有人前进。它每天以更高的标准测验我们的技能，提醒我们拥有多少力量、哪里可以改进，并为我们将来的成长指明方向。乔·德·塞纳自己就是一名耐力运动员，从瑞士到蒙古国，他始终在最严苛的环境中试炼身体。你当然不必做到这个地步，只要创造出适合你的逆境就行了。

- 为能量而动。要留意锻炼带来的向内和向外的能量转变。往往在锻炼之后，你的能量会马上提升，能用来维持你的进步。要留意能量如何改变了你的动机和乐观精神，并由此改善你的情绪和警觉状态、你和他人的互动，以及你在各方面的表现。当你掌握了锻炼后能量提升的规律，不妨再自创难题以利用这种提升的表现。要用锻炼来振奋自己。

- 早点动起来，如果这对你有用。一早就开始运动，这很可能激发你的动机，使你在接下来的一天中做出更健康的选择，更不用说还能减少分心了。就算只是在煮咖啡或者用微波炉加热燕麦粥的时候做十个深蹲或者伸展也好——只要动起来就行。

- 将会议和休息移到人行道上，促进创造性思维。要更有意向地开展发散性思维，将集思广益会移出会议室，搬到广阔天地中。斯坦福大学的研究者发现，步行能促发创意灵感。[23] 他们考察了人们在行走和静坐时的创意水平。结果被试在行走时，创意产出平均提高了60%。行走能刺激观念的产生。把静坐时间留给细节工作吧，因为那才需要专注地回忆具体而正确的答案。

- 让你最看重的东西打动当下的你。要找到情绪的感染力。你在人生中，是否有爱的东西或者人？那可以是一个孩子、你的伴侣、一个动物甚至一棵树或一座庭院。去和它拥抱吧。我在分心时，特别是当我满脑子都是技术细节时，我就去和我的几条狗拥抱。这可能听起来肉麻，但正是这种能量传输使我振奋，之后不用多久，我就能带着一股新鲜的能量和专一的目的继续工作了。

- 让自己休息一下。当你的动机低落、后续行动乏力，或者无论什么原因，就是想歇一歇，你就要拿出一点自我同情了。休息能帮助我们找到一种有意识的节奏，让我们暂时抛下已经失去兴趣或势能的活动，去做一些更有意义的事情。不要因此觉得羞耻，而是要认识到，有时候你就是需要休息一下；还有，重新做一件事，做一件新的事，或者尝试做更多的事，这本身就能给你激励。

第七章

勤于练习：享受健壮大脑的乐趣

享受重复练习带来的奖赏和渐渐进步的喜悦

“

我从不练习，总是直接演奏。[1]

——旺达·兰多芙斯卡（1879—1959），

波兰羽管键琴家及钢琴家

理查德·特纳也许是全世界最著名的“纸牌技师”，也有人会叫他“老千”，他不仅推崇练习，自己也沉迷于练习。和他交谈时，他的一只手上总捏着一副纸牌，一时翻转，一时展开，或者摆出普通人用两只手也摆不出来的花样。他随时在操弄纸牌，看电视、排队、在健身房健身、吃东西甚至睡着之前也不松手。他告诉我，当他的大脑下班准备打一个盹或者睡一觉时，他的眼睛已经闭上，双手却仍在翻牌切牌，最后就这么悬在半空睡着了，一觉醒来就立刻接着翻牌切牌。

特纳曾两次被魔术艺术学院评为年度近景魔术师，他表示：“人家都说‘练习造就纯熟’，我可不信这个，依我看，纯熟的练习才能造就纯熟。”

特纳世界里的“纯熟”是什么？“我会先定好最终目标。”他告诉我，“就比如目标是抽出一副牌里的第十七张，必须用单手。于是我会逆向思考，想出怎么把一副牌捏得恰到好处，使我正好能翻出第十七张。接着我用食指和中指夹住它，再上拇指，凭单手把它转一个面。”他当场向我展示了一遍。

我不是说，理查德·特纳在任何意义上是我们所谓的“普通人”。没有哪个普通人能像他这样把纸牌玩出花来。但他又不仅仅是一台操弄纸牌的机器。他是一位健身狂人，持有和道流空手道的黑道六段。他还是一位励志演说家。并且，虽然他自己不愿多谈，他还是一名盲人。

特纳 9 岁那年，在一次感染猩红热后患上视网膜退行性疾病，他的视力迅速退化，到 13 岁时只有 20/400 了。但这只是前情提要，别人问得急了他才会说。他喜欢的话题始终是纸牌、纸牌，还是纸牌，另外也会说起他对练习的热情——有人会称之为强迫症。他认为他操弄纸牌的能力是一种天赋。但话说回来，人只有把天赋施展出来才能成为大师。

练习是这样一个过程：对于任何人，在它的简单表面之下，都暗藏着微妙、意外和惊人的层次。它绝不像你一眼看上去的那样单纯。练习帮助我们学会或者精通一项技能，但除此之外，它还有一种令人兴奋的效应。在大脑中，当重复和挑战激起神经可塑性，就会打通新颖而深化的神经通路，它们相互缠绕，为各种网状联结注入能量，由此影响我们的情绪、认知、记忆力、动机和注意力。练习后，大脑的能量需求也会变动，因为一度艰难的新动作成为套路，最终能不假思索甚至在潜意识中做出，从中释放出的资源，可以被用来补充能量储备，或投入全新的活动。研究发现，练习能为所有领域的成长和充实创造范式，无论是工作、学习、运动、人际关系、冥想还是修行。就连家务，当你把它们看作一种练习、欣赏它们的过程和回报，它们也不再是无聊重复的“杂活”了。

艰难取得的进步带来的满足和自信可以迁移到生活的其他方面，创造出能量来推着我们再努力一把。那或许是健身的时候把一个动作再练三次，是继续练习一首乐曲，或是练习对一个老问题做出新反应，比如改善与某人的交流，或者换一种方式来处理某个情况。

练习使人满足：你克服了大脑天生对努力的抗拒，无论是身体还是精神上的努力，你还成就了一件重要的事。不过，我们就算不认为某件事至关重要（我们或许不是赛跑选手，也看不出把洗净的衣服叠好有什么光荣），也依然能在怀着目的的重复中感到练习的回报。一旦练习开始产生影响，那种积极的体验和基于大脑的奖赏机制就会使它越发快慰，在一项活动上做得更好也会使人燃起自信：我都做到这一步了，或许下一步也行。

我把这看成一个爱上练习的过程。这不仅仅是自律，也不同于一种义务。你越是能领会其中的细微差别和渐进增益，练习的回报就越大，它为你开创的新鲜可能性也越多。你甚至会渐渐觉得，练习本身就足以令人满足——只是沉浸于当下这个目标就足够了。当我认识到练习也是一件觉照工具时，我（终于）开始欣赏这条练习之路本身，并且像美国佛教导师贾斯汀·冯·布伊多什形容的那样，开始欣赏“它一路上的回旋转折，还有我们一路上投入的辛劳”了。[2]

> 自律引出更大的自律。你越是做某件事，能为这件事做的就越多，并且会做得更好。
>
> ——理查德·特纳

纳尔逊·德利斯：在危机中保持清醒

从小到大，纳尔逊·德利斯这位记忆冠军的记性并不出众。他对于数学或数字并不精通。用他自己的话说，他只是一个平凡的孩子。但是在祖母诊断出阿尔茨海默病之后，德利斯却对记忆着了迷，他尤其喜欢钻研美国记忆冠军赛的优胜者们用来记住大量信息的技巧。

他从一副纸牌开始锻炼自己的记性。他不是特纳那样超自然的纸牌高手，起初要很费劲才能记住一副牌的顺序。但后来，通过记忆增强的技巧和不断练习，他记住一副牌的时间压缩到了 20 分钟，接着是 15 分钟。他练得越来越快，最后只用 40 秒就能全部记住了。

德利斯不是天生的记忆冠军，小时候并没有什么记忆方面的壮举预示他将来的聪慧。他的成就全靠练习。他围绕练习养成的习惯，后来证明是一种可以迁移的技能——他在 2021 年攀登珠穆朗玛峰、第四次冲击峰顶时遭遇险境，最后是极度的专注救了他一命。

那个季节的珠穆朗玛峰条件严酷，除了天气格外糟糕，还连着刮了两场龙卷风，对新冠病毒的担忧也使登山队伍备感紧张。队伍看准一个狭窄的天气窗口朝峰顶迈进，德利斯攀上约 8300 米的高度，进入了登山者所说的“死亡地带”，这里的氧气含量很低，已经不足以维持人类生命。就在这时，他感到筋疲力尽，决心下山。“我不想到更高的地方再成为队友的累赘。”他说，“那是艰难的决定，但也是正确的。”

在那个高度，呼吸本身就是一件难事，何况缺氧还会影响大脑，造成意识混乱，无法判断形势，一些登山者就是因此丧命的。德利斯能保持清醒的头脑、下定返回的决心，着实令人佩服，尤其是他还在训练准备、旅途和开销上投入良多，情感上也抱持这次一定成功的渴望。

当其他人继续向前时，德利斯在营地里等候他们下山。我问他，在高海拔处是否试验过记住新信息或是回忆旧事。

“身为记忆冠军，我总是随身带一副纸牌，尤其是那些我知道会有大段休息时间的旅行。那次真意外，即使在死亡地带，我还是能借助记忆技巧，在一分钟内记住一副纸牌的顺序。”他说，“很不可思议，对吧？”

无论是记忆比赛还是登山，他都始终能维持如此强大的专注，那么他是否觉得自己天生就能开展高效思考？

“我向来喜欢尝试新的活动，无论是身体上的还是精神上的，我从小时就这样。赢得美国记忆冠军赛后，我心想如果能训练得再刻苦些、再推自己一把，我就能达到更高的层次。这个念头开始注入了我生活的其他方面。于是我后来做的许多事情，无论是关于记忆的、关于登山的、关于健身的或随便关于什么的，我都会向着高层次进发，总是为目的所驱动。”

十年后，德利斯有了家庭、自己开办了公司，也许并不意外，这时的他，同样在目的的驱动下，鼓起了过好这一段人生的干劲儿，将重心转到了家庭和公司这两份新的责任上面。“从前，我总认为自己可以全身心地投入某一件事，沉浸在里头，努力做出成果。”他说，“但现在我不再这么盲目、这么无忧无虑了。面对有限的时间和资源，要取得成果，我就必须非常谨慎而果断地决定对什么事情投入时间。”

至于珠穆朗玛峰，这一挑战始终留在他心里。他在十年中四次尝试登顶，其中第一次攀到了据峰顶垂直距离约 50 米的地方，这项挑战始终有力地维持着他的动机。虽然每一次攀登都因为不同原因而停止，但是每一次停止的决定，都需要他在最坏的条件下保持冷静理智，做出明智的选择。他说，是他的记忆练习和记忆技能“在山上为我保住了命”。具体地说，是记忆练习中的觉照因素使他的心灵始终投入，帮助他在极端危险面前，头脑清醒地做出决策。

克里斯 · 哈德菲尔德：为意外情况练习

练习不仅能磨砺我们的认知过程，也能锐化我们的直觉——当克里斯·哈德菲尔德需要将他的导航技能用于航天时，他发现这是一项宝贵的长处。

在成为宇航员和国际空间站的指挥官之前，他是一名速降滑雪运动员。在比赛当天，为了调整比赛场地在心中的印象，他会沿着反方向在赛道上走一遍，从终点门开始，逆着雪坡往上。“我想把赛道上的细微处都记下来，和我心中的地图做一个比较——我要竭尽所能在头脑中绘出一幅清晰的画面。”他说。他后来进行了太空行走，还在空间站上生活、工作了五个月，出发前也用同样的方式练习了观想。

他表示，人类的本能演化出来，并不是为了服务一名太空探索者或战斗机飞行员。“想要掌握那套技能，你必须刻意改变你的本能，这样才能在没有时间做出完整分析的时候，抓住成功的机会。而要发展出一套完整的技术本能，唯一的办法就是认清你的目标，要在学习和工作中理解所有的变数。”接着再像他在雪道上做的那样，“刻苦地用功，在越来越真实的环境中，一遍一遍又一遍地练习”。

对普通人来说，更加贴合生活的练习能强化你与他人交往的技能。作为一个努力将新鲜能量注入练习的人，我从其他人的故事中得到了很多启发，他们凭着创意和刻意练习闯过了各自的难关。他们的练习也不全是为了在竞争中占优，我的一位同行那样做纯粹是为了搞笑。

传染病学家斯蒂芬妮·斯特拉斯迪在推特人送绰号“超级细菌杀手”。这位加州大学圣迭戈分校医学院的全球卫生科学教授兼副院长，并不太能领会这个绰号中的幽默意味。十几岁时，斯特拉斯迪发现自己无法理解幽默中的微妙之处。她对每一件事都只做字面理解，无论是广告牌上的文字还是别人的调侃。她记得有一次看见一张彩票广告上印着“Retire a Millionaire!”（作为百万富翁退休），不禁沉思起来：为什么有人想要让百万富翁退休呢？她后来明白，是自己误解了这条信息。

多年以后，已经成就一番事业的她认识到，她的大脑看待事物的方式不同于大多数人，这是她作为科学家的一项长处。可是，她依然捕捉不到幽默的线索，看到别人对社交生活的这一方面如此享受，她再也不想落后了。她渐渐意识到，这个令人沮丧的落差可能是神经性的，或许可以归结为一个神经上非典型的大脑。她认为自己就长了这样一个大脑，她还在对高功能自闭症患者的描述中见过。不过，她敏锐的分析才能是她的一大优势，她明白开展分析是她最有效的学习方法，她决定运用这项技能来提高幽默这一社会智力的独特方面。她研读了加里·拉森的漫画书《另一边》（*The Far Side*），拆解其中的幽默元素，对它们加以分析解码。她开始在演讲中融入漫画元素，并像任何人学习新事物一样形成自己的幽默风格：靠学习、优秀的指导（导师是她丈夫，他擅长苦涩反讽的幽默）和不断练习。那真的管用，她大笑一声对我说道，但那也耗费了许多时间和大量练习。“我学会了不向别人解释我的笑话。一个笑话需要解释，就说明它多半不好笑了。”

经过刻意练习，她能够有意识地融入周遭的幽默氛围了，解码的过程也变得越来越快。如今，她的幽默感已经大有进步，用她丈夫的话说，“有股书呆子气，但挺可爱”。她还在调整。一位朋友向她指出，她听到笑话有两种截然不同的笑声：一种是捧腹大笑，表示她“听懂了”；另一种是空洞的笑，通常比别人迟几秒钟，那是她意识到她没听懂，但其他人都懂了。她说她现在会留意没听懂的地方并记在心里。“先把它藏进脑子里的一个盒子，有空了再分析，然后调整算法。”

练习能让你的大脑长出肌肉。[3]

——萨姆·斯尼德，高尔夫传奇球手，
美巡赛获奖最多纪录保持者

琼·迪克：练出一个肌肉发达的大脑

无论你靠练习达到了什么健康目标或者生活方式的目标，你都会明白一个道理：练习也等于把你的大脑带去健身房锻炼了一回。琼·迪克是一位预防心理学家、作家和演说家，专门帮父母、教师和儿童理解大脑的工作方式，好让他们更有效、更快乐地使用大脑，她说："我很喜欢这个大脑长出肌肉的比喻。"[4] 在大脑中，神经"套路"的重复，也就是花时间重复一项特定任务，会改变所有用到的神经元的化学反应。作为一种建立强化的技巧，重复能够刺激树突（神经元如树枝般分叉的末端）的生长，为它们建立新的联结并巩固已有联结，由此帮助大脑长出"肌肉"。

稳定的练习能降低开始和执行一项任务所需的启动能量，因为练习后的大脑不必再从头建立新的联结了。之前的一轮轮练习已经积累了任务所需的神经化学物质，使大脑可以更轻易地上手，也做得更快。

迪克指出，练习有一系列作用，包括留下容易追踪的化学痕迹、帮树突生长和降低启动所需的电力，"最后的结果是，你在小提琴上拉出一首复杂的莫扎特的乐曲仍需要耗费许多能量，但绝对不像十年前那样吃力了"。

如果说，练习在创造节能脑回路方面的功能，听起来简直和LEB（就是我们希望用觉照工具摆脱的低能态脑的状态）差不多，那是因为它也用到了那条让大脑跳过刻板细节的回路。如何使用这一快进功能取决于你：你是会开启自动飞行模式钝化自己的思考，还是用练习来解放脑力并振奋大脑，让它投入更有创意或更有难度的工作？

有时，练习会使我们认识到，自己对某件事情的能力或者动机，毕竟是有极限的。比如我很喜欢跑步，但是再怎么练习，我也不可能变成奥运会的赛跑选手。又比如我多年来一直很希望好好练习冥想，但我更多是走马观花，从未真正投入过练习。我始终缺乏认真的动力，直到一个强烈的动机开始发挥作用——我想在家人面前更加专注和投入。

动机很关键。我们认为什么东西重要，我们如何思考一个目标或者意向，这些都真的会触动我们。动机给人注入能量，是我们和世界、和彼此互动的一个基本元素。作为推动练习的一个觉照性因素，动机还会降低启动能量，敦促我们快快行动，并持续刷新我们练习的决心。

拆开来练！试试次数更多、时间更短的练习

当亚利桑那州立大学的音乐教授和神经科学家莫莉·盖布里安考虑如何向学生们传授中提琴技法时，她对一个问题产生了兴趣：在创建新的突触联结方面，练习的作用是什么？因为历史方面的有趣原因，过去几百年来，中提琴在乐曲中一直给体积较小、音调较高的小提琴做副手。但到 20 世纪，随着中提琴在弦乐四重奏和更为现代的曲式中发挥作用，它的地位也升高了，然而中提琴的教材，包括练习曲、音阶和无调性技术，却并没有跟上需求。

“可惜的是，当一位提琴手完成他的全部音乐教育，他可能还未演奏过一首创作于 1900 年之后的乐曲。”盖布里安在莱斯大学的博士论文中写道。[5] 她要读者想象一名音乐学生，他从幼年起就一直练习传统的音阶、节奏和调性，现在却忽然要演奏现代音乐了，那些传统套路在其中很少或干脆没有。“由于深刻的肌肉记忆，脱离了大调 / 小调框架的音阶会显得尤其艰难，因为演奏者要一边压制对调性音阶的自动肌肉记忆，一边又要准确奏出作曲家写下的乐句。”她表示，后调性的现代音乐是一种截然不同的音乐语言，乐器演奏家必须

从头学起。

这个问题是盖布里安神经科学研究的焦点。音乐家往往会一天花四五个小时练习技巧和乐曲。但是盖布里安指出，和普通人一样，音乐家当中也没有几个明白如何最有效地练习。“大脑最高效的学习方法往往相当违背直觉。”她告诉我们，“音乐家常常认为需要用整块的时间练习，要非常非常刻苦。比如你有一小时的空闲，你就在这个小时内只做一件事情。但其实这不是最高效的学习方式。”

在练习时长方面，盖布里安指出，较好的做法是多次的短时练习，比如早晨练 15 分钟，中午练 15 分钟，晚上再练 15 分钟。这是因为练习固然会刺激大脑建立新的或更牢固的突触联结，但并非发生在练习期间。“学习发生在练习的间歇。”她说，“大脑学东西要经历物理变化，这种变化就是对信息的留存。要让大脑完成这样的重构，你就不能同时还在用它。”

研究指出，大脑只要一个小时就能建立联结，启动留存过程。上了一堂课后再用练习巩固所学（指法、运弓、记忆乐曲），就能把课上的内容固定下来。久而久之，随着更多神经元建立更多联结，曾经艰难的动作也能不假思索地做出了。

新近的研究显示，练习一项技能还有助于制造髓鞘，这种物质在脑中的不同电路之间起到绝缘作用。髓鞘变厚有助于建立一种电力高速公路，进而增进对技能的保存。

有一个练习阶段被称为“过度学习”，也就是过于勤奋地训练，超过了掌握一项技能的限度。这时你的表现或许已经不再进步，但继续练习高难度技能仍能稳定你的发挥。然而研究也发现，有时候过度学习的效力太强，反而阻碍了进一步学习。旧的技能要完全吸收沉淀，才能掌握新的技能。迪克还指出了与之平行的一个缺点，它可能来自过度的专业化和练习，特别是在童年和青少年的大脑发育阶段。“要警惕在某项任务上投入过量的时间，因为这会冷落你没有投入时间的脑区。”她说，“一旦你开始大量练习，一旦你创造了更多的树突、更低的电容以及化学印记，大脑就会变得固执。它只想做简单的事情，不愿再接受挫折和努力的感觉了。”而挫折和努力正是其他事情所需要的，比如社会发育和情绪发育。

盖布里安表示，在练习中不时中断，尤其在新技巧的学习中如此，还能给大脑造成惊吓效应，稍稍扰乱它对新输入的保留。“于是当你休息好了重新练习，大脑就会有更高的学习意愿。不过它也有了稍稍忘记一些内容的机会。重新练习能给它提醒，并帮它巩固之前所学。”盖布里安说。

休息能促使大脑在过去和现在之间连线。这一点我们已经对生活中的一切做了试验，换言之，我们已经为大多数事物降低启动能量了。现在我们只要记住是哪些点，再把它们连起来就是了。我们往往只需要一次关于可能性的快速提示，帮助我们拾起线头。

我喜欢把练习看作一件工具，它能运用我们正在开发的技能，替我们培养信心、精确度和直觉。我们一路上使用的神经反馈回路为我们建立自信，使我们不断扩大自己的技能套装。因此练习不仅能扩展特定的能力，还能开辟一整片可能性的宇宙，你从哪里开始都不打紧。从体育、音乐到兴趣爱好，甚至到社会互动或者与大地重建联结，专心练习能培育一切事物的演化。

坚持的乐趣

纳尔逊·德利斯描述了三种令他热心练习记忆力的动机。“我之所以能不断练习，是因为我有一股达成某些目标的急切渴望。”他说。那目标可以是达到某个数字，或者打破别人保持的纪录。“当我离那个数字越近，我就越开心。这种感觉就是我每天反复练习的原因。”

另一个激励他的因素是数据。他在每次练习之后都会追查数据，他靠这个发现自己的进步，并分析有哪些因素他可以调整并做得更好。他会记下自己的分数、一天中练习的时间，以及任何可能影响了他的表现（无论好坏）的外部因素。“每天把这些数据在眼前过一遍，有助于提醒我从一开始到现在取得了多少进步。”他说。最后一点是他所谓的“自我问责”。“看着我每天的数据，就像看着一张打满了叉的日历，这些叉表示我持续练习不中断的天数。我上瘾似的保持着这个不间断的纪录。在练习中漏掉一天更像是我要避免的事情，而不是促使我练习的动力。”

任何使你振奋的东西都可以成为练习的乐趣，至少你的大脑会这么记录它。就像迪克所说，有一些证据表明，当你发挥一项技能，或者在一件事情的练习中进步时，大脑会分泌多巴胺和血清素，这进而会影响你的情绪系统，使你感觉良好。所谓的“跑步兴奋”是一件难以捉摸的奖品，许多人甚至状态最佳的运动员，都从来没体验过它。但我们不必追求这个，理解练习时你对大脑所做的事，或许才是更加有趣、可靠且长久的奖赏。你在练习中编织的积极感受越多（比如领会递增的进步和脑中的变化），就越能用练习引发那些令你感觉良好的回报，并加强继续练习的动机。研究显示，恋爱也能使这些神经化学物质产生相似的涌动，那么何不爱上练习，更好地享受它呢？

多年来，我一直在强迫自己对各种技能练习、练习、再练习，要充分领略其中的乐趣并不容易。我原以为找到跑步的兴奋点就是我追求的动因，是迪克纠正了我——当我砸伤手指时，我才发现她是对的。有一次，我和儿子一起玩橄榄球，在抛球时，我的左手小指粉碎性骨折，不得不绑上了夹板。但那是多么幸运的一次休息！幸好不必接受手术，于是我像往常一样，迷上了伤势愈合并康复的过程。从生物学角度看，骨再生和一连串其他愈合过程是细致、复杂而缓慢的。

如果在显微镜下观察，愈合行为更会令人惊叹，只是单凭肉眼什么也看不到。对于身体的愈合，我们的观察窗口竟仍是那样传统：只能通过看和感觉。

我的小指接受了物理治疗和作业治疗，内容是每天锻炼，以缓慢恢复它的力量和灵活性，一毫米一毫米地增加它的运动范围。我的理疗师向我示范了准确的动作，要我一遍遍地重复。

我渐渐理解了康复这个环节，甚至开始享受它。我很兴奋能有事情可做、能照着医嘱练习，还能看见和感觉到身体的进步。我知道，如果我不努力恢复运动功能，将来的行动就会受到限制，这一点越发激励了我。看见小指又多移动了一毫米，我就感到满足！

如果以前有人告诉我，有一天我会因为这样渺小的进步而激动、全部心思都集中在一根小指头上，我一定会报以大笑。然而事情就这么发生了。我的小指不断恢复，这就是我的回报；没有令人亢奋的高潮，只有些微的进步：我得到了一根灵活柔韧的小指和一个更加健壮的脑子。

有时候，强迫练习带来回报的是对于耐心的练习——对我们自己的耐心，还有对事情发展过程的耐心。回顾人生，你或许会想起自己的一段精彩往事，而我想到的是念中学时作为“最不可能”的成员加入学校田径队的经历。我从来不是一个擅长运动的孩子，反而常常在课间休息和放学后被运动队挑剩下。但是在中学时，我仍然主动加入了铁饼、标枪和铅球项目。我并不是一个很有前途的选手，但我很喜欢掷铁饼：身体旋转，在投掷圈内，以一定的角度掷出铁饼，感觉它从指尖飞出。主办铁饼赛事的是艺术老师韦德先生，他在儿时也掷过铁饼，当我向他求助时，他答应教我一些投掷技巧。

我是那种从来不能一次学会的人，甚至学到第十次也未必行。我需要一遍遍地观察才能将内容印进脑子。但是韦德先生对我很有耐心，多年后回想，我明白他其实也是在教我如何对自己有耐心、专注于练习的过程。我当时惊喜地发现，随着每次细微调整，我竟能看到自己的进步了，大赛举行的那天，我排到了全校第二名，获得了到市里参加田径赛的资格，接着我又以个人最好成绩，拿到了全市第三。我高兴坏了，但我学到的最重要的一件事，也是我终身受益的一课，是要信任练习的过程。比如我最近了解到，在一种特定的学习方式，即强化学习中获得的正向刺激，是练习使人感觉良好的原因。我还了解到，习惯的形成主要取决于环境而非目标。[6]你在一个行为的练习中获得越多积极指引（包括多巴胺的奖赏），你就会练得越勤，你练习的行为也越容易变成习惯。比如，人类先祖的生存需要找到有食物的环境，食物又会刺激身体产生多巴胺。于是我学会了创造新的习惯来提高产量，在工作环境中刺激多巴胺。

在我们的人生中，就像鲁道夫·坦齐指出的那样，既有墨守成规的舒适和练习带来的乐趣，又有新事物引起的兴奋感，坦齐自己在科学和音乐的世界里把两样都找到了。我们也可以积极地练习二者，特别是如果我们能将练习看作一条连续谱上的一段——它不是静态的苦功，也未必受到目标的强烈引导，它是一条道路，通向本身就令人快慰的事物。

帕布罗·卡萨尔斯或许是史上最伟大的大提琴家，4 岁时就能用四种乐器演奏音乐，80 岁时有人问他，为什么每天还要练 4 小时的琴，他说："因为我觉得自己仍在进步。"[7]

改掉旧习惯、养成新习惯是一种创造性举动，因为我们可以选择对我们最有效的行为，选择我们自己的练习路径，并选择坚持下去。想想蚂蚁，它们表面上只有机械式的坚持，但其实它们的选择变化无常。科学家兼教育家查尔斯·亨利·特纳因为对昆虫行为的开创性研究而闻名，他在 1907 年发表了一篇论文《蚂蚁的归巢：对蚂蚁行为的一项实验研究》（The Homing of Ants: An Experimental Study of Ant Behavior）。[8]特纳在文中描述了一项实验，他在其中使用了一个小障碍物——一块名叫“移片铲”的斜坡，将它放在蚂蚁平常整理巢穴的必经之路上。根据当时的科学假设，不同的蚂蚁应该会做出完全一致的反应，特纳却发现并非如此。“我挑选了来自同一蚁群的两只个体，在同一时间、相同的外部条件下投入实验，结果面对同样的刺激，它们却做出了截然不同的反应。对其中一只，这块斜坡没有任何‘心灵价值’；对另外一只，斜坡却刺激它围着斜坡来回穿梭。对第一只，移片铲是一项引起厌恶的刺激，对第二只却是迷人的刺激。在这项实验之前，两只蚂蚁曾经为达到同一目的学会不同的做法，并且保存和应用了自己从经验中养成的习惯。”蚂蚁绝不是机械式的。另外，它们似乎还在一个选择中投注了超越其他选择的“心灵价值”。

特纳接着思考了蚂蚁身上习惯（以及坚持）的力量，还有我们人类身上的这两股力量：“蚂蚁不仅会将养成的习惯保存至少几个小时，而且习惯一旦养成就很难打破。我好几次开展实验旨在打破蚂蚁的习惯，但常常以失败告终，我的耐心比不上蚂蚁的坚持；也有几次，我凭耐心坚持取得了胜利。”

- 庆祝一路上的目标和成绩 -

要在练习中积累能量，就必须深刻了解我们可能尝试的每一个步骤，以此推进或发展我们希望成就的目标。几年前，我受到杰西卡灵活柔软身体的鼓舞，想验证一下自己是否也有相似的潜力。于是在好奇心的指引下，每隔几天我就试着弯腰触摸我的脚趾。我将双手尽量向下伸展，然后迅速数到 30。接着我再从 30 数到 1。一开始，我几乎连膝盖都摸不到。但我坚持练习这个简单的动作，每天一次，后来在等待微波炉加热食物的时候，我都能轻易摸到膝盖了。我摸到的部位越来越低，练习时也越来越简单了。两个月后，我终于摸到了脚趾。那感觉真棒！那以后我成天想着往下探一探。虽然达成目标让我很开心，但我印象最深的不是我新开发出的柔韧性，而是这样简单的一件事竟能激发出我的想象和决心。这感觉很棒。（接下来的年度体检，医生还宣布我长高了约 1.3 厘米！）

研究指出，动机能增强大脑对任何事物的反应。动机能降低启动能量，提升整体能量，由此增加你努力的回报。健壮的大脑也会变成更快乐的大脑。试试用下面的觉照手段来加强动机吧。[9]

- **把练习推向社会。**如果独自练习使你畏惧，那就利用你的“社交大脑”来增加动机和奖赏。我们本就是社会动物。不妨找一个朋友或群体来共同练习。这能在你的日程表上落实第一次练习，把启动能量降低，剩下的就顺理成章了。当周围人的能量和态度与你契合时，就能带给你积极、支持和鼓励。如果你喜欢竞争的氛围或军队教官式的方法，那就找一群或一个那样的人来激励自己。如果你觉得在练习中陷入了刻板乏味，那就去交往技能更高的人或者改变工作环境，这两样都能让你恢复斗志。现在有各种实体的共享办公空间，网上也有共享办公室，你可以去那里结交陌生人，迅速交流各自在接下来一两个小时的目标，然后埋头工作，结束后再会面讨论各自的成绩。

- 用鼓舞点燃动机。在媒体上吸收别人的鼓舞和洞见。关于音乐家、艺术家和运动员的纪录片常会展示他们的练习过程，见证那份热情和坚持也能为你注入能量。纪录片《穿越撒哈拉》跟拍了三名男子长跑 4300 多英里（约 6920 公里）穿越撒哈拉沙漠，去为一项非洲净水倡议发动民众（还有筹款）的故事，它使得我对自己每天面对的难题有了全新的看法。[10] 我没想到这部片子能使我浑身充满力量，因为我看到了人类的潜能，也看到我自己还能走得更远、有更多潜力可以发掘。他人的鼓舞是觉照能量传输的优秀示范。

- 找到面向未来的自信，为联结和影响注入能量。前方等待我们的是无穷的潜能、欢乐、解放和满足，但它们又常常那样遥不可及，直到我们迈出第一步。向着长期目标迈进还会带来其他奖赏，比如我们会和他人建立联结，会自信地发现，我们能为自己、为社群做出有益的事。开发技能的同时，我们也会发现自己能够指导别人，能运用能量传输的觉照原则来加强他们和我们自己的努力。这一协同作用会使我们越发自信地觉得，我们能在练习中开发出一种新的或别样的技能。

- 摆脱僵化的期许，体会练习的快乐。我们一般认为，练习是为了掌握技能，但有时候，我们也会毫无必要地只重视表现而轻视过程带来的快乐。当我们一家搬到一座公共高尔夫球场附近时，我决心提升自己的球技——不能再找借口了！于是我勤奋地练习，但很快我就感到了沮丧和徒然。为了恢复兴趣，我上网观看教学视频，专门研究了挥杆的各个环节，然后到练习场上去实践。当我一周周地调整关注的焦点，我立刻感到我的挥杆和情绪都有了不同。打球又变得好玩了。现在我练的是怎么不打高尔夫球，好让自己专心与家人相处，并开发其他技能。我们必须重塑对练习的自我期许，要在练习中体现变化的优先事项和兴趣，并掌控随之而来的挑战和释放。

- **用群体势能增强自己的势能。**群体练习能推高你的限度，使你感到自己融入一股更大的力量。我和杰西卡参加了一个非洲鼓课程，和别人一起围坐着打鼓。我们的老师艾伦·陶伯说，大家只要出席、放松、演奏就行了。奇妙的是，他指导我们打出复杂的乐曲，是我们报名的时候绝对想象不到的。我们一起从头学起，无论起初有多少缺点，随着各自的调整，鼓声很快就动听起来。即使你不能敲对所有音符，也能敲对许多，你还能听见自己的鼓声和大家的汇成了谐音。我们每次下课总会带走惊喜——原来真的只要出席就行了！

- **在练习中体味心灵的平静。**一段时间的练习有助于抑制心灵中散漫或者想做些什么的本性——那些忧愁和焦虑的情绪、非得做成什么的欲望或者其他在一天中冒出来纠缠我们的念头，都会平静一些。练习可以是冥想式的，比如叠好干净的衣服，或者清洗碗碟。将注意力集中在动作的重复上，不要去想其他。

第八章

做新的事，做不一样的事：把意外和机缘请进来

探索差别和新意，创造新的可能

“

你需要变化，不然你就会丧失做新事情的能量。

——鲁道夫·坦齐，哈佛大学医学院神经科学家，

阿尔茨海默病研究领导者

就连梭罗也会离开瓦尔登湖。在用两年时间漫游乡间、沿着那条“少有人走的路”发现新的创意和精神境界之后，梭罗意识到，昔日的新鲜道路终于变成了思想的老套。“我离开森林的理由，就是当初我走进森林的理由。”他在《瓦尔登湖》的结尾写道。[1] 这理由就是做点不一样的事。他说重复的老路难免使人麻木，即便那路是自己选的。他最后表示：“说来真是感慨，我们竟会那么容易而盲目地陷入旧径，自己创造一条陈迹出来。”

如今，最先进的神经影像研究不仅揭示了梭罗曾经哀叹的陈套效应，也指出了更加鼓舞人心的发现：新鲜、异常或者出人意料的刺激，反过来可以振奋大脑。面对这些刺激，大脑会开辟新的神经通路，不仅促使我们学习技能（就像我们在说到体育运动或掌握技术时想到的那样），还会提高我们的创造性。2022 年的一项研究调查了“创意杰出”（或者叫“超创”）的视觉艺术家和科学家，并拉来一个“聪明人构成的对照组”做比较，研究者阿里安娜·安德森与合作者在结论中写道：“超创者的创意，更多是来自‘随机’而非‘高效’

的全局网络功能架构。[2]这种更为随机的联结，或许在大多时候都较为低效，但是有了这一架构，他们的大脑活动才能走上一条‘少有人走的路’，并形成新异的联结。”

练习会扩大并深化这种成长，就像我们前面看到的那样，但是首先，学习新东西才是这里的觉照因素。当我们以某种方式学习，我们也是在脑中开路或者“铺路”。还是这个比喻：如果是在硬质路面上学的驾驶，要在砾石路面上开车就会很难，因为驾车时运用的策略，都是最初在硬质路面上学会的。我们必须开发新的突触联结并加以练习，使自己的驾车风格适应不一样的路面。练习中涉及的新颖和动机会点亮大脑，帮我们降低启动能量。

反过来说，熟悉造就的未必是鄙视，而是自大和盲点，至少它会在大脑的视觉认知中造就注意力的盲点。这一知觉现象称为“特罗克斯勒效应”，是根据多才多艺的瑞士医生伊格纳茨·保罗·维塔尔·特罗克斯勒命名的，他曾通过几种视错觉指出，大脑的注意力会对边缘视觉中的特定物体和颜色涣散，并对新鲜的对象集中。[3]某些东西对我们来说越是眼熟，其静止画面就越容易从我们的视野中消失。这种习惯化体现了脑神经追求效率的功能，它让我在大学自习室中忽略电视机和弹子机，却又不至于忽略 20 世纪 90 年代中期才出现的电子邮件通知。几年后，我意识到新鲜刺激中含有觉照工具的力量，我们可以有意向地加以运用。

在一个复杂且成熟的世界里，当专长被认作成功的必需，那些最杰出的发明，却往往来自偶然的相遇，是有人带着初学者的心态走入新环境的产物。无论在工作中还是在家里，当每个人都指望你继续做最拿手的事时，你反而要刻意走开一步，做点新鲜的事。要给自己创造一点意外。对未知环境做出响应的神经化学物质，不仅会激活你的神经网络，还会因为你的行为创造的涟漪效应，打开其他可能。

格雷丝·卡奇曼的多种兴趣概括体现了人如何在新鲜的边缘生

活：她学习新的东西，用新的方式探索兴趣，还用新的工作展示她全速冲向新机会的急切心情。

卡奇曼是 2009 年加入我们实验室的，她前一年曾在我们这里实习，之后在新加坡南洋理工大学获得化学和生物医药工程的本科学位，接着又回到波士顿。她来我们这儿是为了攻读本学科的博士学位，在实验室的五年里，她成为干细胞生物学和工程专家，尤其精通干细胞疗法。

但最终吸引她注意力的，却是一天遇到一名肌营养不良（MD）患者时对方说的一句话，这和她原来的实验室研究毫无关系——只是我们有一门课程要求她走出实验室，到真实的世界里去。

“我的研究项目里有一个机会，最长可以去临床环境里待三个月，在那里和医生、病人交谈，理解真实世界中的课题。”卡奇曼说，“我很喜欢问病人一个问题，‘你最怀念健康生活的哪个方面？’”当她向一名 MD 患者提出这个问题时，那个女病人告诉她今天早晨穿衣服就用了一个小时。“她怀念的是自己在日常小事上的独立性，比如自己穿衣服。”卡奇曼说。

这句话使卡奇曼心有戚戚，原因有两个。一是她小的时候，家里有个姐姐接受了十多次修复兔唇的矫正手术。最后一次手术安排在她 18 岁时，是美容性质的，目的是修复她不对称的鼻子。“她谢绝了，她说这就是她的鼻子，她接受了。”卡奇曼说，“她那种对于容貌的自信对我启发很大。还有在她更小的时候，有人告诉她在人生中必须努力，因为‘她的样子不好’。我因此了解了外表会在人的一生中产生重大影响。”她接着说道：“我小时候的理想是为电影和电视剧设计服饰。我很向往能通过服装改变人，并创造新的叙事。”

听到病人这么回答，卡奇曼萌生了一个念头、一个在她的职业道路上全新的创想。她说：“我想要设计出一种服装，既漂亮，又让残疾人容易穿着。”那么难点在哪儿？“我接受的是标准的科学教育，在设计方面的基础为零。”

于是，卡奇曼将她解决问题的技能用到了服装设计的学习上，尤其是如何为行动受限或身体与众不同的人设计出漂亮的衣服。她找到一个朋友，两人开发了一个教育项目，招收了设计者、工程师、作业治疗师和残疾人，让大家共同创造出一个穿衣方案。这个名为“开放风格实验室”（Open Style Lab）的非营利性机构于2014年成立，此后每年举办研究、设计和开发活动。如今它已经纳入了帕森斯设计学院的课程，其他学术机构也开始仿效它。

“开放风格实验室给了我很重要的一样东西，那就是投入全新领域，并且一步步把事情弄明白的自信。”卡奇曼说。她在退出实验室后陆续做了麻省理工学院讲师、风险投资者、生物科技分析员和科研主管，眼下在瑞士从事生物科技顾问工作。“我就是喜欢尝试新鲜事物。”

不是所有人都准备在陌生领域开创新事业，但我们大家确实有一个共性：新的经历、人、观念和物理障碍会刺激我们的大脑，一个突触一个突触地播撒可能性的网络。新的体验使我们感受到觉照。我们可以从这里开始迈出步子。

我很感佩诺贝尔奖得主、遗传学家菲利普·夏普，因为他会有目的地和陌生人会面，倾听他们的新鲜看法，不仅在科学上如此，也包括一般性事务。由于太多人想吸引他的注意力，他想出了一个为双方珍惜时间的法子。他将会面的请求分成两类，并视两者同等重要：第一类关乎长期投入；第二类关乎各种机会，让他能“跳出常规”，挤出时间来和新人见面交往，或者体验新事物。他的忠告是：“要避免老套，要利用时间来了解新领域、新观点。这一点非常紧要，必须把它写到你的日程里去。”

鲁道夫·坦齐指出，日常习惯中的多样性很有价值。你在处理熟悉的流程时，你的大脑会一遍遍激发同样的网络，因为你已经了解它们。这些神经网络包含了你的习惯、模式和好恶，这些都是在时间中慢慢建立的。但另一方面，它们也是潜在的障碍，会阻挡你达到觉照的心灵状态。学习和练习新东西会动用心理能量，也会制造心理能量。

“你必须明白，训练、重复和模式会创造秩序，它们就像一种结构，也像一幢房屋。”坦齐说，“每当你打破这个结构做些不一样的，都会在房屋内引入混沌和乱象。但这种变化也能使你保持清新，给予你能量。”

模式就是敌人，他说：“模式会创造秩序，但是秩序一轮轮重复，只会变得停滞腐坏。你需要变化，不然你就会丧失做新事情的能量。”

坦齐谈到，恐惧和渴望是推动所有人的两股原始驱力。我们会回避恐惧的东西，并被渴望的东西所吸引。坦齐表示，他自己就曾迎着恐惧走出舒适区，成就了一番事业，加上由此产生的积极体验，使他的心灵已经能够超越恐惧。我们的杏仁核仍会发出警报，但我们已经不必怀着恐惧响应它了。我们可以选择引导这股能量，将自己与积极的期许而不是与恐惧相连。

> 你必须去做那些你自认为做不了的事。[4]
>
> ——埃莉诺·罗斯福

比如卡奇曼就说，她在鼓起干劲尝试新事物时，不太会受到恐惧因素的干扰。她将这归结为选择性记忆、热情，以及在需要时求助于人的意愿。“我对生命中的消沉时刻记性很差。”她解释说，“我很难记住困顿的时刻，我想我是把那些时刻绕过去了。我的做法是确定自己迷失的领域，找到精通这个领域的专家，再请他们来帮我。”我们也可以用意向做到同样的事，即模拟一段糟糕记忆的光明面，具体来说，是开发一套技能，做到放下一些事情，不在脑海中固执于负面的想法或恐惧，对这些想法认清之后就放下，就像是开车旅行，途中在许多地方停留，却不把任何一处视作终点。这种对超脱的练习能降低启动能量，使你更容易去做新的、可能令人胆怯的事情。

坦齐表示，虽然他喜欢求新求变，但做到这一点并不总是容易的。每当他感到一阵焦虑袭来时，他总会当即开始一种简单的冥想，闭上眼睛，一心呼吸，这使他能专注于自己的目的。这种积极回报会消除阻力。这么做能使大脑成为你的盟友，神经可塑性会通过更改大脑的结构和网络，使之适应新的需求——神经元会成长并联结起来应对新的需求，同时剪掉过去那些不用的模式。

要试验不同的策略，从中找出能帮你超脱恐惧、尝试新事物的工具。有一件我常常使用的工具是不对局势做过多思考；要给长于分析的大脑放一个假，让直觉来引导自己。我尽量不让过去的经历阻碍自己，也不让它们使我对新的体验产生偏见而不去尝试。其他工具包括：

- 试着找出恐惧的根源，确定恐惧是否真有用处。
- 练习对局面的失控淡然处之，使得不确定性因素本身不会引发恐惧。我们思维中的模式常常会令不适的念头应验，赋予它们否决行动的权力，这实质上是在放任不适感驱动我们的决策。例如，在一个不太受我们掌控的局面中，我们或许会纠结于一切出错的可能，由此决定不去投入或干脆退出。实际上，我们可以放任这些念头存在，只是不将它们看作决策的依据。
- 要质疑那些对你无益的想法或信念，不能听之任之。要问问自己，那个想法是否绝对成立：这真的对我不好吗？这会危害我吗？最坏的情况是什么？我能从这里头学到什么？我能获得什么真知灼见？其中会不会出现对我有帮助的东西？

对阻挠我们的那些想法发起质疑，能够开辟空间，释放能量，使我们展开一场内心的对话。坦齐推荐了一个简单的观想练习，可以为你更新基于大脑的技能，用于这项任务。要想中断或否决消极的思维模式，你可以先“打发言辞”——实际就是减少你投入言辞的能量和注意力。没有了言辞的误导，你就可以训练大脑切断消极思维了。换言之，我们可以训练大脑少做一些分析，更专心投入当下的完整体验。当我发现有无益的想法劫持了我时，我会当即或在事后检讨，自问为什么要在头脑中纠结，为什么要禁闭自己、限定自己，不去同外面的世界联结。我曾用毕生时间磨炼自己，只为能集中注意力、让大脑专心分析，但有时候，我们也必须有意向地中断分析，如果中断是对我们最有利的。

> 神经可塑性优于“心物二分法”。它体现了思想变成物质的过程，因为你的想法会创造新的神经生长。[5]
>
> ——迪帕克·乔普拉和鲁道夫·坦齐，《超脑零极限》

违背认知的常态

不是每个人都像卡奇曼一样，能够满怀热情地投入一个项目，或者像鲁道夫·坦齐一样，有一系列激动人心的选择，能时而分析深度数据的电子表格，时而在国会听证会上做证，时而到舞台上去和一支明星摇滚乐队一起弹琴。这没有关系。重点是要在当下做一些不一样的事。几乎任何事情，只要稍稍偏离熟悉的规范，就会唤醒你的大脑，一刹那压倒大脑对于变化的天然抗拒，并为神经元开创一个联网产生新鲜创意的机会。连最微小的变化也能点亮大脑，使可能性的引擎加速运转。就算简单的小事，比如用你的非惯用手写字，沿着另一条路步行，驾车前往熟悉的地点，和陌生人或平时与你擦肩而过的人交谈，都能激活你脑中的学习回路。即使你的目的不过如此，谈不上崇高或者戏剧性，只是为了健康地推动大脑这么简单，你的任务也完成了。让你的大脑违背常态会创造认知上的刺激，进而激发创意，而尝试新鲜或有风险的事物会触发多巴胺的产生，给你的努力以奖赏。[6]

别忘了乔·德·塞纳的锻炼忠告：要制造一些有针对性的逆境。你会发现，原来大脑也是喜欢好好练一练的。

我们平时考虑的往往是培养儿童的认知发育，并指望靠学校、教育玩具和各种活动来做这件事。然而即使我们年岁增长，大脑也会从新的活动中充分受益。当我们经历成人的发展阶段时，我们对于包含新潜能的体验会有不同的接纳方式，因为当大脑成熟、人到中年，大脑的两个半球会开始更密切地合作。老年精神病学的先锋吉恩·科恩说道："任何活动，只要能对双侧大脑做出最佳利用，都会被大脑细细品味，好比是大脑吃到了一块巧克力。这就像你获得了一种新的能力或者技能。"[7]

> 现在我100岁了，多亏有经验的积累，我的头脑比20岁时还要优秀。[8]
>
> ——丽塔·列维–蒙塔尔奇尼，
> 意大利神经病学家，诺贝尔奖得主

2014年的研究"突触计划"考察了持续参加某项活动对于老年人认知功能的影响，研究者发现，学习在认知上有难度的新技能（在研究中是指缝被子和数码摄影）并坚持练习（在研究中指至少3个月），能帮老年人增强记忆功能。[9]

在脑中，新事物的涟漪效应或者认知拉伸同样使人印象深刻。心理学家和作家琼·迪克告诉我们："大脑的各个部分，没有一个是独自工作的。比如当我去摁一个按钮，我不是只用了我的运动皮质，我也使用了从本体感受器接收信息的脑区。我还使用了我的视觉皮质和加工皮质。在任何时候，就连最简单的任务，也会动用脑中的10个、30个或40个不同区域。"

奥运会奖牌得主亚当·里彭表示，他之所以参加《与星共舞》节目，是因为这对他而言是一种拓展，而这正是他追求的体验。"作为竞技者，我发现当我将自己推出舒适区，我才真正感到了最大的活力，或者发挥出了最大的潜能。”他告诉我，“在《与星共舞》里我是个格格不入的角色，但它好就好在这里。这是一件不一样的事，是我从来没做过的事。”

“当你走出你的舒适区，你就对自己有了更多了解。”他说，“你会更了解自己如何应付不同的场合、应付不同的压力。所以我很高兴自己花时间参加了这个节目，虽说那也蛮疯狂的——我事先没想到会这样。但另一方面，那又很好玩，很有收获。”

通过让自己"陌生化"来转变观点

选择用新的视角看待事物会使你获得意外的新体验。诗人兼神学家帕德里克·奥·图阿玛反思了他最喜欢的俄语字，остранение（读作“ostraneniye”），译成英文的意思是“陌生化”。在艺术和文学中，这个字被用来描述这样一类作品：它们选用熟悉的题材，却通过非常陌生的形式呈现，以此冲撞我们的感官，激发新颖的观点。比如安迪·沃霍尔那幅金宝汤罐头的巨画，将这个尽人皆知的品牌变成了一件驰名艺术品；或者像乔治·奥威尔的小说《动物农庄》，这部描述黑暗政治的著作，将粗鄙的动物都塑造成了复杂的人类角色。而奥·图阿玛之所以欣赏陌生化，是因为它有助于我们用全新的眼光看待事物，比如当你在一间咖啡馆里或是一次航班上，和某个相识不久的人或干脆和一个陌生人悠闲地开始交谈。

“我希望在一场好的对话中有陌生因子的存在。”奥·图阿玛在一封介绍每周播客《存在论》的电子邮件中写道，“比如我听见的某句话，让我对对方的世界有了新的看法，也相应改变了我的行动。我希望在对话的片刻，我能以新的角度审视旧观念，让熟悉的对象变得不那么熟悉。”[10]

一些宇航员（最近还有进入地球轨道的名流）描述了一个类似的效应，即所谓“概观效应”，这是他们乘着火箭进入太空，隔着遥远的距离回望地球时产生的感受。而对于普通人，体验陌生化的一个简便对象近在眼前，就是你的拇指。古希腊人有一个概念叫“子整体”，用于形容一种觉悟，即某件事物既可以自成一体，又是另一件更大事物的关键组成部分。就比如，你可以望向你的拇指，眼里只有这根拇指，但你也可以将视野扩大，将这根拇指看作你手掌的一部分，进而将手掌看作你手臂的一部分，将手臂看作你身体的一部分，由此向外扩展。最终，你的视野会扩大到将你自身（或任何人）看作人类的一部分，或将某个物种看作分享这颗行星的所有生物的一部分。

琼·迪克就用这个拇指练习来教导儿童认识大脑：“‘子整体’这个概念非常重要，因为你一旦认为你看到了整体，某个事物的整体，你就会意识到你其实只看到了一个更大整体的一部分。一旦你的脑袋里有了这个认识，它就会改变你对于世间一切的看法。你眼中的轿车不再只是轿车，虫子或者别的东西也不一样了，因为这些东西一下都成了‘子整体’。”

重要的不仅是对惊奇保持开放和欢迎，必要时还得有意识地转换视角，将事物放到不同的脉络中考察，从而为自己创造惊奇的元素。或者只是更仔细地观察也行。新奇只会牵住你的注意力，细微的差别才会将注意力无限维持，因为我们以全新视角看待事物的能力是没有止境的。再往深里看一层，亲自发现事物如何向外和向内联结，会令旧事物展现新的面貌。

> 用细微差别来代替新鲜事物是专家常用的做法，那也是他们从不觉得无聊的原因。[11]
>
> ——安杰拉·达克沃思

在实验室里，这也是我们工作流程中的一个关键而激动人心的环节，而最能体现其特点的，大概就是每周三的报告演示了。

每周三，实验室中的某位成员都会对自己的项目做一个汇报。刚来实验室的成员汇报起来，往往和大部分年轻科学家相同：一张又一张地播放幻灯片，罗列他们的实验方法、数据和结果。这时我就会插进去，向他们提出对此项研究不熟悉的人会问的问题，比如“你怎么知道做这个实验就对呢？”“我们能了解什么最关键的信息？”以及“你的结果为什么重要？”我很喜欢的一个问题是本着参与精神问他们：“在已经发表的论文当中，别人做出的最好成果是什么？我们需要超越他们多少？”就是这个“既然……那么……”的问题，简简单单一句话，就能触发思考，让人挑战自己的结论。

面对我的提问，他们往往会先给出一个浅显的回答，比如“我们做这个实验是为了帮助病人”或“我们做这个实验是为了验证 X 或者 Y”。但在一番深究之后，他们就会挖开表层，到深处去寻找答案。这种讨论的真正目的是确保我们不会迷失深层的、高阶的目标：我们想了解的到底是什么？了解之后，又如何为病人和社会送去变化？在我们的实验室里，这股做点新鲜事的风气产生了激动人心的创意，它或者将传统做法颠倒过来，或者从完全不同的角度接近问题。这里举两个最近的例子。

用一种鼻喷剂在鼻腔内形成一层保护膜，用来捕捉并杀死病毒和细菌。当新冠来袭时，我们对实验室做了重新部署，竭尽所能参与抗疫。我们的注意力被一篇论文吸引了，它描述了病毒如何在鼻腔上皮细胞，也就是鼻黏膜中繁衍。这时我们已经开展了几项初步实验，想发明一种鼻喷剂，通过上皮质输送药物，但这篇论文提供了一个新的语境，使我们看到了将剧本翻转过来重写的可能：之前是将鼻黏膜用作送药管道，现在我们重新把它想象成了一层保护屏障，我们发明了一种长效保护膜，它能限制鼻腔对病原体的接触，还能迅速杀死病原体。

一种注入式胶体，它能有针对性地输送，并在特定时间释放止痛药物。对于背部和膝盖疼痛的管理，现有的注射方法和设备存在一些问题：要么效果不佳，要么效果短暂。我们决定与这个领域的一名专家合作开发一套方法：先开发一种时效较短的药物，再在体内对这种药物加以保护，使之在需要的部位精准而缓慢地释放；只需一次注射，就能在几个月内维持镇痛效果。

碰碰运气，制造偶遇

人类的遗传基因里有着极强的社交倾向，我们天生会适应群体，能与他人建立充满活力的联结。我们的生理和心理都准备好了适应生活中的随机性，然后在随机的环境中，凭自己的神经可变性与他人交往并保持同步。不过，我们的社交互动在内容上又往往过于狭隘，因为我们常常倾向于熟悉的社交圈子，这缩小了我们接触新刺激的光圈，限制了这一创造性的来源。2015 年，我得到一个机会将实验室从剑桥的麻省理工学院附近迁到波士顿长木医学区的一座新大楼里。当时并没有明显而迫切的搬迁理由——实验室在麻省理工学院附近待了八年，样样都很顺利——起初我也是反对的。

我一开始害怕搬迁，因为那实在很折腾。搬迁时必须关掉实验室，还会造成一些问题——我们有许多化学物品要搬。但我越想越觉得这次变化能引起重大改变，特别是它能将你置于一个活跃的氛围，有更多机会和有趣的人、有趣的项目偶遇。于是在 2017 年，我们搬到了新大楼里，它位于布列根和妇女医院（我的老东家），我们也确实获得了许多和医生以及同行偶遇的机会，有时在过道里，有时在报告会和讨论组上。交流的便利引出了许多新项目，我们开始和传染病医生、胸腔科医生以及麻醉医生合作，他们都是我在之前的办公地点绝不可能遇到的。大楼里还有一套健全的临床设施（病人护理），两年前的夏天我在高尔夫球场上不慎打到石头弄伤了手腕，就是去那里的矫正外科做的治疗。更重要的是，我们现在极度接近一个环境和一些人——患者和医生，是他们首先启发了我们的研究。

或许这乍一听违反直觉，但你确实可以在随机性中带入意向。你可以改变的是自己与随机性的关系，并在改变中提升大脑的创新能力。这里说一条思路，它借鉴了大自然的做法，并收集了各种理论，经过综合与极大简化而形成：我们天生有适应能力，我们出生的环境中充满了自发、随机的事件，从无法预测的分子运动到异常的气象变化，还有周围各色人等的社会行为。科学家提出，人脑有一张默认模式网络——一种始终开启的漫游模式，它的功能之一就是搜集随机的信息并不断进行加工，让心灵对它们反复编织，形成一套关于过去、假想和未来事件的松散叙事。人类的创意具有强大的适应性，在我们的意识表层下方，大脑不停地对环境采样并制定应对策略。我们的思维往往倾向于形成结构，这个结构令人舒适，这在对我们体验到的一切进行比较和对照，以作为一种学习方法时是有帮助的。不过，我们也可以培养一种觉悟，在倾向结构的同时提醒自己，结构未必都是有益的（比如那些官僚机构和有害的文化规范）。随机性是这个创造性系统中一种有用的提示音。

机缘巧合、随机事件以及偶遇会让你与新的人和体验发生社交“碰撞”，这些只要你稍加努力就会发生。

> 很重要的一点是要彻底离开你的舒适区。早上冲个冷水澡——一开始就这么难，剩下的一天就容易了。
>
> ——乔·德·塞纳

- 走出舒适区，进入觉照区 -

下面的简单步骤能让你的心灵准备好接受更大的变化。你这一次凭借信念跳得越远（冒的风险越大），下一次就会跳得更远（也就是甘冒更大的风险）。感到阻力了是吗？记住这是正常现象，但也要记住，焦虑、恐惧和其他不适的感觉，都可以是成长的火箭燃料。

要关注积极的方面，将不适看作正面信号，以此来降低启动能量。要努力开发新的技能，让它带着你走出舒适区。接受你专长领域之外的任务，要明白你会在需要时找到其他更有经验的人。你还会为将来（不可避免、必然发生）的失败养成韧性。下面是我悟出的几个策略，能帮你更容易开创新的事业。

- 借助日程来设定优先事项。将待办的事项记入日程。练习与其他领域的新联系人会面，每个月至少要试一次，通过会面了解他们的为人和工作，看看你有什么他们可能感兴趣的东西可以分享。

- 接受自己专长领域之外的任务或邀请。有意将自己置于陌生的处境或角色，你或许会感到资历不足，但也会激起创意能量来迎接挑战。在此过程中，你的大脑会建立新的联结，从中获得更多的资源、韧性和前进的信心。

- 改变一些简单的习惯，比如换一只手来刷牙、持餐叉或在洗澡时给自己打肥皂。用你的非惯用手扔球或掷飞盘。当你坐下吃东西时，试着闭上眼睛咀嚼，感受食物的风味和口感如何唤醒你的意识。

- 在电脑上建一个便笺文件，和别人探讨几样你想尝试的事物。包含几个可以快速上手的项目——去一座新公园逛逛，试吃一道陌生的菜，在 YouTube 上学习入门舞步。要力求多样，既要有简单的短期目标，也要有难度较大的长期目标。要经常查看这张列表，在里面加入新的创意，获得启发。

- 选一个你好奇的领域，出席一位专家的讲座（去现场或通过 Zoom）。

- 从你喜欢的音乐之外选一两首，加入你的播放列表。

- 给经常见面的人发一封亲切的感谢信。

- 淋浴快结束时，试着换成冰冷的水来让自己感觉轻快凉爽。再试着一开始就用冷水。据说桑拿能令身体释放多巴胺和 β- 内啡肽，使人欣然、平静、忍耐疼痛，而冷水会造成激素性应激反应，使大脑对内啡肽和去甲肾上腺素更敏感，从而增加抗压性。

- 做家务时，要有意识地欣赏那些让你的居所更加宜居的家务。

- 找准位置，使自己无须多少努力就能与新的人、新的体验发生社交碰撞。在付款队伍中与人交谈，或者到当地的食物赈济处或动物收容所去做做义工，在那里与别人闲聊。

- 试着算好时间去看日出，在日落时散步，或者在任何时候出门，去感受光线、色彩、声音、温度和其他感官体验的细微变化。

- 转换你的视角。如果你陷在细节中无法自拔，就换一个宽广的视角。要从另一个角度来观察局面。放下繁重的思考，亲自动手做些体力活，让自己动起来。

第九章

拥抱从失败中涌现的机会：为新行动贮备能量

用失败积累的情绪调节努力的方向

“

我的职业生涯中投失过 9000 多个球，输掉的比赛近 300 场。有 26 次，队友委托我投出制胜一球，我都没有投进。我在这一生中一次又一次地失败，而这正是我成功的原因。[1]

——迈克尔·乔丹

著名耐力游泳健将戴安娜·奈雅德在 1975 年初次赢得声望，当时她完成了一次 28 英里（约 45 千米）的曼哈顿环游赛，创下了赛事纪录。4 年之后，30 岁那年，她又游了 102 英里（约 164 公里），从巴哈马群岛的北比米尼岛开始，到佛罗里达州的朱诺滩结束。当时那是有记录以来最长的一次海洋游泳，她用了 27 小时 28 分钟游完，堪称壮举。

奈雅德的失败就比较不为人知了。我之所以在这里提到这个，是因为在人类的种种失败当中（有大有小，有微不足道的，也有毁灭性的），她的那些算是“好的”失败。不过她每一次失败的价值却并未在当时马上显现。

20 多岁时，奈雅德立下了从古巴下水、不间断游到佛罗里达的目标，这一路线全长 110 英里（约 177 千米），几乎是四个马拉松的距离，而且沿途风高浪急，还出没着成群的鲨鱼和带有剧毒的水母。她第一次尝试是 1978 年。为安全起见，她躲在一只防鲨笼里下了水。那次她游了 42 小时，长度为 76 英里（约 122 公里），但逆风和8英尺（约2.4米）高的巨浪推着她远离佛罗里达，漂向了得克萨斯。汹涌的海水还使她与防鲨笼撞击，她被迫放弃了这次尝试。第二年，在完成从北比米尼岛至朱诺滩的壮举之后，她退出长距离游泳项目，开始了记者和广播员的漫长职业生涯。

但是她从未放下从古巴游到佛罗里达的渴望。于是在第一次失败后三十多年，她又组织起一支后勤队伍，开始为再次挑战而训练。她在 2011 年失败了两次，一次是因为哮喘发作，另一次是有一大群海星把触手绕上了她的脖颈、右侧二头肌，然后顺着右臂吸到了她的背上。

第四次尝试在她下水后 51 个小时因为一场雷暴而结束，你或许以为她该就此放弃了。但是到 2013 年，在 64 岁高龄第五次尝试时，她终于以 52 小时 54 分钟的成绩完成了穿越。

她在群众的欢呼声中蹒跚走上海岸，她敦促其他人也坚持追逐梦想，并在心中铭记三点：第一，“绝对，绝对不要放弃”；[2] 第二，“年纪再大也可以逐梦”；第三，必要时与人合作，就像她。“这看上去是孤立的运动，其实却是团队协作。”她说。

从她第一次尝试失败，到后来连败三次，再到最后成功，中间发生了什么变化？是她从每一次下水中学到了新东西。后来她摆脱了防鲨笼，转而求助专业驱赶鲨鱼的队友。她学会了如何保护自己不被水母蜇伤，还改进了导航管理技能。她从未停止过训练。

“人生往往无法如愿以偿。”她对我说，“我们能做的最好的事情就是投入。我对于失败没有恐惧。我怕的是自己不去尝试。”

和她交谈，我意识到自己在倾听一则个人进化的传奇故事——每次多出一点领悟、一点改变，日积月累，加上天气等变量上的些许幸运，造就了最后的成功：经历风吹浪打、已经筋疲力尽的奈雅德，终于成功登上了彼岸。这令我想起我们在实验室的研究，想起它是如何训练我们注视前方，并将失败看得像成功的固有环节一般宝贵而关键的。

罗伯特·兰格：不要在失败中迷路

我们生活在一个鄙视失败的文化之中。当然，失败本来就不讨人喜欢。但失败本就会发生，包括骇人的惨败，如哥伦比亚号和挑战者号航天飞机失事，以及日常的失败，如一家企业倒闭或是一次考试得了低分。虽然从失败中学习很重要，但更重要的是你专心应对失败的过程，以及你如何在时间中改变这一过程。

这是任何从事科学研究的人都铭记在心的一点。在我的实验室里，十次实验有九次会失败。要么没有结果，要么结果完全不是我们想要的。要做好科学研究，就需要有不断尝试、不断反思、不断问出更深的问题、不断想出新方法处理问题的决心。有人会说，只要我们没有放弃尝试，就不算失败。迭代就是不停把握创意，直到出现最有效的做法，这是一件强大的工具，能获得对问题的深入理解，以及处理并解答问题的方法。其中包括复杂的问题、挫折和意外的结果，当然也包括失败。

当然，有时失败会沉重打击我们的心智、精神以及银行账户，尤其是当我们在某一方案中投入了太多个人资本时。对此，觉照的反应是拥抱从失败中涌现的机会。要深刻反思，慢慢消化，收集真知灼见，并孕育出新的迭代计划。要拥有成长型思维并将它发扬光大。之前斯坦福大学的心理学家卡罗尔·德韦克教授在《看见成长的自己》一书中提出并推广了一些概念，后来高管教练彼得·布雷格曼加以借用，在《哈佛商业评论》中写道："如果你拥有成长型思维，你就会利用自己的失败来进步。而如果你坚守固定型思维，你或许永远不会失败，但是你也无法学习或成长了。"[3] 我自己每一次失败，都觉得好像被迎面打了一拳。但要尽量记住：那些成功的例子，往往也关联着相似的失败例子，正是在失败中坚持下来，成功者才会成功。

2007 年，我结束了在麻省理工学院兰格实验室为期三年的学习，成为布列根和妇女医院的一名初级教师，我满怀兴奋地盘算着对各种项目开展研究。但是要做到这个，我必须先获得研究经费养活我自己、我的小小团队和我那间实验室。而经费不会从树上掉下来。它们要由评审委员会评定，而委员们会怀疑地审视每一份申请。比如在国立卫生研究院，只有不到两成的研究申请会成功获批，对于某些机构和拨款，这个比例更是会跌到一成以下。

在我当上教师的前两年半，我申请经费的成功率极低。我提交了超过 100 份申请，几乎全被驳回。每一次被驳回，我都感觉辜负了大家。而当我把自尊心牵扯进来，就往往把事情弄得更糟了。每当我的申请被拒绝、论文被打回，我就告诉自己那些评审简直疯了，我抱怨他们的流程不公，觉得我的勤奋理应得到奖赏。

当时的我，因为失败而终日愤慨，迫不及待想取得成功。我每天想着经费的事，连晚上入睡都无法忘怀。那真是惨烈的一段时光，以至于杰西卡不止一次问我，这条职业道路是不是选错了。我感到压力大极了。

但是兰格教导我不要在失败中迷路。他说："重要的是你能申请到经费！"于是我开始研究为什么我的经费申请未能成功。我参加了书写申请的研讨会和讲座。我开始倾听同辈和导师们的建议，他们说我的申请中应该多放一点前期数据，作为对概念的初步证明。我密切注意我得到的各种反馈，它们有的说我们提出的方法不够深入，有的说我们的后备方案不够详细，有的说我们的计划太冒险了，或者我不具备成功所需的专业知识。

我知道了每份经费申请都必须"降低风险"，具体包括用数据指出研究希望很大，招募一支由必要的专门人才组成的实验团队，详细列出研究工作和实验计划，回顾领域内其他人的研究，并且证明我们提出了恰当的问题，也能够做出成绩。用觉照的术语来说，我必须将经费申请的重点由“潜能”转向“行动”和“影响”。我得到的反馈是宝贵的迭代信息，向我指出了如何成功准备经费申请。我终于明白，我不是撰写经费申请书遭遇了失败，而是在学习经费申请的技巧。每一次申请不通过，我都会将反馈牢记在心，并找机会将它整合进我的下一份申请。我渐渐觉得，我的“产品”除了是一次完成的申请，也是我不断演进的过程。最终，在实验室开张的第三年，我拿到了国立卫生研究院的三笔大额赞助，实验室的经济基础稳固了。

我到今天仍在为经费担忧，这种心理从未完全消除。不过我担忧的出发点已经完全不一样了，因为我和那一群目的明确的同事已经证明，我们对“为什么”的问题已经了解很深——我们知道如何破解课题、塑造答案，也知道如何将新知转化为医学进步、为千百万人改善生活。

> 有一件事已经越来越明确：创新的真正障碍，是人们害怕失败。[4]
>
> ——塞缪尔·韦斯特，失败博物馆馆长

对于失败的偏见使我们无法妥善管理失败

为什么我们谈论起失败来如此勉强？这种勉强会夺走我们充分利用失败的机会。艾莉森·卡塔拉诺表示，这份沉默是有代价的，卡塔拉诺毕业于伦敦的帝国理工学院，博士论文写的是通过失败学习。[5]她注意到，失败虽然在实践中相当普遍，却很少在学术文献中被提及，她和同事们研究了其中的原因和机制。“虽然失败在每一项人类事业中都扮演中心角色，但我们在描述对理想结果的偏离时，措辞却都会带上情绪包袱和社会羞辱。”她写道，“我们本能地明白，经受挫折会提供学习和成长的机会，但我们也会从小就内化一条教训，即要避免失败。我们因而为自己断绝了从失败中学习的可能。”

卡塔拉诺的研究对象是从事环境保护（具体说是保护并维持生态系统）的团队和机构。她指出，这个领域的从业者（还有其他领域）从一开始“就接受了失败必将到来的事实”。在她看来，学术期刊、网站和行业通讯始终不鼓励作者写出他们的失败，这是无益的做法。“到头来，成功催生了自大和过分自信，固化了现状，也创造了一种对试验和变化不再容忍的文化氛围，使大家越来越回避风险。”她写道。而这些都无法成就优秀的科研。

卡塔拉诺和同事找出了一系列认知偏见，说往往就是它们使管理者无法承认失败，并且明智地利用失败。（这一点对其他人也适用，认知偏见会限制人们直面失败并从中学习的能力。）除了几个常见的偏见，比如证真偏差和盲点，研究还指出了具有如下表现的其他偏见。

- 一心认为你的世界观就是“真实”的，别人不认同你便一定是因为无知、不公正、不理性或者错误（称为“朴素实在论”）。
- 相比于收获，避免损失的愿望更为强烈（称为“损失厌恶”）。
- 将不好的结果归咎于他人的个人缺陷，而非他人可能难以掌控的环境因素（称为“基本归因误差”）。
- 在观察到的现象上强加一套因果模式，以此将互不关联的一系列事件串联成一个看似合乎逻辑的故事（称为“叙事谬误”）。
- 系统性地忽略关键的、容易获取的并且有价值的信息（称为“认识受限”）。

克服这些偏见，就能开创一套更加准确、广泛和细微的成败观。有了这份清醒，你或许就会在自己的一些失败中发现更大的价值，并悟到可能为任何成功增色的真知灼见。

成功地证明某样东西不可行

德国机械工程师兼物理学家威廉·康拉德·伦琴是第一届诺贝尔物理学奖得主，他发现 X 射线具有相当的偶然性。当时他正在研究阴极辐射，在一根真空管内的两个金属片上施加电荷，就产生了阴极射线。伦琴注意到，不远处的一块感光屏上也发出了微弱的光线。他用几个星期寻找这种意外光线的来源，最终发现了 X 射线。伦琴的发现故事和诺贝尔殿堂上的许多故事一样，都致敬了通向成功（有的是意外成功）的曲折道路。

和我们的时代较近的一个例子是 2011 年的诺贝尔物理学奖，这一届的得主是劳伦斯伯克利国家实验室的索尔·珀尔马特、澳大利亚国立大学的布赖恩·施密特，以及约翰斯·霍普金斯大学和空间望远镜科学研究所的亚当·里斯。珀尔马特和施密特 / 里斯团队原本认为，他们的研究将会显示宇宙的膨胀正在变慢。但是在 1997 年，他们却发现因为暗能量的缘故，宇宙反而在加速膨胀，所谓“暗能量”是一个弥漫于所有空间中的宇宙常量。珀尔马特在多年后一次受访时说道：“这个项目刚开始时，我以为我们只是在对恒星爆发的亮度做简单测量，由此发现宇宙是否会终结。但事实证明，我们发现了一个巨大的意外。我们将它比喻成这种情况——向天上抛一个苹果，结果发现它没有落回地面，而是径直飞向了外太空，神秘的是它的速度还越来越快。”[6]

珀尔马特强调说：“科学的重点不是试着证明什么，而是试着找出你为什么错了，并尽量找到你的错误。”[7]

我们必须记住，珀尔马特在 18 年前就开始了研究。他的研究里没有一样是直截了当的，比如“如果我们发现了 A，就会接着找到 B”之类。那是一路上顽强不懈地对超新星情报的追踪，他使用了地面和太空望远镜，自己编写了计算机程序分析大片星空，根据新发现的超新星子类重整了计划，建造了新的宽幅相机类型，还做了许许多多工作——根据国内、国外和太空中的研究，迭代再迭代。

世界上很少有人能参加如此深入的科学研究，但是下面这些原则我们都能采用，从而在面对意外、失望和失败时，做出富有成效的反应。

- 将道路上的坎坷看作机会，用来迭代你的进步。失败令人痛苦，但它也为下一次成功打下了基础。要充分利用失败。好好睡一晚有助于伤痛迅速消退，而失败引起的反思乃至情绪，几乎总会引出新的想法。
- 在公司和家里营造一种氛围，用不成功的尝试（或者成功地证明了某样东西不可行的尝试）来引出有益的探讨和行动。将失败理解成某个过程的一部分、它的一个意料之中的环节，则成功和失败都会变成机会，能用来激发创意、最大限度地促进学习并培育合作和团队精神。这样每个人就都能改善自己解决问题的流程了。
- 找出哪些认知偏见可能干扰了你对局势的分析。我就常常发现，如果对某个出错的事物，我还确信自己的判断是对的，那么我很可能就要反思一下自己的成见了。

追求建设性的失败

即使伟大的想法也会失败，如果你没有充分认识到这些想法如何与真实世界相互作用。各行各业的人都会遇到这个问题：他们迟了一步才发现自己的伟大想法在团队或组织（或者家庭）中并没有受到其他人的认可，或者他们没有考虑到某些会带来新问题的现实因素。在我这行，我听说过一些研究者为了推广自己的发明而创办公司，但他们不明白他们发明的产品或服务只有极小的市场，要么他们不明白解决某个课题的新方法必须适应现有的分销体系，或使用工业界的标准命名法，而不是我们在实验室里惯用的科学名词。他们的思维很狭隘——只知道“我的创意将彻底改变这个流程”——他们根本不了解这个创意能否适应现有的做法。我也犯过这类错误，那是好几年前，由于我的干细胞靶向项目过于复杂，我们没有拿到赞助。那位潜在投资者一眼看出了我的问题。不过那次教训也扭转了实验室的前进方向。

当我们觉得被这些事情灼伤时，那往往是因为我们的情绪还热烈地依附着它们。冷静下来之后，我们或许就会怀着宝贵的洞察力重新站起，并往往带着更大的专注力投入下一个项目。如果你能从容开始尝试，在失败中变得谦卑，从中总结教训，并继续下一次尝试，那么你成功的机会就会增加许多。

在这个“先活下来再学习”的过程中有四点你要记住。

- 失败加上前进是一条制胜策略——前提是你能不断认识并吸收从失败中获得的真知灼见。如果不能更加明智地前进，你就会被长久地困在枯燥的平台期，并因此而放弃。你的前进过程必须专门为你而规划。
- 向别人学习诚然关键，但这里还缺了一点：要找到任何时候对你最适用的经验。观察别人的流程乃至亲身试验是很重要的。与此同时，也要认识到你有自己的线路，它能联结某些事物，别的就不行，并且你的线路和它联结的东西都可能改变和进化。
- 周密的计划和行动步骤在事情顺利时是好的，而在事情不顺利时，切换到创意模式也很激动人心。关键是要找出那些能使你体验一些进步的洞见。无论进步多慢，只要是进步，就能注入新的能量。

- 关注建设性的失败：先允许自己失败，从中学习并获得关键洞见，再以此启动针对性的迭代过程。就像迈克尔·乔丹说的那样："要学会成功，你必须先学会失败。"[8]

我们钦佩的许多人都走过这条路，他们获得了惨痛的教训，再用这些教训来指导自己前进。在实验室里，这也激励着我们设法绕开障碍或是克服挫折。我们会迅速从创意模式切换到执行模式，如果行不通就切回创意模式，这里永远好玩。这样做能让我们补足能量，向课题再冲刺一次，这时的我们会比第一次更加振奋，成功的可能性也更大。那些公认的成功者，对于失败也常常有最具说服力的见解。2003 年的 NBA（美国职业篮球联赛）季后赛上，密尔沃基雄鹿队被迈阿密热火队淘汰出局，为雄鹿队效力的球星扬尼斯·阿德托昆博就给出了这样一番见解。"这不是失败，而是通向成功的阶梯。"[9] 他在赛后的一场新闻发布会上说道，"迈克尔·乔丹打了 15 年的球，赢得了 6 次冠军。另外 9 次就是失败？能这么说吗？不能嘛，那为什么还要这么问我呢？这是个错误的问题。体育是没有失败的。只是有些日子顺利，有些日子不顺；有些日子你能成功，还有些日子你没有成功罢了。"

无处藏身

我最难忘的一次失败（情绪上的刺痛会使记忆挥之不去）发生在一次 TED 演讲过程中，那是我第一次做 TED 演讲，我却忘词了。[10]

我在前面说了，那是一次高调的演讲——最初他们来请我时，我紧张得干脆回绝了。我在上小学时就无法在短小的演讲中记住任何实质性的东西。更糟的是，我因为不想背书，还从麦吉尔大学的生物系转了出去。我不知道自己有没有这个能耐，但最后我还是参加了。

我知道需要别人帮我准备这个演讲，我也找到了人选，但背演讲稿这件事只有我自己能做，我的脑子什么都记不住，那简直是一场噩梦。我挣扎着、试验着，终于经过一次又一次练习，能记住 20 秒的段落了，接着我把一个个 20 秒的段落串联起来。但是我又发现，自己很难记住哪些段落应该相互衔接。虽然我是以正确的顺序背诵它们，但它们在我的脑袋里毫无黏性，总是混到一起。接着我还得练习转场，得确保到了台上也能做对。将 15 分钟的稿子记住后，我还必须练习怎么讲出来。我在一群又一群人面前排练，甚至租了麻省理工学院的一间礼堂，就为了感受现场气氛。观众的反馈很有益处，但其间的任何变动都会打乱我的记忆，使我不得不从头讲起。

我在登台当天紧张得要命。技术组提前告诉我说，我手上的幻灯遥控器只能向前，不能退后，如果要切回之前的一张，我就必须向幕布后面的人大声呼喊。我可没练过这个。他们试着鼓励准备登台的演讲者，告诉我们："如果你卡壳了，就微笑着理理思路。"

前一天晚上我几乎没睡。当天登台之前，我吃了一包止咳药片为自己补充糖分。我终于登上了华盛顿特区约翰·肯尼迪表演艺术中心的舞台，五台高清摄像机对准了我，要将我的演讲实时向全世界播送——吓人！我的医院院长在观众席里，也安排好了要讲一场。

起初一切顺利。我把讲稿记得滚瓜烂熟，甚至讲到一半思考起了别的事情——我的脑子就是会这样。可是忽然，我意识到自己讲漏了一句。哎呀，糟糕！我一个劲想着那个错误，嘴上结巴起来，心中也完全不记得自己讲到了哪里，而那稿子我本来已经熟练到几乎能脱口而出了。我只好停下。糟糕，糟糕，糟糕——他们告诉过我要微笑——微笑就行了！于是我露出微笑，但心里还在念叨着“哎呀，糟糕”，我也不知道自己笑了多久。在那个一生压力最大的时刻，面对着听众，我能想到的只有我在公开场合一败涂地了。我能做什么？能怎么做？向前翻幻灯片吧。我按下按钮，下一张却是空白。这时我想起来了，是我自己在这里插了一张空白页作为提示的，我继续演讲。

我终于恢复了状态，讲完下台时，组织者乐呵呵地说我刚才表现得很好，还说制作组很容易就能把停顿的部分剪掉。后来大家过来说他们看到了我的停顿，“但你恢复得真好”。

从那以后，我明白了即使再次卡壳，我也能恢复状态。这足以让我降低启动能量，去做更多。更好的是，我明白了需要做些什么改进我的流程，怎样更有效地在那种场合调整我的状态和材料——包括为意外状况做准备。

克里斯·哈德菲尔德常遇见有人问他，他的职业生涯如此漫长，做过战斗机飞行员、空间站指挥官和演讲者，其间经历过什么挫折和意外。“当然，那是经常有的。”他告诉我，“如果一种情形的后果十分严重或者会造成不可逆转的涟漪效应，那么在进入这种情形之前，我希望你已经具备了充分的技能，那样即便事情的进展非你所料，你也不至于一败涂地。你很少能把所有事情做得尽善尽美，但是对失败做好心理准备对于成功和优异的表现十分重要。甚至于，你要迫切地追求失败。失败最好早一点儿发生，因为那时后果还不严重。”

斯图尔特·法尔斯坦是哥伦比亚大学的生物学教授，他写了一本书叫《失败：为什么科学如此成功》（*Failure: Why Science Is So Successful*），书中将失败形容为“一个挑战，几乎能像运动似的激发你的肾上腺素”。[11] 他还指出，我们应该准备好迎接失败，并调动战斗或逃跑反应中的战斗部分。要像洛奇·巴尔博亚①那样。“于是找出这个或那个实验为什么失败就成了一项使命。这是你和失败之力的对决。”他写道，“你发现了吗？当你处于这种状态，相比起只是列表归纳一次‘成功’实验的结果，你更容易做出重大发现。是的，失败真的会青睐有准备的头脑，它也会为那样的头脑做好准备。”

伟大的期许会给人启发和鼓舞，但是不成功便成仁的僵化心态只会使你倒下后无法重新振奋，也无法从失败中学习并在下一轮有所改进。有益的做法是将失败看作整个过程中的一个环节。

玛丽亚·佩雷拉是TISSIUM公司的创立者之一和首席创新官，公司的业务是发明生物降解材料用于组织重建。佩雷拉曾在卡普实验室从事研究，她参与发明了一种黏合剂，能在大型血管上和跳动的心脏中封住漏洞。在研究中，反复失败不可避免，因为各种因素必须完全契合才能让新技术成功，要保持高能态，必须对每个人的预期和失望进行管理。“你不仅要维持自己的干劲，也要帮其他人理解这是过程中的一个环节，让他们始终投入。”她说。

> 有目标并不是什么坏事。坏的是对目标产生了执着，硬是要一个结果，还不肯改变，这样才会造成不幸。[12]
>
> ——詹姆斯·多蒂

你已走过漫漫长路，要夸夸自己

地球上现存的每一种生物，都曾经克服了各种艰险，解决了无法解决的难题。你觉得恐龙失败吗？它们可是统治了地球1.5亿年之

① 洛奇·巴尔博亚，美国电影《洛奇》中奋发向上的拳击手，由史泰龙扮演。——译者注

久！而智人才出现了几十万年而已。如果恐龙一直“成功”下去，或许就不会有我们现在这场讨论了。很显然，我们不可能知道演化为我们准备了什么。也许连大自然也不“知道”为我们准备了什么——演化是一个仍在进行的过程。但我们有许多独特的适应性生存技能，其中之一就是我们可以选择以最聪明的方式来运用我们的智能。我们可以从任何一种原始沼泽般的思维中跳出来，不让它陷住我们的思想，淹没我们的灵感，并选择一种真正对我们有益的反应。拿我自己来说，我的失败反应之一是羞辱自己，而正确的反应是思考再遇到类似情况可以采取什么不一样的行动、那样做又会得到什么更好的结果——要打开开关，从消极模式切换到积极模式。我还在努力。

当我们习惯了一个安全有依靠的环境，我们的基因自然会指导我们避免一切失败，从而确保生存。我们还安装了从失败中学习以避免将来再败的程序。但我们也可以调节这种本能为自己所用，具体说，就是看到失败中蕴藏的真知灼见，并从每一段经历中收获任何有用的成果。不要让恐惧阻止你采取那些风险微小、潜能巨大的行动。

- 扭转失败以启动创意 -

还在挣扎的人，没有一个想要回顾自己的失望，但我们终能找到前进的路。有时它通向一个项目或一个局面的成功，有时通向最终引出更好时代的改变或转换。如果你能做到，就花一点时间反思或者写下你觉得像是失败的障碍或难忘的挫折，并领会它们对最终的积极结果所起的作用。下次需要回忆你曾经克服的困难，就来看看这张清单。我自己的清单上有 20 多个条目。如今我再回望每一项被驳回的经费申请（100 多项），心境已经和刚被驳回时的失望大不相同了。

思考下面的方法，用它们来重述和反思失败，最终取得成功。

- 接受失败，视之为一件解决问题的工具。每次创新都是持续迭代的产物，是在我们揭示新的或被忽视的洞见时，对我们的思维或流程的调整。在科研中，你的目标并非一开始就成功，而是开发一个通过实验学习的过程。在实验室里，我们一开始绝不会拥有一切所需的信息。我们在失败中不断发现新的信息、新的方案和新的洞见。

- 争取更快地反弹。重新集中注意力，并用“重启讨论”的模式问出高产出问题。

- 不要让自己对渐渐积累的进步失去耐心。想要验证设想，找到系统中的薄弱环节，跟一个思维多样的团队讨论它们，并在必要时重新开始，都需要时间。

- 问问你圈子里的人，他们是如何成功谈论自己的失败，又是如何克服失败的。

- 创造一种“快速失败”的文化——要划出一片安全区，让大家都能安心失败，并从失败中学习。无论在家里，还是在工作中，都要有这种文化，以此激发创意，优化学习，不再因追求完美而止步不前，并促进合作和团队精神。

- 组织一个顾问团队，让他们替你找出盲点，推动你超越自认为的能力上限，并点亮觉照的火花、重新燃起因失败而衰减的能量。

- 反思过去的失败，看它是怎么导向了演化或进步，并反思你是怎么一路走来的。思考自己是如何在时间的帮助下冲淡情绪，从他人身上获得支持，从睡眠中得到益处，并有机会反思和更新自己的心态，从而产生新的想法并燃起新的激情的。

- 当你能看清最终导向成功的起起落落，要写出一张清单来罗列过去的失败。我的清单很长！这样回顾能帮你正确看待自己的失败，你的经历或许也有助于别人认识他们的失败。

- 拥抱试错法，将失败看作大自然进程的一个环节。演化在大尺度上连绵不绝，在我们个人的进步上也是如此。我们完全有能力维持这种连续性，只要我们肯运用自己的杰出能力，去进行复杂的推理、内省和决策，从而不断进化、茁壮成长。

第十章

保持谦卑

让敬畏成为你灵感的切入口，
以及你创造更大的善的能力

“

要谦卑地从周围的人身上学习。[1]

——约翰·麦斯威尔，领导力顾问、作家、牧师

许多文化传统都要求你我在进入别人家中时，要脱下鞋子来放在门口。这是对尊重的简单展示，是承认自己在怀着谦卑进入别人的空间。在象征意义上，你也是将自我寄放在了门口。

如果你在人生旅途的某处吸收了一个观点，认为谦卑就是驯服和软弱，科学会告诉你并不是这样。越来越多的研究显示，谦卑的人能更好地应对压力，在身心两方面都更为健康，相比不够谦卑的人也更能接纳含混和差异。[2] 理解别人的最大利益并为他们着想，这会激活好几片神经网络，有的与认知学习有关，还有的关乎情绪智力，它们都会增强与他人的联结感，更宽泛地说，这还会增强一种人性的感觉——那是“谦卑”面向未来的表达。当你能做到这样沉着稳健时，你解决问题的潜能就会扩大，并由此发挥最大的善，产生最大的影响。爱、善良和社交智慧中都天生包含着谦卑，它们令我们明白一个事实，即每一个人、每一种情况都能给我们带来教益。让团队中的每一个人（或者在一个房间、一辆轿车、一段关系、一个社会中的每一个人）觉得有人倾听、有人欣赏、受到鼓励、得到接纳，就会在

人与人之间建立信任，而信任是人际关系的基本元素。这种动态会使大家获益。将自我留在门口，你就能释放出宝贵的空间，容纳更重要的东西。更详细地说，谦卑能帮我们克服自己制造的常见障碍，使我们做到：

- 克服执迷自我以及自我中心思维，不因此忽视对别人重要的事情；
- 融入一个更宏大、更复杂的现实，其中包含我们与自然界的关系；
- 培养对于自身和世界的洞察力，并将其作为指导意义和行为的内在指针。

梅－布里特·莫泽：一个双赢局面

从表面看，谦卑似乎和发现用于导航的脑细胞扯不上关系——对于这种脑细胞的研究，让挪威心理学家梅－布里特·莫泽在 2014 年获得了诺贝尔奖。但对于两者的关系，莫泽有她自己的热烈主张。

莫泽和她当时的丈夫爱德华以及他们在伦敦大学学院的同事约翰·奥基夫一起在 2014 年获得了诺贝尔生理学或医学奖，以表彰三人发现了在脑中构成定位系统的细胞。1971 年，奥基夫首先在海马附近发现了这类细胞，海马是位于大脑中心的区域。2005 年，莫泽夫妇又发现当一只大鼠经过几个地点，并且这些地点在空间中组成六角网格时，激活的神经细胞会构成一个用于导航的坐标系统。他们接着证明了这些不同类型的细胞是如何协作的。

莫泽夫妇所谓的这些“网格细胞”提供了一套对导航必不可少的内在坐标系统，有了它们，你才能知道自己在哪儿、如何前往别的地方。在某种意义上，这也是一个合适的比喻，梅－布里特·莫泽借它来谈论谦卑和一种深刻的合作意识，她说这种意识是灵魂的坐标，在她的实验室里推动着科学、人和环境。她坚持认为，如果没有这些内在品格当坐标，他们三人就不可能拥有那样的热情和目的来推动研究，也不可能走上诺贝尔领奖台。

莫泽是心理学家，也是神经科学家，她认为文化是塑造成功的一个显著因素——对她而言则是两种文化的融合：一是传统的挪威文化，二是实验室中的多元文化团体。她指出，传统挪威文化很看重勤奋、不争、平等主义、尊重他人、共担社会责任，在优秀之外也强调谦卑。而她实验室中的成员来自全球，非常多元，从不同方面体现了许多相似的价值，这为实验室里的社交和工作创造了生机勃勃的氛围。研究发现，谦卑的领导风格也会带出别人身上的谦卑，由此创造出更有凝聚力的优秀团队。莫泽承认这是一剂极有效的处方。

她的卡夫利研究所招募了来自30多个国家的成员。莫泽说："这是因为我们想要各式各样的人，让他们开展非常有趣的讨论，既关于科学，也关于其他事情。我们都需要有人质疑我们的想法，这样的质疑能让我们成长起来，理解之前不理解的事。"

> 谦卑的人能在错误中看到价值，也能看到错误为他们的学习提供的信息。[3]
>
> ——克里斯托夫·泽克勒，柏林ESCP商学院创业战略讲座教授

我合作过的一些最杰出的CEO，都承认自己的思维难免会出现漏洞，于是他们常常找人来对他们的工作开展压力测试和批判。这样他们会知道之前不知道的事情，其间别人会点出一些可能有用的信息，或者这些信息本身未必有用，却会引出其他有用的东西。这种外部视角可能来自某个著名的顾问，也可能来自某个完全意想不到的人。

在我的实验室里，任何人想要攻克平常遇见的难关，一定程度

的傲气是少不了的。但如果你的研究重点是去为其他人都没能解决的问题找出解决方案，你就要用大量时间突破已知的边界，并近距离了解自己的无知，而这种经历会让你产生一种羞耻感，更有甚者，这种羞耻感会持续较长时间。水母的触手真能作为模板，开发出在血流中钩住某些细胞的方法吗？能不能刺激免疫系统中的微小部分，从而加强我们对抗癌症的能力？这两个问题的答案都是肯定的，我们都做到了。但我可以保证，当我们遇上自身知识的局限，并加倍努力在别的方向上寻找新线索时，我们的谦卑会很有价值。

如果你想要完全弄懂和解决那些棘手的问题，你就得放下架子求助于人；去寻找那些知识比你丰富或想法与你不同的人，看看能和他们商量出什么结果。我们往往需要多次地用不同方式聆听同样的事，才能将它们完全吸收、建立联结，并修正自己的道路。有时，谦卑的教训来自听到了我们未必想听的话，我们会因此直面自己的不安、恐惧或者我们自己都不愿承认的偏见。用谦卑的体验转变自己的思想和做法也是觉照，这很激动人心。这也可能伤害我们的自尊。但要我说，还是要尽量多创造让自尊受伤的机会。

在我的人生路上，谦卑也帮助了我、解放了我，它使我明白，当我身边始终围绕着学习机会，当我感到谦卑，当我抑制住自大，明白自己还有很多不知道的东西时，我就会更快乐、更兴奋，对研究也更有激情。我很激动能做到凭我一个人绝不可能做到的事，并看到实验室的同人也朝着最有价值的目标努力迈进。这就要求我不能过于安逸，要始终与实验室成员保持畅通的沟通渠道。我不可能什么都知道，但如果我能创造一个自由自在、层级尽可能少（必要时才分上下）的环境，专心做重要的工作，我就能招来人才，他们会知道许多我不知道的事情，我们能够一起以新的方式促进对话。另一方面，对于患注意缺陷多动障碍的我，就连平凡的一天也始终让我谦卑。我的内心总飞驰着各种念头，我需要不断做出各种选择，决定什么该说、什么不该说、投入什么（或者抽离什么）、放弃什么，我永远不会知道，我那个无法预料的大脑里会放走什么、留下什么。

谦卑并不要求你习惯性地顺从别人；如果是那样，它就不成其为一件觉照工具了。虽然你会征求别人的专业意见，但也要准备好质疑他们。有时候，当合作对象在我们不了解的领域具有专才，我们很容易信任或接受他们的判断。但在一个良好的研究环境中，每一个假设都会受到检验和反复推敲，以探究其背后的真相，交流双方都会从相互尊重和开放态度中获益。美国经济学家、耶鲁大学教授罗伯特·席勒这样说道："人类判断中的谬误就连最聪明的人也难以避免，其中的原因有过分自信，对细节缺乏关注，还有对他人判断的过度信任，因为他们没有想到，其他人也不是独立判断，而是在盲目地相信另一些人。"[4]

重要的是，我们必须坦然接受一个令人不适的观念：有些事是我们不知道的，我们对一切事情的看法都是狭隘的，即便我们不愿意这么认为。我倒觉得这是一个激励，它能产生能量，用来寻找创新性的解决方案。

> 我认为自然界中有一股微妙的磁性，只要无意识地对其顺从，它就会将我们引至正确的方向。[5]
>
> ——亨利·戴维·梭罗，《论行走》，载于《大西洋月刊》

达谢·凯尔特纳创建了"至善科学中心"（Greater Good Science Center）并担任主任，他也是加州大学伯克利分校的心理学教授。他在书中写道，敬畏和令人谦卑的经验都有改变人的力量。在最近的一本著作中，他描写了这一力量的神经生理学机制，即谦卑的体验（甚至只是对这种体验的记忆）是如何改变大脑的。这是一门前沿学科，标志着现代科学向前迈出了激动人心的一步，而之前的科学曾长期回避这一课题。凯尔特纳指出，研究成果证明了原住民长久以来的传统教义，即“我们是生态系统的一环，我们的身体是自然的一部分”。[6] 他表示，在某种意义上，不同于他人也不同于自然的“独立自我”确实存在，但更大的真理是我们始终与他人、与自然界同步。

戴夫·库谢纳长老：大地的力量

原住民的教义强调谦卑是一种核心能力，并认为它直接关乎我们和自然的联系是否优质，我对这种教义深感共鸣。这些原住民眼中的神圣法则，其根源是一种认识，即我们能充分将大地的力量纳入生命，并因此过上美好生活。

戴夫·库谢纳生前是加拿大曼尼托巴省阿尼什纳比族的一位著名长老。疫情期间，我们曾通过 Zoom 对话，他告诉我：“大地母亲是一个实体，这是一个非常简单而基础的真理。她是活的，就像你我。我们坐在这里对话，彼此不过是一张生命之网的部分，这部分叫作‘人类’。这张生命之网上还有许多其他生物。我听别人说起‘互联’，确实我们都是互相联系、接通的，这是绝对的真理。生命之网上的一部分活的实体无论发生了什么，都会影响整张网络本身。”

大自然的教益永远对我们开放，但是要获得它们，我们必须先认识到，无论我们个人有什么知识或者专长，我们都会缺少一些关键的知识和角度，能提供它们的只有我们身边那些有着不同经验的人。

我们有着各种类型的知晓，各种类型的智能，包括科学的、直觉的和其他的，没有一种文化或知晓的方式能抹杀其他方式的意义。库谢纳描述了几十年来他与科学家及其他人的探讨，这些人通过一套共同的假设来表述全球问题和解决方案，这些假设的基础都是经典的实证科学。但这个视角会忽略或抹杀其他人掌握的深刻知识，那些知识来自不同的求知方式，它们数千年来一直支撑着人类的生存。

气候变化使科学话语的不足更加引人注目了。“他们都想找出应对气候变化的方案，但他们的出发点都是自己的观点、自己的舒适、自己作为科学家或知识分子学习到的东西。为什么不让原住民加入对话，让他们也从自己的立场、自己的智能出发说两句呢？也就是从人地关系的定义出发，要知道我的同胞们一直相信一句话——你怎么对待土地，就是怎么对待自己；你就是土地。今天，这个道理正变得越发明晰，我们对土地做的事，其实就是对自己做的事。”

心怀感恩，在平凡中寻找神圣，你肯定能够找到。[7]

——萨拉·班·布瑞斯纳

在 2021 年夏天和我对谈之后，库谢纳于当年 12 月去世，他一生致力于创建海龟小屋国际原住民教育和健康中心（Turtle Lodge International Centre for Indigenous Education and Wellness），中心设在加拿大曼尼托巴省，位于温尼伯湖最南端。[8]

海龟小屋现在已经是一个繁荣的文化中心，它不仅对全世界的原住民群体开放，也向数目日益增多的其他人开放，大家正省悟到，通过原住民的经验传承了数千年的知识和智慧，对我们所有人都至关重要。其实相似的资源在世界各国的文化中都能找到，当地人对环境因素（包括人的因素）的深刻体验，都源源不断产生着支持人生的知识与专长。我们已经具备了将傲慢替换成谦卑的条件，觉照的思维将会发现新的前进道路。

有人会说，是精神的力量开通了道路，使我们能带着一块超凡的试金石在世间行走，尤其是通过大自然，只要我们虚心接受，自然的影响力就会令我们谦卑。但是库谢纳说，这在今天的文化环境中可能很难做到：“要向那些智识极高的人传达这一认识并不容易，那些人往往习惯了科学的证明，认为要说服一个人就必须拿出证据。这种证据我们是拿不出来的。当我们说到精神的力量，那是完全不同的一个认知领域。但是在原住民的生活方式中，那就是我们这个世界的现实，对于我们，精神的影响是存在的，我们认为那是更高的一种影响力。”

“欧洲人最初到来的时候，他们并不认识或者尊重一个事实，即我们在精神方面其实非常先进，我们照看土地的方式，以及我们把孩子置于社区中心的做法，都是这种精神的体现。”他告诉我。虽然殖民者想用系统性的做法消灭原住民，包括侵占他们的土地，戕害他们的生命，夺走他们的孩子，禁止他们袭用本民族语言和传统的风俗及仪式，想以此强迫他们同化，但如今在原住民中间传授的，仍然是承袭了数千年的神圣律法和部落教育中包含的核心价值。[9] 谦卑至今仍是原住民的核心教义，这引发了社会新的兴趣，因为科学已经开始跟上历史悠久的原住民智慧，更多人的兴趣也转向了发掘其中的知识根基和视角，从而在面对环境灾变时尽量为自然界带来均衡。

> 在原住民的知识中，大家明白每一个生物都有特定的角色要扮演。每一个生物都有特定的天赋、自己的智慧、自己的精神，以及自己的故事。[10]
>
> ——罗宾·沃尔·基默尔，《苔藓森林》

林恩·特威斯特：转变前提和潜能

慈善界改革的呼声日益强烈，恰好此时，旨在结束世界饥荒的全球环境活动家林恩·特威斯特受到鼓舞，准备彻底改革自己的募款方式。传统的模式是施舍，由富裕的捐赠人定义有待解决的问题，并制订出一个解决方案，而收款的一方往往没有什么实质性贡献。特威斯特说，她和世界各地的原住民文化群体一起工作，这让她看清了这种权力动态存在的问题。于是隐形偏见变得明显了：原来是富人帮助穷人，穷人只要感恩戴德就好，不管涌入的金钱或准备不足的志愿者如何扰乱了当地社会。这类施舍计划常常失败，因为参与者根本不明白问题的根源。特威斯特因为这一认识而变得谦卑，在直觉的引导下，她使用新的概念，将她的使命描述为“发自内心的筹款”。她还开创了一种新的慈善范式，它立足于解决问题的合作，使每个人的资源都能成为有价值的贡献，其中还包含一个严格缜密的问题解决流程。它能产生战略性的行动，分配金钱、时间、专长和对问题的深入了解，由此造成最大影响。特威斯特接着参与创建了“地球女神联盟”（Pachamama Alliance），和亚马孙雨林的原住民共同保卫他们的家园和文化。据她描述，这种平等合作的关系既关键，又使人谦卑，尤其是对来自其他文化，又希望支持有效可持续变化的人。特威斯特解释说，她是在以前和撒哈拉以南非洲及亚洲的社群共事时学到这些经验的，在那些地方解决饥饿和贫困的关键是将当地的女性扶持为强有力的社区首脑和商业领袖。

当地球女神联盟开始与亚马孙雨林的原住民合作时，特威斯特本以为会在当地找到类似的动力结构，结果却发现了很不一样的东西。当地的社群既不贫穷，也没有挨饿。作为改革的实施者，当地女性对于自身的力量和策略有着独到的看法，不同于西方式的赋权和发声模式。事实上，联盟最初为改变当地风俗而采取的直接行动，也遭到了这些女性的抵制。于是在之后十多年里，双方的合作着眼于用其他方案解决社群面临的难题，包括森林砍伐对于他们的生存威胁。

最终，女性们自己决定了需要哪些帮助：她们希望得到一个助产项目，这能大大改善女性的教育和习惯，以促进更安全的怀孕和生育，于是她们和地球女神联盟的工作人员共同开创了这一项目。为实现在本地区各部落间共享知识的目标，这些女性还发起了针对女孩及成年妇女的扫盲和领导力倡议，她们开始在各个社群间游走，传授相关技巧。特威斯特表示，因为这个生育教育项目，女性和婴儿在脆弱的产前和产后期的死亡率显著降低。

她还说，无论是现在还是将来，把成见留在门口，培养基于尊重的关系，并在倾听中学习，都是关键："我深深了解到，关于她们能做什么、该做什么，我怎么想都是无益的。关键是她们自己认为路在哪里。等她们看见了那一条路，我们再提供平等的合作即可。这不是我们把自己的东西强加给她们。这些女性了解这个地区，掌握当地语言，知道自己需要什么，也知道什么可以接纳、什么不行。这些是她们的优势，我们则带来金融资源，帮助项目开展下去。"

> 那些最接近问题的人，也往往最接近答案。知道何时退后，与知道何时上前一样重要。
>
> ——雷金纳德·舒福德，北卡罗来纳州公正中心总干事

敬畏，谦卑，还有觉照

在实验室里，我们几乎每天都会走到某个项目的某个节点上，去追逐大自然解决问题的线索。历经漫长的跨地质时期的演化，在模式、过程和精巧设计方面，一张蛛网的奇妙丝毫不亚于一个大峡谷。我们在这番求索中遇到的东西真的令人敬畏，我们因此也怀着谦卑，将大自然内在的创造力和精确性看作一名问题解决者、一位导师。有一个例子，我一想到就会激动不已，那就是水母的触须。

在转移性癌症的治疗中，即使病人的原发肿瘤已经通过手术摘除，也还是要选择药物来杀死残余癌细胞，这并不容易。一个颇有前

景的方法是从病人身上采集血样，再用一部装置分离出从转移性部位流转出的肿瘤细胞。问题在于，这部装置只能在表面捕捉细胞，对于毫厘之外的肿瘤细胞，就只能任其漂过无法捕捉了。而那些被捕细胞会（被抗体）紧紧固着在表面上，以至几乎不可能将它们完好无损地取下来，然后确认灭杀它们所需的药物。

于是我们问道：在自然界中，有什么动物能捕捉一定距离外的物体？水母！它们有长长的触须，能伸到离身体很远的地方去捕捉食物和猎物。于是我们开发了用 DNA 制作的合成触须，能特异性地吸附在癌细胞表面，将其包裹并固定到我们的装置上。这个方法既能匹配既有方法的高效率，流动量更是之前的十倍，也就是说，在同样的时间里，我们可以让十倍的血液流过我们的设备。又因为这款人工触须是用 DNA 做的，我们只要简单地加进几种酶，就能将癌细胞以完好无损的活性形态释放出来，以便我们找到能杀死残留癌细胞的药物。在一年左右的研究开发之后，当我们在显微镜下看到这款 DNA 触须捕捉癌细胞的效果时，大家都激动得忘了呼吸。我至今能在脑海中回想起这个画面，并感到席卷我们所有人全身的那股敬畏之情。大自然为了水母的生存设计出的方案，竟能通过人类的想象，演化成一件新的工具来保障癌症患者的生存，这使我们感到既兴奋，又谦卑。

仿生学研究常常会这样使人产生谦卑之感。不过这只是事情的一半。另一半是人自身。人也可以引起他人的敬畏，只要你花点时间倾听他人的故事，或者见证他们在每一天里，实践达谢·凯尔特纳所说的“道德之美”：善良、勇敢、克服障碍、拯救生命。[11] 凯尔特纳为了写书在全世界收集了 2600 份叙述并加以分析，在此基础上指出并排列了人们最常感到敬畏的原因。“我一次次地发现，人们最常感到敬畏的原因是其他人。”他说，“你在浏览推特或 Instagram 时不会有这种感觉，但在内心深处，我们都会因为别人的善良和壮举而哽咽流泪。”[12]

你其实不必到远处去寻找这种敬畏。在我们实验室里，就和在其他工作场所一样，只要待得够久，你就能在闲谈中听说彼此的故事。有的是关于家庭成员或个人的希望和梦想、障碍和挫折，以及他们是怎么靠坚韧熬过来的。此外，我们也会有意向地分享各自的故事。我们常规的周三项目讨论会上有时会安排一个额外节目，每年两三次。我们会留出时间，让大家各发表三分钟讲话，主题是他们好奇或者热爱的事物，讲什么都行。最近的亮点包括：有人对脱口秀产生了兴趣，现场为大家表演了一段；有人说自己家里开了好几年的面包店，疫情中不得不关门了，但家人们都不服输，决心重新开张，并将之作为毕生的使命；有人说起自己参加花样游泳比赛，因为需要憋气太久在水下昏迷了；有人说自己参加过中学乐队，然后叫大家闭起眼睛听自己演奏。全场最佳是一段波士顿最美味汉堡的音乐评论，评论以说唱形式进行，评论者是汉堡爱好者（兼细胞生物学家）达斯汀·阿门多利亚。

对于我，这些故事个个精彩，听起来有一种类似心流的状态。这部分是因为别人跟我分享了经历，并且在我看来，热爱和好奇中含有很高的能量，无论它们的对象是生物学还是汉堡。当你发掘这股能量并在周围的人身上认出它来，你也会为之陶醉。

> 敬畏告诉我们要走出去，扩大你对事物的看法。[13]
>
> ——达谢·凯尔特纳，科学家、作家

罗伯特·兰格：把父亲的遗训作为准绳

罗伯特·兰格被广泛奉为一股自然之力，是一流的发明家和医学转化者。在漫长而杰出的职业生涯中，兰格曾经几度突破，挑战了学科内的传统智慧，也彻底改变了药物输送的方式。这些发明估计对25%的世界人口造成了积极影响，包括全世界接种莫德纳疫苗的39亿人，因为这款疫苗的基础就是数十年来在他的实验室中开展的药物输送研究。

兰格的才华广受赞誉，但是在熟人们看来，他的谦卑天性同样传奇。他在每个人身上都看到了潜能并且不吝夸赞。他让每个人都觉得自己颇受重视，他尊重每个人的时间、努力和兴趣。他会毫不犹豫地把功劳归于别人，并对人们的工作和贡献表达欣赏之情。在项目中，他会为同事们指出正确的方向，让他们向着使命进发。他说他最自豪的不是自己的成就，而是在他的实验室里受训成才的科学家们。

这种品质在学术界尤其耀眼，在这里，竞争和自大往往会磨灭人性中的善良。

兰格自诩是个幸福的人，他认为理由很充分，他说这多亏了他充满爱意的家庭、在工作中找到（并且主动充实）的热情和目标感，以及他对人性本善的信念。

“我这个人很幸运。”他说。他的母亲做了一辈子家庭妇女，到今天仍向他发出关爱的指令，要他天冷时多穿衣服。他的父亲61岁就过世了，当时兰格28岁。父亲留下了两个故事，他一直牢记在心里，它们在艰难的时候给他指引，也启发他形成了如今的世界观。

故事之一是关于父亲个人的。“我爸爸生长于大萧条期间，那是非常艰苦的时代，他见到许多曾经的成功者寻了短见，因为他们从身家亿万变成身无分文。他后来又参加二战，几个朋友死了，也眼看着许多人没能活着回来。他经历的都是艰难的大事、使人谦卑的时代。”他说，后来无论发生什么，“爸爸总是会说，他觉得二战之后的每一天，对他都是一份礼物。这话对我很有教益。”

故事之二与棒球有关，却又超越了棒球。在兰格努力推进医学创新时，他在心中时时想起这个故事。1941年，纽约洋基队的传奇球员卢·格里克死于肌萎缩侧索硬化（ALS），年仅37岁，这种病后来又被称为卢·格里克症。这种令人失能的疾病迫使他离开了球场，在死前两年的一个表彰活动上，他发表了一席激动人心的告别演讲，兰格的父亲听了深受启发，多年来也一直与兰格分享。“那场演讲真是精彩，卢感谢了他的母亲、父亲，感谢了许多人，他还说‘我知道许多人认为我很倒霉，但是今天，我自认为是地球上最幸运的人，因为我得到了太多’。我想，能这样看待生活真的太好了。这个男人因为一种恶疾英年早逝，可他还是告诉别人自己是地球上最幸运的人。每次我想到这个故事，想到在他之后所有得了ALS的人，还有每一个不走运的人，我都会想，能这样看待生活真的太好了。”

> 谦卑的人关心的不仅是过去，还有将来，因为他们知道如何向前看，如何伸展他们的枝条，怀着感激回忆过去……而骄傲的人正相反，他们只会重复，渐渐变得固执，将自己封闭在死循环里，对自己知道的事情信心十足，害怕任何新东西，因为那是他们不能控制的。[14]
>
> ——教皇方济各

把谦卑带回家

那些最令我谦卑的经验教训，我都是作为父亲学到的。孩子来这个世界不是为了做我们的老师，但如果我们幸运，他们会设法战胜我们最坏的倾向，并最终启迪我们。从解决问题的角度看，做家长有时是一条曲折的路，我也曾是孩子，自认为拥有一些“专长”，但其实我的“专长”可能只是障碍。最好的情况：你还记得在你孩子的那个年龄是什么感觉，能与孩子共情。最坏的或至少是成问题的情况：你直接略过了共情，甚至不感兴趣，而是立马指导起了孩子，因为你想当然地认为，你在这个年龄有用的做法，对孩子也可能有效——不只是可能，简直是一定。如果无效，做错的一定是孩子，而不是你，因为你已经用切身经历证明了那应该是有效的。

界定问题、解决问题是我谋生的手段，我自然以为在家中也能顺畅地化用这套技能。但问题是，在实验室和所有其他工作关系中，迭代过程都是问题求解中一个不可或缺的环节——我们要反反复复研讨，共同定义问题，还要碰撞思维，想出解决方案和前进的道路。这个过程中要融入大量倾听和学习。而在家里，对于重要事务的定义演变得太快，常常使我们无从把握。作为家长，我们可能只会考虑今天或这一刻对我们最重要的事，将重点都放在自己身上。我们忘记了考虑孩子认为重要的事情。无论在家里还是在工作中，我体验过的最大脱节，都来自没有停下来考虑别人对于重要事务的定义。对他们来说，有时别人的支持是唯一重要的，也是他们唯一需要的。

因此，当乔希的七年级导师把我拉到一边，说我应该考虑放弃“创优运动”（这项运动是为了发挥孩子的全部潜能）时，我吃了一惊。为什么不行？我反问。导师告诉我，因为这妨碍了我儿子靠自己的努力达到优秀。

我陷入了漫长的思考。我之前参考的一直是我在学校的艰难岁月、我好不容易得来的教训，以及我追求优异的制胜策略。我认为这是一条经过验证的道路。我一心想让两个孩子避开我童年的痛苦经历，不由强行对他们使用了我的方法。但我没有想到，要他们使用我的方法手册达到我的那种投入、取得我的那种成功是不可行的，因为我的孩子不是我——他们是他们自己。一旦接受了这个（对除我以外的每一个人）显而易见的事实，我就能抛开方法手册，去学一些新的策略了。

这是要练的。我需要学习如何耐心倾听，不贸然做出反应，学习如何分享一场对话而不是发出看似鼓励的命令，学习如何欣赏两个孩子的本来状态，学习如何享受他们的成长。

我的两个孩子不住地为我巩固谦卑的教益。我开始明白，最好的觉照思维，有时意味着要倾听、要伸手、要守在近旁、要给予对方（特别是自家的孩子）我们一心一意的关注，不能妄下评判。有一件事我已经感到羡慕了：两个孩子都相当勤奋，同时他们在工作、生活和玩乐之间取得的平衡，已经远远超出我能做到的。我已经在记录心得了。

我本可以为大家（包括我本人）避免许多焦虑，但是我没有听取自己的忠告、在几年前就把鞋子（还有我的自大之心）留在门口。但我是可以教育的。我已经变得谦卑。我正在学习。

- 拥抱你的人性 -

拥抱你的人性（包含人性中的谦卑）是一件觉照工具。这件工具的美妙在于，你可以立刻运用，无须先决条件，它的启动能量也很低。下一次你和别人对话，或者下一次你想到一种情况或一个人，试着用有意向的欣赏和兴趣来塑造这场对话或是这个念头，即便只有片刻。如果有人试着在一场对话中与你交心，结果却惹怒了你，他可能只是不知道当下该怎么说话，或是在内心启动了什么基于不良习惯的算法。你要设法消除自己的冲动反应，放人家一马，或者重新塑造对话，实现真正的交心。

机会是很多的。通常当我感到心里有了疙瘩或者升起了想要一争高下的念头时，只要停下来想想缘由，我就会明白是眼下有什么东西刺激了我，让我迫切地想要保卫我那座自我意识的小小堡垒。我自问为什么会这样，几乎每次我都会意识到，这种反应很可能是因为我错误调动了某种原始的生存本能。这时只要将以我为中心的思维框架转化为以他人为中心的，就能帮助我更敏锐地欣赏他人为当下的情境做出的贡献。

想了解其他体验敬畏、实践谦卑的实际方法，不妨试试下面的做法。

- 以任何可行的手段亲近大自然。我们是浩瀚宇宙中的一粒微尘，却又是人类这个车轮上的一个关键辐条，更宽泛地说，也是自然之轮上的关键辐条。要接受这一点。欣赏我们在生态系统中的角色，是一种在精神上使人谦卑的体验。

- 在平凡人身上寻找道德之美，发现他们的善良、勇敢和克服障碍的精神，然后维持这个想法，维持这份感动。

- 不要因为别人取得的最终结果称赞他们，而要称赞他们勇于尝试的精神、坚持练习的做法、不断前进的态度、敢于冒险的勇气，以及投入事业的努力。

- 别人把你挑选出来表彰时，要立刻与大家分享荣誉。

- 耐心接受批评，借此机会了解你对别人的影响，无论你是否有善意。当别人说你犯了错误，要尽量承认，并反思如何利用这份洞见推进自我。

- 犯错之后要花时间反思，并真诚表达歉意。

- 如果你拥有别人没有的技能，要与别人分享你获得这些技能的过程，并主动帮他们学习。

- 养成发现对方优点的习惯，发现了还要承认，尤其是对孩子。

- 尝试将“为我”思维转化成“为人”思维。倾听对别人重要的事情。要热心发问。

- 要倾听你信任的人为你指出言行中的过失，他们是在有意地帮你看到你忽略的东西。

- 试着感激人生中使人谦卑的时刻。你越是怀着感激不断尝试，就越可能感到谦卑和受到启迪。

第十一章

按下『暂停』键：保障静观的时间

为从容玩耍、独处和静默优先安排时间，以此给精神充电

> “
>
> 我们都需要别人的提醒，要与本真的自我保持联结，一路照顾好自己，主动与人交往，时时停下来思考，并且连通那个一切皆有可能的地方。[1]
>
> ——阿里安娜·赫芬顿

十年前，我偶然经由一个朋友引荐，认识了维韦克·拉马克里希南，并和他单独交谈了一会，之后我们就没再说过话。疫情中的一次Zoom通话使我们三人重逢，这次也有一些偶然。拉马克里希南是康涅狄格大学的创业发展主任，那次Zoom下线之后，我又请他到我们的实验室来演讲，但题目不是他在风险资本和医学创新领域的工作，而是他不同寻常的冥想练习。[2]

在Zoom上对话时，我们回顾了各自的事业，也谈起了新冠对大家的影响。拉马克里希南提到，他最近在深入研究冥想及其与默认模式网络的交叉，他定期与一位著名神经科学家碰撞想法，还通过参加冥想班专心修炼。我自己那阵子也在试验各种冥想技巧，于是我对他的话题不是泛泛来了兴趣，而是有些着迷了。

我始终在设法将新鲜的思想和观念带入实验室，于是问他要不要来加入我们的视频会议，两人的能量一拍即合。自他首次为我们实验室演讲之后，应成员要求又来讲了几回，现在他每过几个月就要来和我们谈谈。他分享了关于无常之本性的新见解，展示了他博客上漫长的哲学探索和摄影项目。他还讲了一个相关的课题，即用各种策略来治理大脑散漫的默认模式网络状态，不让自己无助地漂泊或为此分心。他的“无常项目”（impermanence project）就是这些策略中的一个，这是一项简单的实践活动，要用到的只有你本人、你的相机（手机摄像头也行），以及你片刻的注意力。

我们待会儿再来谈这个话题，总之，无论你选择如何转换一天中的能量，是靠调整节奏也好，转移注意力也罢，实质性地休息一下都能给予你的大脑、心灵、身体和精神一个重新同步的机会。学会慢下来是一项技能。但是你必须给足大脑时间，让它不仅能充分加工从周围世界流入的信息（通过视觉、听觉、味觉、嗅觉和触觉），还有来自体内的信息。大脑一刻不停地从全身器官接收化学信号和电信号，还有的信号来自情绪以及更加微妙的直觉源头（我们认为的“发自肺腑”的直觉，其实有生物学基础，它确实来自肠道与大脑的交流）。最后，大脑还必须整合这些信息，协调出一个即时反应。这一切包含了数十亿个神经元对信号的整理发送、对种种反应的协调，速度之快，简直无从观察。但是我们确实能截断它们。我们可以主动暂停，让大脑的节奏重新连上大自然最基本的节律，以及大自然的所有意料之外的维度。我们也可以把直觉的提示看作邀请，停下来接收从体内涌出的各股能量。

有时，我们只是需要用暂停来澄清我们的想法和意向，以此修正方向，或者从困境中脱身。不假思索的反应会使我们陷入困境或者用力过猛，由此与他人远离，无法实现相互联结这一简单的渴望。然而我们常会优先做出情绪反应，因为这样启动能量较低，在冲动下爆发总是比平息冲动要容易。

借用冬季的智慧

大自然的节律告诉我们，停工休息绝不是白白浪费时间，其中充满了维持生命的活动，只是和我们一般认为的活动不同。在自然界，冬季这个停工期可能显得荒废贫瘠，但它其实是一个关键时期，地球和大部分动物、植物会趁机补给自身，为春季和夏季耗费能量的创造性活动做好准备。这个无尽的循环为我们带来包含生存智能的演化种子，让我们应对这个充斥着数码速度、压力和不间断活动的非自然时代。

一切生物都要仰仗暂停休息的复原威力。[3]暂停的生物学线索早就嵌入我们的昼夜节律。科学已经证明我们的直觉认识：我们从睡眠中获得的暂停，对于生命不可或缺。按照常理，身体会在夜幕降临或疲惫的时候提示我们入睡，在理想情况下，我们也会在预定的时间实施这一暂停。睡眠科学告诉我们，睡眠会解放大脑，将其能量转向一系列活动，比如对全身的维护和再造过程，包括神经元的常规维护、冲洗细胞废物，并准备身体的重启。我们一觉醒来会感到神清气爽，这不是没有原因的：大脑昨晚很忙，忙着睡觉。长期睡眠不足或睡眠质量差对许多上班族以及婴幼儿的父母都是常态，这也会造成不利的健康影响。最后，如果一直不睡，我们会死掉。

我们不仅需要睡眠的暂停，在白天也需要不时停下，以此优化我们的机能和精神健康。但我们常常会按掉闹钟让它稍后再响，要么就根本听不见闹铃，尤其在这个数码时代的喧嚣声中。[4]提示仍在不断发来，但随着我们与自然越发失调，我们已经充耳不闻了。

我们需要在生活中采取一种策略，要有意向地暂停。就像冬季时地球上的其他生命，我们需要花点时间来储能、休息、恢复、准备好带着更新的能量重新出发。在觉照上更进一步的做法，是不要等到能量衰减的迹象出现再去休息。我们可以主动暂停，在能量耗尽之前恢复自我。通过昼夜节律，自然告诉我们要分清主次，要打断文化驱使的要求强加给我们的人工日程，要发挥人的能动性对抗那些要求。这和其他基本的人类需求一样，并不算是自私或者放纵。停工休息是大脑能量周转的关键环节。它是一种必需，不是可有可无的。

来自新加坡国立大学的Sooyeol Kim、北卡罗来纳大学的Seonghee Cho，以及伊利诺伊大学的YoungAh Park发现，即便是“微暂停”（mircobreaks），即只在工作日中间短暂地放松几次，也能增强工作中的投入，减少工作后的疲劳。[5]几位作者写道，微暂停是“工作中一种行之有效的能量管理策略”，他们还鼓励机构采用微暂停来“主动营造一种有益于健康的文化，并促进高度自治”。

音乐练习是一个有用的类比，就像莫莉·盖布里安对音乐家最优练习方案的观察所指出的那样。练习固然会刺激大脑建立新的或更牢固的突触联结，但是盖布里安也表示，这并非发生在练习期间。“学习发生在练习中的休息时间……大脑必须经历物理变化才能学习，这种变化就是对信息的留存。要让大脑像这样变化重组，你就不能同时使用它。”开放的“留白”空间，忙碌生活中位于音符之间的一段段歇息，对创意的产生和我们的全部思维进程都不可或缺。正是在停顿中，大脑巩固并恢复了它执行新一轮任务的能量储备。

将音乐与停顿匹配，效果更佳。任何人都可以和音乐产生共鸣，其效果是可以测量的。[6]有一项研究比较了音乐对音乐家和非音乐家的作用，它指出音乐会以它的节拍以及我们的呼吸与节拍的契合程度，影响我们的心血管和呼吸系统，并能唤起或者集中我们的注意力。无论音乐家还是非音乐家，都能享受聆听音乐的益处。有趣的是，音乐中的停顿还能带来额外的松弛。看来，无论是学习还是放松，停顿都令人受用。

> 正念是一种停顿——它是刺激和反应之间的留白：选择就是从中产生的。[7]
>
> ——塔拉·布拉克

一次激动人心的无常试验

拉马克里希南说，大脑的“不停唠叨、内部独白，以及一串串胡乱念头，令大多数人都无法在长时间内独自静坐”。但我们也可以不被这些东西困住，而是把它们当作朋友。用意向来引导一次停顿，有助于重新训练大脑的停顿能力，并开发这一技能。“只是观察行为本身，就足以改变大脑加工信息的方式，以及它为我们的巅峰和低谷赋予价值的方式。”拉马克里希南说，“这能改变你觉知的门槛。你不必到了人生巅峰才感觉快乐，大脑也不会在你不顺利时武断地打出一个低分。你可以训练大脑注意日常生活中的细小变化，注意到变化中的美，会使你获得一种微妙的乐趣。”[8]

无论大脑如何散漫，它毕竟都在按照自己的方式工作。不妨把这想成一次随机行走，就像早期人类行走在大草原上，他们对环境十分机警，随时留意着威胁或是有趣的事物。最新研究显示，一串胡乱的念头也有适应性的价值，因为在随机的联结中很可能酝酿着真知灼见。如果你的处境需要专心和持续的注意力，这些念头可能很讨厌。但是在没有压力时，你的默认模式网络反倒可能是一项资产，而兑现这项资产的前提是你允许自己花点时间“跟上去”，还要热情地去跟。作为一件实时观察你心里究竟在想什么的实用工具，默认模式网络始终是开启的。在低能态脑模式下，我们往往将这串念头听成静电噪声，科学家一度也是这么看待它的。可是现在我们知道，这是一个富有创意的串流，可供我们随意取用。

我实验室里的成员们试验了“无常项目”中的活动，有的拍了一张相片，并在拍摄时停顿下来，认真观察拍摄对象，体会自己当时的感触。无论你选择什么方式观察大自然的细微差别，用或不用相机，重要的都是保持欣赏的态度。这能更改大脑的接线，使你更加投入。

我自己决定在几天的时间里拍下同一朵花的影像，并留意平时容易忽略的细微变化。面对一棵长满叶子的树，我可能只有在叶子掉落一半时才注意到它掉了叶子。而现在每天拍摄花朵，我开始注意到许多有趣的变化，比如花的颜色和它面对的方向，每天都不相同。这些都是相当明显的变化，但我平时是不会留意的，即使我每天都看到这朵花。我或许不总能觉察单个变化，但我变得更加容易发现所有变化组成的动态活力，并因此感到敬畏。最近几天，我又发现自己注意到了树梢在风中摇曳的样子，我以前不会注意这个，除非是有意寻找。现在，我每天吃早餐时都会尽量望一眼窗外，看看大自然又有什么动静，捕捉一点惊喜，开始新的一天。

我们已经习惯了生活中充满压力的步调，这意味着我们的大脑必须分外努力才能放慢速度、停顿下来。我们必须学习这项技能，用练习来固定它，尤其是当人造事物、商业媒体和飞来的信息构成了人工环境，并强有力地吸引我们。生活的一大重心是教导自己能做什么，又如何在自己选定的道路上前进。一个有益的做法是定期停顿一下，看看生活中发生着哪些渐进变化，并且按照自然的指引，怀着意向关注你的方向。

> 美好的人生往往没有目标。我最喜欢的几个朋友，个个生活在当下的快乐之中。我时不时也要提醒自己看看窗外的地平线、头顶的天空、小狗的眼睛，并且单纯地感受一切。[9]
>
> ——戴安娜·奈雅德

倦怠：新的常态？

早在神经科学出现并解释缘由之前，民间智慧已经告诫我们“只工作不玩耍，聪明的孩子也会变傻”——自己无聊，也让别人无聊。

如今我们知道了为什么会这样，这也是如今高科技公司，以及其他看重创意和新鲜想法的工作场所，都会设置乒乓球桌、台球桌、手足球机和小睡区的原因。同样的理由，使四万年前的一位人类先民将一根猛犸象牙雕成了一支长笛。玩耍会点亮脑部，尤其是小脑。就连悠闲的沉思，也在汲取那道由随机的想法和图像汇成的串流，并将默认模式网络转变成新鲜创意和洞见的源头。儿童在玩耍中开发他们的执行功能，包括对行为的监督、注意、规划、决策和任务切换，成人也能做到这些。即使身陷繁忙的工作、复杂的考量或者巨大的压力，短短的休息也能使大脑平静或者振奋，让它巩固新信息，或多或少地追上自己的步调，并以清爽的状态重新开始。

只工作不玩耍几乎会推着大脑走向低能态，大脑因为绷得太紧，会主动搜索抵抗最小的认知路径，以此节省能量。烦闷、抑郁焦躁、精神疲惫、睡眠不足，这几样都是意料之中的结果，却也不能不使人警惕。

戴维·丁格斯是宾夕法尼亚大学佩雷尔曼医学院精神病学系睡眠与时间生物学方向的一位教授，也是负责这一方向的主任，他哀叹说，我们在内心已经接受了夜以继日地工作需求所产生的病态期许。“大家对时间过分爱惜，常常把睡眠当作一项讨厌的干扰、一种虚掷的状态，好像你只有在意志力不足、无法工作得更辛苦且更长久时才会落入这种状态。”[10] 他指出，“睡眠是唤醒认知的关键。也就是说，要想清晰地思考、保持警觉并维持注意力，睡眠是不可或缺的。”换言之，睡眠是自我调控的必需，能使我们应对压力、健康生活。

珍妮·奥德尔是跨界艺术家、教育者，她写了一本书叫《如何“无所事事”：一种对注意力经济的抵抗》。[11] 她写道，书中的许多观念都是在她多年教学经验中演化出来的，她曾向斯坦福大学设计和工程专业的学生们讲授工作室艺术，并向他们宣扬休息的重要性，“但一些学生不明白这有什么好宣扬的”。她描写了她对设计班的户外教学，她带着学生们出去远足，走到某处时，一行人要停下步子，在 15 分钟内“什么也不做”。有些学生对此觉得困惑甚至折磨。“在我的学生和我的许多熟人身上，我看到了太多能量、太多紧张和太多焦虑。我看到他们被困在一个效率和进步的神话中，不仅无法休息，也看不清自己的位置。”

我们不必如此勉强自己发挥意志力，而是要明白，决定我们有多少能量，进而又有多少注意力投入某项任务的，其实是自我调控，也就是头脑和身体如何在生理上管理应激反应。而恢复性的暂停对于有效的自我调控至关重要。虽然大脑为了正常运作渴望刺激，但是它也需要摆脱过度刺激。我们从自己沉溺电子游戏和电视的行为中得知，有意识的大脑并不总是知道何时需要踩一脚刹车、改变环境。自我觉知是自我调控的一个先决条件，因为我们要休息的话，就先得注意到需要休息的迹象。不然，我们就会径直冲过暂停标志，最终迎来本可以避免的恶果。这关系到你的生活品质，以及你清醒时的贡献。

好消息是，一旦你认清了停工期的价值，你将它设为优先事项的启动能量就会降低，接着万千选择便向你开放了。

> 我们常说“内心的宁静”，但我们真正想要的是“来自内心的宁静”。[12]
>
> ——纳瓦尔·拉维坎特

在日常中找到能放慢你的步调或者安抚你的心灵的那些事物。

↓

监听你的大脑、你的身体、你的精神以及其他感官对于变化的反应。

↓

给它一个机会——体味变化。

↓

多按“暂停”键以联结你的内核，并滋养你的整个身心。

如果你的思绪想去游荡，就为它开门

大脑的思维游荡模式里有一个悖论：它一方面是一件令人分心的讨厌事物，一方面又是一项丰富的资源，你只要腾出时间，就能有意向地加以利用。心理学家吉尔·萨蒂写了许多文章介绍积极心理学这门科学，她指出："思绪的游荡是否消极，取决于很多因素，比如这种游荡是有目的的还是不受控制的、你游荡时在沉思什么、是什么情绪等。有时，游荡的思绪能带来创新的思想、更好的情绪、更高的生产率，以及更具体的目标。"[13]

我很喜欢梭罗提出的"漫步"（sauntering）概念，据他的描写就是"怀着不灭的冒险精神"行走，哪怕只是短短几步。对自然的详细观察值得我们重新关注，因为神经科学已经指出这对大脑和身体都有连带好处。我把这看作一种心灵的融合，你可以由此进入心灵的一种漫游状态，使自然不仅是观察的对象，同时也引导你的漫游。这种心灵的融合状态、在自然引导下的漫游，会对大脑产生特别积极的作用，使大脑随着经验的积累塑造自身。

一个周末，我带着女儿乔丁和爱犬一起到屋子附近的树林里散了一回步。起先她不愿去，说她讨厌林子，但在散步途中，我们看到了别人家的各式各样的狗，她显然很开心。最初在她头脑中的坏事，最后变成了好事。我也主动留意了这次散步是否影响了我在接下来一天中的状态，结果意外地发现果真如此。那天夜里睡觉时，虽然寻常的担忧和未解决的事务仍在进入我的头脑，但散步时的见闻也留了下来。这段逸事给我的启发是：我们在日间接触的事物，会在我们反思和走神时印入我们的想法，使闲暇时的思绪成为一片愈加丰富的资源。

我很喜欢去散一散步，在自然中打开我的感官。我尤其喜欢行走在一片沙滩上，看着沙地中点缀的石块，做视觉上的冥想。任何安抚我心灵的东西，我都觉得能让我恢复活力。我喜欢小睡一会儿，我最好的一些创意是在淋浴时冒出来的。你需要给自己一点空间，管它是一个安静的房间还是一次散步，用它来消除自己的紧张。

——斯蒂芬·威尔克斯

大脑睡眠的秘密

睡眠向来被认为是一种独一无二的停工休息，对于身体和精神的健康至关重要。当你面对一个重要或者令人困扰的抉择时，旁人往往会建议你“睡一觉再说”，哈佛大学医学院的精神病学教授罗伯特·斯蒂克戈尔德博士指出，这是很有道理的忠告。睡眠能增强神经可塑性，让大脑得以巩固记忆，并形成新的神经元联结。“睡眠能促进学习和记忆加工，这一点现在已经很清楚了。”斯蒂克戈尔德和同事马修·沃克在发表于《心理学年鉴》杂志的《睡眠、记忆和可塑性》（Sleep，Memory and Plasticity）一文中这样总结。[14] 吉恩·科恩是精神病学家，也是创意和衰老研究者，他有一次描写了自己如何在睡梦中解出了一个棘手的等式，那个答案是在一锅字母汤①中自行拼出的。[15]

不过从觉照的角度来看，最精彩的或许要数新近的一些研究，它们挑战了一个经典观念，即大脑的睡眠是一个“全或无的现象”。比如不久前发表于《自然通讯》的一项研究，它的几位作者就这么认为。[16] 他们发现，睡眠者脑中有局部的“慢波”存在，慢波是大脑活动的一种模式，常见于清醒向睡眠的过渡，也被认为与做梦及梦游相关，它还在巩固记忆方面发挥重要作用。

① 字母汤，汤里含有字母形状的面食。——译者注

这一发现意味着，大脑的不同部位可能处于不同的睡眠阶段，即所谓的“局部睡眠”。一些人将梦境看作人转变自我和沟通精神世界的一个关键事件。[17] 慢波大脑活动的一些方面或许还有助于解释在觉醒状态下，当我们注意力涣散时大脑的一些表现，比如做白日梦的时候、胡思乱想的时候或者头脑忽然一片空白的时候。研究者指出，这种慢波局部睡眠现象也许还在惰怠或者冲动反应中发挥作用，不仅出现在过分劳累的人身上，也出现在休息充分的人身上，具体表现为偶尔的记忆遗失（mental lapses）。

这一切都突显了大脑在同一时刻参与不同活动的潜力——无论局部的皮质回路处于何种脑波状态，都会有一种局部的觉照效应与之对应。特别令人兴奋的是，以不同的方式按下“暂停”键，也会在大脑那多变的创造性图景中产生如此不同的效果。

你可以用你的睡眠做试验，看看这段特殊的停工期与你醒来后的感觉和表现有什么关联。例如，你可以留意自己在睡前多久吃了东西（并由此算出你在下一餐之前禁食了多久），看了屏幕，吃没吃褪黑素，有没有通过尝试放松身心的睡前仪式降低心率，然后留意自己第二天的感受。你也可以用可穿戴式设备检查自己的静息心率、呼吸速率、处于深度 / 快速眼动睡眠的时长，以及你的心率变异性。

> 每个人都应该得到一天假期，在这一天里不必面对问题，也不必寻找答案。我们每个人都需要远离那些不肯远离我们的忧虑。[18]
>
> ——马娅·安杰卢

一次冥想试验

我以前从未考虑过冥想，直到研究生毕业，来波士顿加入了兰格实验室。我起初兴高采烈，希望发挥我的最大潜能，我想多做一些，顺着兴趣学习别人的方法，也满足自己的好奇心，并且以更高的效率做到这些。但我后来发现（现在仍在学这一课），当我太过自律、做得太多时，就会觉得不堪重负。我没有理会，继续逼迫自己，但随着时间的推移，我意识到自己的精神状况正在恶化。

我决定换个法子，开始收听冥想 App 和冥想播客，这类内容听多了，最终降低了让我开始试验的启动能量，疫情期间的急停也起了作用。我觉得冥想或许能够帮助我。我记起中学的时候体验过催眠，那是在一个领导力会议项目上，我主动要求被催眠。我至今仍记得当时头脑中的感觉。被催眠时，我的有意识思维慢了下来，平时的拘谨和挑剔也好像没了。我的潜意识思维大概更加警觉、开放、好用了。在那短短几分钟内，我摆脱了平日里散漫的思绪。那份体验我始终铭记在心，如今多年过去，我对于冥想和正念练习仍然持开放态度。我接着想到，杰西卡几年前就开始阅读有关心灵的书籍了。我听她说起过这个，但从来不觉得那和我有什么关系。

最后，在听了杰里·塞恩菲尔德在一档播客上的介绍之后，我选定了“超觉冥想”（Transcendental Meditation，TM）。我在波士顿找了一位 TM 教练。我下载了 App，跟着练习，还观看了影片。我开始每天练习 20 分钟 TM。我学着避免执着于那些分神的想法。只是放下这些想法就使我有了一种解脱之感。现在每次觉得分神或者希望转换能量的时候，我都会使用 TM。我会闭上双眼，将咒语复读 15 ~ 20 秒。这个效果相当强大，分神的诱惑会渐渐散去。这提供了我迫切需要的停顿，以便不被一些念头困住，因为这些念头牵涉的事物，从大局来看都是无关紧要的。

不要对正念冥想思虑过重。你已经掌握了打断原始回路、用简单的冥想练习控制身心的工具，它就在你的下一次呼吸之中。接下来只要安静而专心地冥想即可。纠结于技巧会破坏你利用冥想放松的机会。

詹姆斯·多蒂是斯坦福大学的神经外科医生和同情研究者，他的建议是安静地在一个房间中坐着即可。坐直身子，浑身放松，双手放在膝盖上。“只要呼吸，别的都不用。甚至不要考虑冥想，你就已经处于冥想状态。鼻子吸气，嘴巴呼气，自然会缓缓将你引入那种状态。”

许多冥想的传统和练习甚至不要求采取坐姿，比如行走冥想。维韦克·拉马克里希南认为他的“无常项目”练习也是一种冥想。

无论以什么姿势，冥想体验都会使你从交感神经系统（警觉的、立刻反应的那套）切换到副交感神经系统，以及所谓的“休息和消化模式”。这会带来正向的变化：你的心率变异性增加，血压下降，皮质醇含量降低，免疫系统变强，炎性蛋白的扩散显著变慢。你掌握了脑中的执行控制功能区域，能做出更加周全而敏锐的决策了。

> 任何东西拔掉插头，静置几分钟，都会恢复功能……你也是如此。[19]
>
> ——安妮·拉莫特

以沉默对抗刺激

一天和杰西卡一起坐进轿车，我接着就打开了收音机，我总是这样随性而为，并没有专门想过。杰西卡说这是多么常见的习惯（其实没什么害处），她想知道是什么在驱使大家这么做。我关掉收音机，但我的注意力转到了自己的决策过程上。似乎有一股天然的引力会将我们拉向刺激，我们不会细想其中的目的，只是为求刺激而求刺激。我不是说，只是享受音乐，或想要听一部广播剧或者有声书就不能成为理由，那当然是。但不是每一片空白都需要被填补。你可以有意识地选择减少刺激，即便只是很短的时间。有时，沉默就是你备受刺激的自我最需要的。

那天在轿车里，我意外地发现沉默竟使人觉得如此私密而自由。别人的议程不会来打扰你，营销者的消息不会飘入，也没有什么背景音来为我的一天奠定基调，没有什么事物让我分心，就连怀着好意的也没有了，我的注意力绝不可能被劫持到其他的目的上去，因为标题党都消失了。我的所有感官几乎都处于基态，一边休息，一边充能，准备迎接全新的一天。

沉默有许多丰富内涵。从一方面说，它让我们能监听自己的心灵，进而了解存在于安静一隅的思想，它们或许向来低调，直到有了一片疏朗的空间才冒起来得到倾听。

主动陷入沉默，就能了解自己的想法。这些想法无论显得多么随机杂乱或者无关紧要，都相当于意识和潜意识的生物标记物，它们是一张张清单，向我们指出心灵的状态。医生们常常寻找生物标记物，靠它们来揭示疾病或者身体状况。我们也可以学习用相似的方式寻找觉照的生物标记物，只要安静下来倾听自己的想法就行了。我们能觉察到，有什么模式是我们或许想改变的，或者有哪些主题是我们无须关心的。

有时，到户外沉默静坐特别有收获，因为在那里，沉默一般会填满自然的声音，我们若是倾听，它们便会在内心引起独特的共鸣。那不是严格的静默，只是暂时摆脱了平时环绕我们的人工环境中的声音。

> 我说的倾听，指的是超出人声的倾听，听的是人类世界之外的东西。地球上其实没有真正安静的地方，因为即便没有人类也总有其他生物在活动。你总会听到些什么——你会听见人声之外的声音。[20]
>
> ——潘多拉·托马斯，永续农业专家，社会转型活动家

你可以用简单的方法主动调低日常生活中人类感官的刺激强度。这毕竟是觉照能够成立的基本前提——你可以截断自己的思绪并重新引导它们。我们常常放任外部因素影响我们的感受和想法，比如社交媒体、一篇文章、一期播客、一部纪录片甚至一则广告。我们的内心值得拥有一些专属时间。独处能滋养我们。不妨主动暂停，关掉电子设备，也杜绝其他干扰或者让人分心的事。

“如今，我们必须通力协作才能夺回独处的机会。”维韦克·穆尔蒂在《在一起：孤独世界里，人际关系的治愈力量》一书中写道，“我们需要的是留白，它能让我们有意识地抛开内心的杂乱思绪，充分体会自己的感觉和想法。如今，这样的自由来之不易，但这就更意味着我们必须有意向地为日常的独处留出时间了。”[21]

> 持续的正念让我们能在一天中修正自己。我们会弄清自己在何处陷入了困境，久而久之，就能更加自然地停顿了。这是小小的重置——这里呼吸一下，那里再呼吸一下。[22]
>
> ——凯西·彻丽，《停顿的提醒》(*A Reminder to Pause*)

无心却有力的停顿

我一直很好奇停顿在其他方面的作用，比如我们遇见的人、经历的事或学到的东西，这些看似随机的对象可能随着时间流逝在我们心中淡去，成为无限期的“停顿”。然后，随着一个巧合或者一点机缘，我们的足迹又在一个新的环境、一次新的体验中相交，仿佛重新在地上发现了一行面包屑，顿时前方的道路显得不再随机了，而是铺满了新鲜的能量、意向和目的。有时在人生中，有人会说点什么，然后随着时间的推移，那人说的话变得无关紧要了。我有个朋友创办了一家非营利性机构，最近她告诉我，她几年前认识了一个人，说自己到快退休时会为发展中国家做一点事情。后来十年过去。最近我朋友又回想起那段对话，于是联系了那人。对方果然加入了一支团队，在非洲的一个偏远村庄里改善医疗。

另一个朋友迈克尔·盖尔在酒精里挣扎了 20 年，到 40 岁时诊断出了 1 型糖尿病才不得不停杯。大约同一时间，他开始接受心理治疗，第一次参加了瑜伽节，还发现了祖父留下的日记（当时新冠大流行，他住在父母家里）。这些经历促使他也写起了日记，既是写给未来的孙辈，也为了了解他自己。在那个艰难隔绝的处境中，他有了必要的借口，能击退迫使他饮酒的社会压力，他还获得了停顿下来深刻反思的视角。健康状况的突然恶化和越发清晰的觉悟使他看到了别的机会，他奋起采取积极措施，开始了持续至今的人生转变。他试着更好地理解自我，并在身边聚集了一群有意向的朋友来支持他的冒险。

“当我学会说‘不’，并和我的内在生活、我的家人，以及自然建立更深的联系时，一个全新的世界、全新的心态就形成了。”他说，“我在之前的人生里对每一场聚会、每一次出游、每一杯酒都只会说‘好’，现在那段人生已经渐渐远去，我的心灵清楚地意识到了自己在人世间的充分潜能。爱对于我有了新的意义。这关系到我深刻地联结自身、联结周围人的渴望。”

盖尔表示，他现在写着三本日记：一本记录每天的私人生活，一本用来集思广益，还有一本记录工作中的待办事项。三本合在一起，就能立体地展现他的注意力和意向是否一致，两者一旦不符，他就有机会更有意识地反思，让新鲜的洞见引导自己。在浏览做医生的祖父写下的日记时，盖尔发现有一个意想不到的契机推动了祖父在生活重心上的转移。祖父是在 19 岁时开始写日记的，起初只记载了他前两年的大学时光。接着他的记录戛然而止，到 65 岁时才（在同一个日记本里）重新续上，这一续就是十年，直到他的人生尽头。盖尔注意到，祖父的所思所想从大学时记录的日常见闻和烦恼，变成了人生最后十年里萦绕心头的那些事。随着年事渐高，他写的已经完全是子女和孙辈了，偶尔也写写当天他在海滩上的见闻，以及病人的病情。对于盖尔，最使他感动的是家庭的力量，以及家人之间分享的爱，这也是他在自己的日记中着意关注的内容。

“写日记和反思让我和家人更亲近了。”他补充道，“我明白了自己是如此深爱他们，加上心理治疗以及每天清晨的呼吸和冥想练习，都让我认识到我也能爱上自己，并且这是多么重要。”

在人生中，我们的境遇会多次突变——一次事故、一场疾病、一次受伤、一个损失——由此造成的停顿非我们所愿，也不受欢迎，甚至会打垮我们。这时想用“万事皆有因果”宽慰自己，你需要有一整套精细的信仰系统，而这些停顿造成的冲击却是实实在在的。它们留下一方空白的画布，我们可以在上面自由发挥。不管是最个人、最私密的体验，还是疫情造成的停顿（出于诸多原因，疫情造成的停顿已成为许多人的一个转折点），都是如此。无论是我们自己选择还是受环境所迫而停下，停顿的空间一旦打开，其中都会蕴含各种可能。大脑对此再了解不过。无论那停顿是无可避免的时间流逝（比如对健康诊所的合作者），还是一个深刻的转折，我们都能从中认识到生活中的可能模式，并寻找（和创造）新的机会，让自己怀着新的意向和目的重新投入生活。

做让你开心的事

罗伯特·兰格是世界领先的生物科技创新者，他表示要开展最好的研究，有一样东西是他每天都少不了的：花时间锻炼。他平时骑健身车，练椭圆机，在跑步机上行走（低速度，高坡度），每天累计数小时，通常给他打电话时，背景里总有健身设备的嗡嗡声。

每一个认识兰格的人都了解他的这一方面，于是我请教了健身在他的思维过程中所起的作用。他耸耸肩说："我也不知道怎么回答，反正健身时我很开心。"

当兰格暂停工作去健身，他的创造性思维会随之加强，这也确实使他快乐。举个例子：几年前，他飞到佛罗里达，在美国心脏协会的晚宴上演讲，演讲前有 90 分钟的空闲，他到酒店的健身房去骑了健身车。他还顺手拿起一本《生活》杂志，想读几页消遣。"里面提及，将来可能有一种轿车，如果遇到车祸撞瘪了一块，你只要给它加热，它就会自己鼓起来复原。我心想，哎呀，或许我也可以发明一种材料、一种聚合物，用它来加强所谓的'形状记忆'（shape memory）。换句话说，就是这种材料也能自动愈合，或者恢复原状。我接着又想到，哦，如果能发明这个，也就能做出自动打结的缝线，还有各种类似的东西了。这些想法都是在健身车上冒出来的，我并没有刻意去想。"

（备注：他后来真的发明了那种东西：生物可降解的、有弹性和"形状记忆"的聚合物，有潜在的生物医药用途。）

兰格的停工休息中包含了大量刺激，这和我们大部分人的"休息"概念似乎并不吻合。而对于他，这些刺激意味着他对一天中的会议以及电脑上的所有工作都按下了"暂停"键。无论我们是否想做他那样的事，他取得的回报都值得我们争取：做些让自己开心的事吧！你那埋头苦干的大脑也会更快乐的。

- 培养并练习按下"暂停"键的技能 -

要真正得到恢复性休息，哪怕只是短短一阵，也要将待办事项清单抛诸脑后。要抵制用任务填充休息时间的冲动。如果你的大脑想要跳过休息去完成待办任务，就在心中准备好一个帮你抽离的口令。任务可以等，要活在当下。停下来，体会当下脚踏实地的感觉，接纳来自内心和环境的指引。你可以在不同环境中试验下面的方法。

- 重新考虑对速度的需求。当匆忙做事已经成为习惯，你就要格外留心了。要避免挤占休息或做出改变所需的时间。

- 带着相机出门稍歇片刻，到外面拍摄树木、花朵，或者拍拍家里、办公室里的植物。按快门前要暂停一下，以此和眼前的生命建立联结。

- 用心品味。对于寻常时刻也要细细感觉，并更多地去感受这样的时刻。把上网滚屏的时间用来散步，或者闭上眼睛听听音乐。把快餐换成慢餐，细细品味准备食物以及用餐的过程。

- 事先计划或者临时构造属于你自己的静默空间。力争进行一次感官刺激的"净化"：试着在旅行或驾车时关掉新闻、评论、播客或音乐的背景声。

- 用熟悉的休息提示向大脑和身体发出转换状态的信号。通过试验寻找最适合你的方式。感官提示可以是打开窗子引进新鲜空气或声音，或者点燃一根香烛。放松的心理意象或记忆、伸个懒腰或者冥想，这些都有助于你转换能量。

- 要想想，你倾向于一种休息而非另外一种，背后藏着什么理由。再想想你能否有意识地选择另一种休息方式，以此作为促进觉照的手段。例如，我每次想要浏览社交媒体，往往都是因为我感到无聊、不适或者我需要换换环境。更好的做法包括20 秒钟的冥想、闭目倾听片刻、喝一杯水、伸个懒腰、在屋子里走一圈、换一个不同的位置坐下。

- 将你的期望放宽，以便充分享受一次短暂休息带来的好处，或者一次漫长休息带来的不同体验。

- 营造一个在家和工作场所以外的“第三空间”，在那里与他人闲适、随性地互动，无关工作地闲聊，或只是放松地一起玩耍。可以考虑公园、自然保护区、咖啡厅、图书馆、书店、健身房、海滩、开放的公共空间，或者你自家的后院。

- 试着写日记——用写字、素描或涂抹记下户外的景物，让大自然融入你的思想、你的身心活动，以及你的表达。捡一片叶子或一片花瓣夹进书页，将其作为一种点缀。

- 呼吸。技术领袖琳达·斯通表示，我们的那种过分警觉、时刻激活的状态人为制造了一种总是处于危机中的感觉，造成皮质醇和去甲肾上腺素过量分泌。这些不利影响还因为她所谓的“屏幕呼吸暂停”（screen apnea）而愈演愈烈：人在屏幕前时，不良的体态和呼吸加上期盼或意外的心情，会共同导致呼吸质量低下——短暂的屏息，或者呼吸过浅。你的呼吸是注意力、认知、想象和记忆的总控开关，停下来，深呼吸，补充能量。

第十二章

拥抱自然：重新激活你的根源

接纳你在自然生态系统中的位置，
连通生命的力量之源并茁壮成长

“

内心深处，我们仍渴望与自然重新联结，让它来塑造我们的想象、我们的语言、我们的歌声和舞蹈，以及我们对于神圣的感觉。[1]

——雅尼娜·拜纽什，生物学家

我小时候，每到夜晚，就常有一群狼在我家周围的田野和森林中嚎叫，有时甚至就在我家前面的草坪上。我家附近溪水清澈，但即使夏天也不适合光脚下水玩耍。这片水域只属于水蛭、淡水螯虾和鳄龟，后者还会笨拙地爬到我们的后院来产卵。从我记事起，爸爸就常叫上我姐姐、我和妈妈一起开车出去，没有明确的目标，就是兜风观光。我生长的地方是一个小城，人口才 6.5 万。我爸爸是一名牙医，喜欢带着极大的好奇心探索自然和各种小镇，到有河流湖泊的地方行走。因为我们住的地方离市区很远，驱车出游总是会绕过农民的田地开到乡间。我们沿着私道越开越远，就为了看看前方还藏了什么。我们在农家的摊位前停车，购买新鲜浆果以及其他水果。我们还常常参加艺术及手工节日，逛各种跳蚤市场，欣赏那里出售的各类艺术品和手工装置。后来我们的家庭野外考察变成了距离更远的公路旅行，我们最喜欢的目的地是森林中的一座湖滨小屋。

那样开车旅行很简单——没有特别的抱负，没有艰难的跋涉，没有任何可以称为“远征”的元素。然而这种平凡并没有减轻一段人与自然轻松且无拘束的关系对一个孩子的影响。多年以后，当我在印度、意大利和英国的陌生乡间，在那些遥远的公路上旅行时，那种走过地球的一角、周围自然茂密而人工稀疏的感觉，总会叩响我内心深处的同一根弦。无论是当时还是现在，我都很迷恋这种自然近在身旁的感觉、这类悠然观望什么也不必做的机会，以及眼前景象唤起的神奇和敬畏。

大自然向来是精神的庇护所，受到诗人、歌曲作者、哲学家和经文的赞颂。到近现代，科学研究又深化了我们对于神经联结的理解。这种联结的一头是大脑功能，另一头是各种效益，这些效益来自敬畏、惊奇的感觉，或者我们认为的精神或者超凡的体验。

潘多拉·托马斯是一位永续农业专家，她很快会出来与你见面。我曾经问她，她说的树木对她说话，具体是什么意思。我这么问是因为，有其他人也向我分享了这种经历的有趣变体：他们的内心有一个声音，一个只有他们自己能听见的强大声音，一种在高处指引他们的深沉情感，一个叫人安心、给人保护的精灵。有人说，那是“心灵感应到的东西”。

无论你是否听见树木唱歌，是否感到与自然对话，你从存在的那一刻起，就已经深深加入了这场对话。要倾听它，并放它进来。

在前一章，我详细论证了为什么停顿、静默、有意的正念和其他做法对于觉照如此重要。现在我必须再详述它们中的一个方面，那就是我们与自然互动的方式，以及为什么这些互动对我们的精神过程和幸福感具有重大意义。

相比于数码设备和媒体，自然不能给我们强烈的多巴胺波动，或者稳定的一连串刺激和各种奖赏。它不能以同样的方式平息我们的渴求。但在网上，你也不可能感受夜晚仰望星空或隔着池塘望见一只苍鹭伫立于旭日光辉之中的那份敬畏。你也不可能亲眼看到一个鸟巢或蜂巢的精湛构造，或者看见那些杰出的筑巢大师。“自然是有秩序的。”诗人、作家、环境活动家加里·斯奈德在《禅定荒野》一书中写道，“自然表面上的混沌，其实是一种更复杂的秩序。”[2] 自然的复杂性也是人的复杂性，它内在于我们，虽然有时让我们感到神秘费解，但却对我们的幸福不可或缺。斯奈德写道：“人生的这个方面引导着我们的呼吸和我们的消化，如果懂得观察欣赏，你就会发现它是深刻智能的源泉。”

几十年来，广泛且仍在增长的研究证明了自然对我们是有利的，与自然相处能使我们更健康、更快乐、在身体和精神上都更加强韧。我们甚至会更聪明，因为自然有益神经，能为各年龄段的人增强认识功能，并支持健康的生长发育，这对儿童尤其关键。“绿色时间”不仅会降低一些慢性病的风险，还对焦虑和抑郁有可观的治疗效果，它支撑着更稳健的社会和情绪成长，还会促成一种归属感，而归属感是精神健康的一个重要方面，尤其是对那些在孤立或疾病中挣扎的人而言。不仅如此，大自然的“药房”，也就是其中的植物、动物、单细胞生物，以及各种具有医疗和治愈属性的物质，也保护着我们。[3] 在自然界中，那些清洁并培育地球的进程使我们这个物种得以存活。

大自然会邀请我们（更准确地说是使我们能够）转变心态，集中注意力，放慢速度，安抚我们一触即发的心灵，使我们过载的感官恢复到基准状态。你在自然中感觉无聊吗？这个问题本身就值得思考。会这么觉得，说明我们已经大大偏离了人在自然界中的定位，知道这一点很有用处。但我们也可以借此来找到觉照因素。我们在自然界受到的刺激和在人工环境中受到的不同。在自然中体验的一切，包括无聊在内，都会鼓励我们、推动我们、提示我们，让我们改变心态、集中注意力、投入自然环境之中。要给自然以机会。要走到户外，发现你从未审视过的植物或花朵；倾听鸟儿和昆虫的鸣叫，风的窸窣，或者树木和植物更轻微的“语声”，往往是它们构成了我们一天中的含糊背景。像这样专注投入能够抚平心灵，减少转移注意力去寻找更多感觉刺激的急迫心情。

要通过试验确认自然如何影响你的情绪和能量。在不同的户外环境中留意自己的感觉，包括身体和情绪上的：无聊、镇定、平静、焦虑、对负面思虑的投入等。看看当你更换别的方式投入会有什么变化：默默沉浸在环境中或坐或立，出门散步，照料花园。你的心灵状态是否有什么变化，无论多么轻微？停下来思量那种联结的感觉，这就是彻底投入的具身智能。

> 采取大自然的步调：她的秘密就是耐心。
>
> ——拉尔夫·沃尔多·爱默生

总有新东西

想想你为钻研一部新手机、一台新装置或是一个新游戏付出的时间。起初那感觉真棒：你厘清了新鲜或者陌生的功能，发现了系统中的漏洞或者变通方法，有几次还花了几个小时求教于技术支持。我就这么做过。人对更新、更多、更好的东西似乎天然有一种向往。有一个概念叫“享乐适应”，又称“享乐跑步机”，即无论我们拥有多少，最终都会对自己的生活水平产生适应并向往更多；我们总觉得需要得到更多才能幸福，永远不知道满足。不过“得到新东西”和“做新的事”毕竟不同，我努力让自己经常想起这种不同。自然界也能提醒我们这一点。作为消费者，我们都浸泡在一个“得到新东西”的环境中，它始终不加质疑地培养消费文化——虽然我们也知道自己最终要告别物质，哪怕是那些有目的和有价值的物质。你还可以走入自然，感受

“做新的事”是什么体验（即使你从前已经体验过无数次了），你会摆脱消费者的角色，融入一个奖励简单联结的环境。我们知道，新的体验会塑造大脑，并成为我们本性中不可或缺的一部分。那么要挑选一样东西融入我们的本性，还有什么比自然更好的呢？

停下来，花一点时间离开屏幕和技术，以任何你能做到的方式投入自然的怀抱。我们哪怕只是短暂脱离环境四周的人造产物，自然都有办法牵住我们、拥抱我们。而且自然总在那里——缺席的是我们！我们需要的是回抱自然。在自然中，总有些细微的差别、新的东西可以发现。

我记得上小学的时候玩过一种户外挑战，叫作“生存游戏”，也叫“猎手／猎物”。我扮演的好像是食草动物。这款游戏有信息丰富的参考资料，既好玩又能学到许多知识（是我的大脑喜欢的那类东西），很吸引人：玩家在树林中奔跑，离开课堂上正常的社交生态系统，进入一套完全不同的互动状态和等级秩序中。这帮助我更好地理解了一系列事物，包括生态系统的重要性、多样性和平衡性，个人对他人的依赖，还有时刻需要奔波、只有片刻平静和安全是什么感觉。每一个参与者都有自己的优势和局限。我觉得这是真正的心灵转换，为此兴奋异常。这款游戏对生态系统方方面面的描绘到今天还留在我的记忆里，尤其是在觉照的情境之中。生态系统必须平衡，生命才能继续。可是生命靠什么维持呢？能量，还有能量在生态系统内的流动。生态系统中的每一个生物，都根据其获得和释放能量的方式扮演着特定角色。如今的我们必须做到的关键一点，就是将觉照的能量输入生态系统。

这款多玩家、多平台（包括树林和教室）的游戏引人入胜，它对信息的呈现新鲜而诱人，在刺激大脑的同时，也开启了学习通道。联结大自然也未必能将它自身的信息呈现得如此精彩，比如雨水、虫子，以及各种细节。不过，我们要是花点时间学习自然环境的“词汇”，我们仍可以找到许多在游戏中永远无法呈现的东西，包括精神境界。

我常常想，我们许多人都明白自然里有我们需要的药剂，只是不愿去找。我们把这件事往后推、往下降，非要有了时间再去处理，而时间又永远不够。我们对自己的逼迫越发强烈和持久，直到身体终于发出警示，我们感到生病了、枯竭了、倦怠了，这时才有了时间。但这时才去弥补，就好比等到脱水了再去喝水。或者（无限期）等到合适的时机才去健身房、才向人求助、才去安排体检或者随便去干什么。当我们的精力都集中在脱离自然的生活上时，无论那生活表面上多么美好，我们的认知进程都会深陷其中，无法腾出精力来与自然、作为自然一部分的我们自己建立联系。如果你还在等待一个和宇宙重新联结的信号，不妨认为这本书就是那个信号。

当我为这一章思考访问对象，回想有谁的生活和生计深植于他们与自然界的关系时，我的脑海中浮现出一些人。你很快就会同他们见面。简单来说，他们都是我们这个星球的管家，也是各自领域的远见者。

仿生学和山丘一样古老，并且就像我通过实验室和生活中的故事分享的一样，如今它已是科学的一个成熟领域，它是创新的源头，不仅改善了药物，也挽救了无数生命。但是原住民的创世神话和传统也提醒我们，早在出现形式化的科学研究之前，人们已经将自然看作一道最关键的源泉了，其中涌出了人类最高超的智慧，以及最具灵感的行为。无论我们日常的生活和工具离自然多远，我们的人生都被人与自然的关系定义，我们过上觉照生活的能力也在这一联结中不断壮大。

> 行走是一项伟大冒险，是首要的冥想，对人类来说是心灵与精神的基本实践。行走是灵性与谦卑之间恰到好处的平衡。[4]
>
> ——加里·斯奈德，《禅定荒野》

我在树林中的行走，加上我们实验室在自然界中脚踏实地的尝试，始终刺激着新鲜思想，这些思想对于推进我们的工作至关重要。除了这样的逸事证据（其中可能包含你自己的难忘经历），研究还指出在自然中流连不仅能带来一系列有益身心的好处，还可以促成自我调节和精神发展。每一件觉照工具的核心都有自然的某种形式，因为就像人们说的，我们并不外在于自然，我们就是自然；我们的思维过程在自然中镶嵌纠缠，难解难分：在身体、心智、社交、情绪和精神上都是如此。排除其中的任何一环，你都会丧失这股能量之源，并削弱自身的潜力。调动全部，觉照就会出现！

大卫·铃木：在生命之网上找到你的位置

大卫·铃木是一位科学家，也是大胆发声的环境活动家，他在85岁生日后不久直言不讳地对我说了一番话。他分享了他和一家大石油公司CEO会面的故事，对方要求和他对话，谈谈几个有关发展的争议问题。铃木同意会面，但也提了一个条件：他们先作为两个人谈一场，不涉及任何议程，无论是铃木自己的、那家石油公司的，还是随便什么人的。这是为了找到双方作为人类的共同兴趣，再在这个基础上建立关系、进一步对话。毕竟，“如果缺乏基本的共识，那么讨论输油管道、碳税和碳排放就没有任何意义”。对方同意了。会面开始，铃木说他首先发言，谈到了人类最基本的共性：人的身体。有四个基本的生物学事实，双方都认同吗?

第一，“如果三分钟没有空气，你就会死。如果你只有污染的空气可以呼吸，你会生病。那么你是否同意，清洁的空气是自然的礼物，我们收下它，也有责任保护它，因为这些空气是给地球上的所有生物使用的。”

第二，“我们的体重有超过七成是水。我们的本质是一团水，只因为加够了增稠剂才没在地板上散开，但我们仍会从皮肤、从嘴巴、从鼻子、从胯下漏出水来。如果四到六天不喝水，你就会死。如果喝下污水，你会生病。因此清洁的水就像干净的空气，是自然的礼物，我们有保护它的义务。”

他接着说：“食物就有点不同了。没了食物我们还能活上很久，可要是四到六周不吃东西，我们也会死去。我们的食物大多来自土壤。因此清洁的食物和土壤，就像清洁的空气和水一样，也是必需品。”

对话继续。他接着论证，光合作用也是大自然中一个神圣、关键的元素。光合作用代表了火，植物在这一过程中吸收阳光（能量），将它储存为化学能，再通过我们吃下植物或动物，将化学能输送给我们。我们燃烧植物能量作为燃料，正如我们提取化石燃料、木材、粪便或泥炭中储存的太阳能。“神奇的是，原住民将这四样东西称为土、气、火、水，认作我们生命的源头，而这些元素都是由生命之网输送给我们的。”他说，“在我看来，地球生命的神奇之处在于，我们需要的东西，都受到了生命之网的净化、创造和增强。这是我们的生存和幸福的根本基础。”

他说，那位 CEO“是个好人”，但当铃木提到我们都是动物、都有这些基本需求时，他却怒了——铃木不动声色地对我说：“喂，我是生物学家嘛。你要不是动物，就只能是植物了。”我们交谈时，他们的对话早已过去，但几十年中，铃木不得不继续将这些永恒不变的基本事实解释给其他 CEO、权力掮客以及更广大的观众。难怪他对我们这个物种的傲慢已经没有了耐心。

自大只会加速我们的灭亡，他说。没有了清洁的空气、清洁的水、安全的食物，以及将阳光转化为能量供我们消耗的植物，我们就是灰尘。这些关于生命的生物学事实、人类生存的基本条件，是绝不会变的。

他说：“我们太急于证明自己有多聪明了，乃至把自己的造物抬到了比自然还高的位置。”他指的是各种人造物品及其支持体系，为创造它们，我们已经牺牲了全人类生存所需的关键环境体系。

研究者不断发现新的证据，证明生命在这个星球上的复杂联结。我们常常发现，那些不被我们察觉的动物，它们的痛苦却来自我们：蜘蛛、蚯蚓、蜗牛、龙虾、章鱼、昆虫，还有许许多多。[5] 一旦我们知道了它们也不能免于疼痛，我们又该怎样将它们拉入之前它们不占有一席之地的道德图景呢？

“我们这个时代的难题是重新发现大多数先民都明了的一个道理，即我们在这张自然关系之网中的位置。”铃木说，“然后要适当改造我们的体制，确保我们不会在发展中摧毁这个网络。”

多关注自然，我们就不会把它当成不相干的事物随便读读听听，也不会只关注它对我们的精神健康和生存的关键作用了。我们还会在个人经历和认识的激励下采取行动。虽然我们必须在短时间内学会很多，因为我们造成的破坏已经累积好几十年，把环境推到了崩溃的边缘，但有一件事是我们马上就能做的：摆脱以“我们人类”为中心的视角，不再通过自大的透镜观看世界。[6]

> 只要爱上这个世界，你就开始改善世界了。人类会为了挽救自己所爱的事物奋斗至最后一息。爱上野生世界吧，这是你拯救世界的第一步。[7]
>
> ——玛格丽特·伦克尔

潘多拉·托马斯：作为遗产和蓝图的永续农业

潘多拉·托马斯解释说，在人生的大部分时间，她都是那种“总是在变的人”，意思是她总在倾听宇宙的指引走出下一步。在这种指引下，她人生的前 30 年里始终在学习、传授、做社区的建设者。她曾在超过 12 个国家设计课程和教书，学生里有伊拉克和印度尼西亚的年轻人，也有在圣昆廷监狱服刑的男犯人，还有监禁后释放的男男女女。她学了四门语言，出演过纪录片，还做过哥伦比亚大学人权研究所、布朗克斯动物园和全民绿色（Green for All）组织的实习生或研究员。她为丰田工作过 6 年，作为联盟成员为丰田绿色倡议（Toyota Green Initiative）规划并服务。近些年，她回到了当年出发的加州伯克利，指引她回归的是她一生向祖先致敬的做法，具体来说，就是倾听她的非洲裔美国和非洲裔原住民祖先留下的遗产。她说，这份遗产中包含了一道与自然界的强大联系。“我意识到，自己寻求的指引不仅来自宇宙，也来自一切存在的事物，其中包括人，人以外的植物和动物，以及精神世界。”

28 岁那年，她心中一动，一个清晰的答案浮现出来。“我辞掉工作，成为一名博物学家。我把所有时间都花在了博物学上，收入很少，但博物学是我做过的最好的事业。”她后来在一封邮件中写道，“树木挽救了我。它们倾听我，爱我，不懈地支持我，也反映着我的美，它们对我别无所求，只要我能不断呼出二氧化碳给它们当食物即可。”[8] 写到这里，她在正文中加了一个微笑的表情，“有它们在身边，我的呼吸也顺畅了！”

她不由自主地担起了推广祖先遗志的责任，这不仅是为她自己，在更大范围也是全球永续农业运动的一部分。在农业中，永续农业是一种可持续生存的方向，或者一套复原重生的做法，是将人、农业和社会都看作自然生态系统的一部分。[9] 在从前以人为中心设计的生态系统中，大多数人的生活以及我们的大部分行动都是为了支持人类和牲畜，而在永续农业中，人类只是生态系统中的小小一环。比如从屋顶收集雨水，就是与自然合一的一种生活方式。永续农业认为，所有植物和动物都对于社群不可或缺，社群与它们是互惠的关系。食物、能量和处所的供应都是可持续的。

人类的生存向来需要与自然的体系、节律相调和，但后来现代化将大自然和原住民的智慧逼入了角落，直到20世纪70年代，永续农业才作为一个有意向的选择重新引起了人们的兴趣。如今它日渐在全球受到重视，用来应对气候变化、环境退化，以及威胁人类生存的社会不公与经济不公。

> 地球是我们最年长的教师，它孕育了我们，我们要如何用日常的行动向它致敬呢？[10]
>
> ——潘多拉·托马斯

读大学时，托马斯打算以后做一名城市规划师。而今天的她其实已经是一位行星规划师了。作为教师及课程设计者、童书作者、设计师和活动家，她将生态学原则应用到了社会规划中，以此推广社会性永续农业，作为另一种实践可持续原则的方法。2020年，她创立了“地球种子永续农业中心”（EARTHseed Permaculture Center，EPC），这是一块占地14英亩（约0.06平方千米）的永续农场，兼作教育和休养中心，位于加州的索诺玛谷葡萄酒产区。这是第一座由非洲裔/原住民后裔以及纯黑人拥有并运营的永续农场，对托马斯来说，这也实现了她的意图，能将非洲和美洲原住民关于大地智慧的遗产发扬光大，为大家所用。她特别解释说，她还在这份遗产中纳入了先民的“Ma’at”原则，那是古埃及人对真理、正义、融洽与平衡的概念。其中有几条最契合人与自然的关系：你不可对圣地不敬，不可伤害人及动物，只可领取自己那一份食物，不可污染水土。

> 对那些害怕、寂寞或不开心的人而言，最好的解药是走出去，到一个能与天空、自然和上帝安静独处的地方……我

坚定地相信，大自然能为一切烦恼带来慰藉。

——安妮·弗兰克，《安妮日记》

托马斯在永续农业的原则中听见了她自己的成长经历和家庭价值的回响："先民的遗产其实人人都继承了，而对于我，领我上路的是那些非洲裔/原住民祖先，其中有人，也有非人。我的父母教会我倾听。无论他们因为什么而有其他缺点，他们都教导我要爱别人，爱地球，于是我学会了倾听，而不是一味说话。我觉得自己本来就能在生活中倾听和观察，正巧又有人向我介绍了永续农业，我觉得它很有趣，因为永续农业的首要原则之一就是观察和互动。于是我越发专注地倾听，我的态度里也包含了一种信念，就是有超越于我的东西正在引导我——只要我肯倾听。"

模仿生物还是剥削生物：你和自然之间的关系是什么样的

在自然万物的次序中，人类在传统的猎食者里根本排不上号。自然界的顶级猎食者，也就是占据食物链顶端，没有天敌的猎食动物，包括狮子、虎鲸，以及在主流鸟类和爬行类动物中与它们地位相当的猎食者。一个人如果赤手空拳进入这些猎食动物的地盘，与其说是威胁，更像是一道开胃菜。然而换一个视角，以对环境的影响来说，人类的表现就相当不同了。怀着自视甚高的心理、赢利第一的目标，以及工业化的工具手段，我们成为对所有生物的致命威胁（也包括我们自己，因为我们在生活的社群中消灭了所有猎食者，只剩下其他同类来威胁我们的健康与安全）。我们要想更有效、更成功、更发达，就得改造自己和人类以及非人类世界的关系，使其中少一点交易的味道，不能再一味考虑"这对我有什么好处"了，而是要明白我们同属于一个自然生态系统。在这个意义上，我们都是一体的，都适用人们经常引用的那条原住民箴言：“我们怎么对待地球，就是怎么对待自己。”

我们就像日本农民兼哲学家福冈正信所说的，是“自然之道”。我们就是自然。我们越是明白驱动和维持整个自然的周期内在于地球的动态均衡，就越是能将自己的居所和社群设计得健康、安全、节能，也越是能用可持续的手段培育食物，并依据对自然之力的深刻认识应对新的困境，而不是只凭恐惧或贪婪行事。

> 在我们的文化中，我们从不直接到大地上索取任何东西，非得先供奉一些给大地才行。供奉的可以是食品、衣服或烟草。我们会举行一场感恩仪式，说一声“谢谢您，大地母亲。虽然我们对您做了坏事，您仍抱持无条件的爱”。
>
> ——戴夫·库谢纳长老

大卫·铃木还记得他刚成为遗传学家时的情形，那是1962年，蕾切尔·卡森在同年出版了《寂静的春天》。这本书是一声号召，它用证据指出，无差别使用杀虫剂，尤其是DDT（双对氯苯基三氯乙烷）即将造成毁灭性后果。作为新晋遗传学家，铃木专攻的是生命微观粒子中最精细的片段，读到这本书时，他震惊了：“我意识到，人在专心研究时，会完全忽略研究对象的背景，而对象之所以有趣，正是因为其背景。我们对此一无所知，当保罗·米勒发现DDT能杀死昆虫，并在1948年获得诺贝尔奖后，大家想的都是，哇，用这个法子防控害虫真好。让我意外的是，生态学家竟没有站出来说‘先别急，也许对人类来说，有一两种昆虫确实是害虫。但昆虫是地球动物中最重要的一类，为什么要为了一两种害虫，就发明一种物质杀死所有昆虫呢？这根本就不是什么伟大创新’。遗传学家也可以站出来说一句，‘听着，用药物杀虫就像是永远停不下来的跑步机。像这样筛选害虫，只会逼得害虫变异，那样你就必须不断发明新的杀虫剂，永远没有个头’。但事实上，没人关心这个。大家只是一个劲地感叹 DDT 多么强大。”

“这种事情一遍遍上演。我们想出了一个看似很好的主意，却没有看清它的作用环境，最后付出高昂的代价。”他说。

我们要克服自己的冲动，不能对控制自然的创新一味喜欢而不去彻底考察其后果，不能让那些做法到头来破坏生态系统的稳定性。我们在任何时候都可以问上一句：对这件事，我们可以从自然中学到什么？

雅尼娜·拜纽什是仿生学研究所（Biomimicry Institute）的创立者之一，她在《论仿生》（*Biomimicry*）一书中写道：“能回答我们问题的答案到处都有，我们只需改变看世界的角度即可。[11] 我们世界的运行越是接近自然界，就越有可能在这座家园里持续生存下去[12]，这是我们的家园，又不只是我们的。”

> 思索地球之美，就会找到和生命一样持久的力量……自然的重复吟唱中有着无穷的愈合功效——它向我们保证，黑夜之后必有黎明，寒冬结束就是春光。[13]
>
> ——蕾切尔·卡森

库谢纳长老指出：“选择是我们的天赋。动物没有这个能力。每天早晨醒来，你总可以做出选择，选择照着你向往的方式生活。每个人都有这个选择，但我认为到了某个时候，我们都必须停下来问一句，‘我们现在过的生活，真的可以持续吗？’”

大自然的秘密就藏在眼前

在仿生学领域，当我们在自然中寻找漫长地质时代中演化出的想法、策略、机制和适应手段时，我们常常发现，大自然对一个问题的回答和解决之道，也有助于我们解答问题。不过通常来说，我们不能直接靠模仿自然来解决问题，而且不巧的是，我们有时并不知道如何求教于自然，造化之工也没有一份主索引可供参考。我们在试验中发现并应用这些秘密，同时也是在编写索引供其他人使用，这件事本身就令人兴奋。

比如我们实验室刚开张时，曾与一名皮肤病学者合作，想发明一种外用乳膏，以克服对于镍的皮肤过敏。镍是一种用于日常物品的金属，轻易就与皮肤接触。就像某些防晒霜会在皮肤上施一层纳米颗粒阻挡阳光，我们也希望发明一种安全的纳米颗粒，能够罩住皮肤，并与镍绑定，从而阻挡它被皮肤吸收。我们最终决定，可以用贝壳和白垩中的碳酸钙作为配方，加到乳膏里实现这一效果。我们在分子层面开展研究，想考察绑定过程并找到大小合适的纳米颗粒和配方，以达到最大的功效和安全性，然后迅速将这种护肤霜送到用户手中，让它作为一款容易获得的护肤品发挥作用。一段时间之后，我发现大自然已经解决这个问题了——靠的是浮游植物，这种微小的植物对于海洋生态系统不可或缺。某些浮游植物生活的海洋层里，会接触到自然产生的重金属，研究还发现它们会用碳酸钙做成护甲罩在体外。不管这些护甲还有什么别的好处，它们可能都会保护浮游植物免于吸收重金属。

这类发现其实一直都有，只是它们很少登上头条，在科学期刊里也备受冷落。但大自然的巧思能鼓励研究者坚持下去。大约十年前，一位同行和他的团队发明了一种方法，能将针叶树里如稻草般的木质部组织做成滤网，用来阻隔细菌，滤出饮用水。植物的木质部里有一类专门细胞，能将水和其中溶解的矿物质从树根运送到其他部位。[14] 借鉴这一自然流程，研究者发明了一种低技术滤网，并做出样机，使用易得、廉价、生物可降解、可丢弃的材料来过滤脏水。这种滤网会在世界一些地区产生巨大影响，在那里水污染严重，导致水传染疾病肆虐，对净水的需求急迫。最近，团队的样机在印度成功测试，他们还在设法扩大规模，将滤网应用到更广大的社群中。

> 无论我多久忘记了给花园浇水，无论天气多么寒冷，嫩芽总会使劲钻出泥土，叶片也总会努力长出。生命在过去亿万年中无论遭遇了什么，不管它是小行星还是其他什么，地球总在不停地创造美丽与惊奇，今后也会如此。[15]
>
> ——桑哈夫·桑卡尔，地球正义组织（Earthjustice）高级项目副总裁

人类与自然界非人类的对话相当深刻，却也常常受到干扰，虽然我们在自然中寻找解决问题的方案，但却往往忽略它对我们的提醒。库谢纳长老指出：“自然会向你发送一条消息，或许是一个温和的信号。如果你没读懂，它会重发，还会调高信号的力度或痛感。疼痛真的是一位好老师，堪称特级教师。当你痛了，你会竭尽所能消除疼痛。而精神意义上的疼痛是一名信使，他说‘或许有些事你需要想一想，需要变一变了’。”

关键是，自然不会干等着我们回应，如果忽略它的消息，受罪的是我们自己。比如新冠就是有话直说的。新冠在流行的前两年里造成了近 1500 万人死亡，给人类敲响了警钟。[16]其实在新冠暴发前好几年，来自流行病学、病毒学、公共卫生等领域的科学家已经表达了担忧，态度也日渐急迫，说有一场大疫可能要来。他们指出，就像是演化出耐受抗生素的超级病菌，许多条件已经具备，尤其是在工业规模的农场当中，它们完全可能促成一场大疫，比如新冠。科学没有撒谎，自然规律表明了态度。现今仍然如此。耐受抗生素的超级细菌造成的感染持续增多，专家们密切注意，并警告我们催生下一场大疫的条件已经成熟。

据 2021 年英国的一项研究报告，传染性最强的是人畜共患病，会从其他动物跳转到人类身上。虽然这方面的科研还未充分定义，但我们已经知道跨种系传播的原因似乎是人类与野生动物的密切互动以及工厂化养殖。这类传播与用水不安全以及生物多样性的减少密切相关。可是公众的讨论却常常把罪责推到那些动物头上，大家一致否认基于证据的信息，以及旨在预防未来疫情的措施建议。无论我们觉得这些问题离我们多么遥远，解决它们都是大家的共同责任。

即使现在，新冠给我们的最重要的教训仍被许多人忽视：把病毒说成坏人是不对的。潘多拉·托马斯指出："我们常常谈论病毒，每次说起，都是如何'对抗'病毒。可是在我看来，眼下要做的不是对抗，而是要理解规律、认识规律。"

托尼·哥德堡是威斯康星大学麦迪逊分校的病毒学家，他表示规律是明确的："如果所有病毒一下子消失，人类的乐土会持续一天半的时间，然后我们都会死去。这是最根本的。病毒为世界做了许多关键工作，远超过它们做的坏事。"有些病毒甚至维系着生物个体的健康，从真菌、植物、昆虫到人类都受益于它们。

我常常说，演化是解决问题的最佳途径，因为自然拥有一切智慧。人类只领会了其中微不足道的一部分，我们只能通过自己有限的头脑去理解它们。把一滴溪水放到显微镜下观察，或透过望远镜仰望夜空中的闪光点，你会瞥见一个更大、更深的真相：有那么多东西是我们看不见或者不知道的，但是它们早已存在，影响着溪流和宇宙，也影响着我们。我们要如何带着这份觉悟接触自然，观察它、研究它、倾听它的新鲜洞见呢？

让我和草木为友，和土壤相亲，我便已觉得心满意足。我的灵魂很舒服地在泥土里蠕动，觉得很快乐。[17]

——林语堂，《生活的艺术》

用方案钉死滑不留手的课题

几年前，我收到了佩德罗·J. 德尔尼达的一封邮件，他是波士顿儿童医院的心脏外科主任，经手治疗的许多婴孩和儿童心腔上都有漏洞（室间隔缺损）。用缝线缝合这些漏洞容易撕裂脆弱的心脏组织。他解释说，他们科的设备对成人效果很好，但这些设备尺寸固定，不能简单地缩小，不然随着孩子成长，心脏会长得比设备还大。

他问道，我们能不能发明点什么，解决这一问题。我们设想了一种贴片，它能放到跳动的心脏内部封住漏洞，并随着患者长出自己的心脏组织堵住漏洞而降解，这样封堵面积就能随着心脏一起增大了。

回到实验室里，我们集思广益探讨各种可能，但可行的一个都想不出来。最后我们把一切推翻了重来——我们的心态始终新鲜、好奇而兴奋，因为我们知道周围的大自然中有许多方案和创意，能用来解决我们的课题。演化为我们提供了亿万年的研究与开发经验。带着这份觉悟我们问道：自然界中，有哪些动物是在潮湿的动态环境中栖息的？那些环境就相当于我们放置贴片的部位。

领导这项研究的是当时在实验室念研究生的玛丽亚·佩雷拉，她要大家给她发送潮湿环境中的黏性生物的照片。我们发现，蜗牛、蛞蝓和蚯蚓都会分泌蜂蜜似的黏液和疏水剂（有防水作用）。我们开始利用自己掌握的关于这些小动物的知识，想发明一种胶水，它要能排开心脏表面的血液，实现密切接触。最终，牢牢粘住湿润组织的要求将我们引向了常春藤。常春藤之所以能攀上建筑，是因为它会将根毛伸进墙上的缝隙、收缩，然后相互锁合。我们能不能也发明一种类似的胶水，它不仅会像创可贴一样贴住心脏组织，还能像墙壁上的常春藤一样渗透进去，产生像魔术贴般的牢固黏性？

我们动起手来，立项后两年，我们发明了一种有弹性的薄而透明的贴片，它能粘上胶水贴住心脏，再用光线激活胶水，就能封住漏洞了。这款胶水已经在欧洲获批用于血管重建手术，能在手术中封住血管。目前有几项研究正在进行，目的是将它推广到欧洲以外。

在未来几年，这项技术可能用于各种手术，包括无缝合神经重建以及疝修补术（无须固定钉），从而为全世界的病人减少并发症，加速康复。从蛞蝓、蜗牛到常春藤，自然的方法手册里早已记载了制胜策略。

大自然张开了许多维度来帮助我们，我们也不断地从自然中获益；现在我们需要认真考虑库谢纳长老说的话了：向大地母亲献上供奉，感谢她让我们取用各种东西。感谢的方法之一是将重心从肆意索取修正为更轻柔地索取，同时还要回报，就像科学家、作家、麦克阿瑟"天才奖"获得者罗宾·沃尔·基默尔所说的那样。[18] 基默尔是波塔瓦托米族，她将族人传下的原住民智慧和她接受的科学训练编织到一起，将从前那种"无节制搜刮自然的世界观"描述为"对我们周围生命的最大威胁"。要纠正我们和地球的关系，就得做出根本性转变，她说首先要改的就是这种世界观。我们不能再问"还能从地球索取什么"了，她说："现在该问的难道不是'地球要求我们做什么'吗？"

体会你在自然中的感受。

↓

观察自然万物组成的瑰丽网络。

↓

让万物互联的支撑力将你托起。

↓

体验使人恢复并重生的无穷生命奇迹。

有一个办法可以更好地体会自然之妙，就是将我们习以为常的平凡事物与自然创造的内在进程联系到一起。比如锻炼为什么有强身效果？因为背后有自然做工。我们为什么有这么丰富的情感，这么多社交的和情绪的需求？背后也是自然。我们为什么能够轻松活着，不必思考如何呼吸、如何消化食物？因为自然。我们为何能感受支持、感受平静？哦，同样是自然在起作用。我们就是自然。

自然界仿佛是对我们心灵的一种净化、一次水疗，它能放慢事情的步调，将我们恢复到基线状态，这样我们即使不能立刻体验收益，在自然中放松身心也可以让我们补充活力。我们未必能够马上感知这种效果，一定要先远离我们自己创造的那种紧张体验，不被药物、酒精、电子设备、营销手段和产品化的做法驱使，要走进自然并在自然中无所事事地存在。其中除了有基本的生理因素，还有或许令人意外的自我同情在起作用。自我同情本就是我们需要的，但我们常常压抑它。我们在任何时候欣赏自然中的一样事物，实质上也在同时欣赏自己内心的什么东西。比如看见一场美丽的日落，我们体会的不仅是外在于自身的东西（日落时的环境），也有内在的东西，是我们身体的感官以及更深的感性。当我们深深体会到对自然的欣赏之情，我们就可以试着在这些时刻体会自己的美，欣赏其中人性的一面，并对自己和他人共情。

如果我们愿意，自然还能帮我们培养耐心和坚韧。

查尔斯·亨利·特纳在蚂蚁的行为中观察到了难以分辨的细微差别，你不妨从中找一点启发。虽然人们一般认为蚂蚁都是机械死板的，但只要像特纳一样花时间仔细观察，并对那细微的差别培养一点认识和好奇心，我们就会发现蚂蚁的行为其实体现了创意——蚂蚁也有神经多样性。我们永远不会丢失自己的神经多样性，要表达它也永远不迟。想想哪些方式能让你最自然地体验和解释世界。什么东西能通过你独特的脑化学物质及神经系统和你共鸣，什么让你的心灵和身体都感觉最真实？每天都试着用这个方法多投入一点，以此拥抱自然——要把自己的神经多样性嵌进大自然的那幅狂野而活泼的拼图中去。

一天，我到树林里去遛狗，见一位母亲带着孩子蹲在地上，看着一块石头。母亲抬起石块对孩子说：“不知道今天会在下面看到什么恶心的爬虫呢！”好一个迷人的比喻，值得我们记住：今天我们可以抬起什么石头，激活内心对于自然的好奇呢？抬起一块石头看看下面，这是一个能立即打开开关的时刻，就像仰望夜晚的星空一般令人惊奇。这是一个我们可以养成的习惯，一项我们可以在练习时乐在其中的技能。

- 做问题的解决者 -

“我们要勇敢地开始了解万物，还有各种赋予我们生命的系统，我们也要了解自己和它们的关系。”潘多拉·托马斯说，“我们要做问题的解决者，不能只靠别人来解决问题。说到自然，我们必须主动重建和自然的关系。”下面介绍一些简单的上手方法，它们都是启动能量较低的选项，由托马斯和其他仿生学家提出。

- 放慢速度。放慢你的一天。放慢你的反应。要慢慢地注意、观察，将感官完全集中于当下。

- 了解自己的居所。深刻知道并理解你生活的地方，会在各个方面都让你觉得踏实。在生活或工作中接近土地的人向来知道这一点。他们学会了读懂天气、土壤和植物，以及动物迁徙的规律。住在城市和近郊的人们也可以同样了解自己的居所。要了解你的水源，以及将水输送给你的各套系统。打理一个园子，利用大自然的体系来滋养我们。“如果你有自己的住房，就改用太阳能和电能。你的家宅不能只有先进技术，你还得知道怎么把这些技术整合起来。”托马斯说。

- 用自己的眼睛看。要注意，对于影响你的社区以及更大社群的事物的信息，有多少是你从手机应用、社交媒体、出版物和其他人那里获得的。只要有机会，你就要更直接地参与。

- 将注意力聚焦到连通了自然的亲友身上，要创造机会向他们学习，和他们共同体验自然。具体可以观察其他人如何联结自然（以此培养认识）并向他们表达好奇心。

- 用好学习资源。参观你自己或其他社区的垃圾回收站、电站、污水处理站、试验花园或者可持续项目。

- 把手弄脏。如果可以，打理一个园子。如果没这个条件，就在花盆里栽一粒种子或一块球茎，然后好好照料。给植物换盆。搂叶子。试试堆肥。研究永续农业，钻研那些人类以外的结构和智能的课题。"生态意识、系统意识都很关键，因为这两样也有助于我们社群的生存。"托马斯说，"我们不能只靠专家来帮助我们理解如何增强韧性，不然专家一走，我们该怎么办？"

- 改变问题。要改变人与自然之间交易性的关系（"你能为我做什么？"），要把这种关系的基础改换成我们的人生、命运与自然其他部分的相互联结：我能做些什么回报地球？我能怎样改变生活方式，从而保存、守护并培养自然资源？我们如何改变问题以找到答案，从而修复并强化我们和自然的联系？除了到树林里散步，我们如何将这些原则融入现代生活的一砖一瓦之中？

- 每次只做一件事。通过这样做来练习抚平杂念、强化意识，并且最大限度地把握当下。要留意自己什么时候在一心多用，并且有意识地选择专注于一个对象（一个人、一项任务、一个活动），在其中投入你的全部注意力。这是一项会随着练习改善的技能。一心多用会使人效率低下，但更糟的还是我的朋友乔舒亚·弗拉什所说的，它会搞乱心灵、平添压力，使我们散发出焦虑的负能量，影响周围的人，并缩小我们与人交心的潜力。练好一心一意的本领，我们就会慢下来，获得丰富完整的体验，并将这股能量传给他人。

- **拥抱有意识的节奏，以此改造世界。**我们可以通过治愈自己来治愈环境，而治愈自己的起点是用符合人性的步调生活，要利用这种步调支持清晰的思考，做出审慎的行动。

第十三章

点亮世界：创造一种勇敢而关怀的文化

保持最深的渴望，既渴望美好的生活，

也渴望一个让每一个人茁壮成长的世界

“

对我来说这是一个简单的问题：如果我们不接受立即改变世界的挑战，又靠谁在什么时候接受这个挑战呢？

——雷金纳德·舒福德，北卡罗来纳州公正中心总干事

这个反乌托邦的故事梗概好像是从漫威或环球影视的编剧室里创作出来的：地球上的森林燃起熊熊大火，有些地方被洪水淹没，另一些地方庄稼因旱灾而倒伏。一场疫情消灭了千百万人口，另一场即将到来。战争和民团暴力激起恐惧，逼得数千万人离开家园，去资源本已匮乏的地方寻求庇护。满怀仇恨的权力掮客和狂热分子肆无忌惮地欺凌世界，威胁实施大规模毁灭。一些科学家所说的“人类世”由此拉开序幕，在这个新的地质时代，人类对地质和生态系统的影响，将使这颗行星（至少使人类自己）走向灭亡。

我们都知道这不是一部电影，而是我们生活的世界，但我们不知道这个故事将如何结束，因为那个结局我们仍在编写。现在机会就在我们手中。我们已拥有所需要的一切工具：来自全球的资源、技术、巧思和机会。不过，要让故事转向我们渴望的光明一面，让它不仅有利于我们自己，也有利于将来的世代，我们就需要让自己的反应觉照起来。就像我在本书开头说的那样，觉照的思想和行动是我们天生的能力。这种能力始终开放，在任何时间、任何场合我们都可以

有意向地运用它。觉照工具激发的能量会点燃我们生活的方方面面。这些工具可以用来振奋当下，也能用来规划如何创造你向往的生活。

暂且想象这样一个世界：在其中，我们用最好的想法、最有灵感的行动转变了一个灾难丛生的世界，将自身从灭绝的边缘拯救出来；在这个世界，觉照的能量和行动将新鲜的力量永久带到了这颗星球上。这是好莱坞编剧能够想出的乌托邦故事，但这绝非科学幻想。这是我们将要编写的故事。改造世界的伟业将由我们完成。在生活和电影里，改造世界都是一种需要意向的创造行动。我们都已经置身于这个创造性的难题之中。我们正在改造世界，我们可以把它变成一个觉照的世界。

我们并非从零开始建设。“人类很晚才醒悟到，积极地管理地球会带来各种挑战和机遇，但我们毕竟醒过来了。”一个由诺贝尔奖得主及其他重要专家组成的委员会这样表示。[1]2021 年，这个委员会组织了一次全球峰会，并发布了题为“我们的行星，我们的未来”的声明。他们在其中紧急呼吁，要集中行动重建我们与自然的关系，并以新的方式整合能量，服务于地球。

“我们需要重新发明自身与地球的关系。”声明中写道。

> 地球上所有生命的将来，包括人类和人类社会，都有赖于我们能否有效管理全球的公共事物（包括调节地球状态的气候、冰川、陆地、海洋、淡水、森林、土壤和丰富多样的生命），能否集众人之力创造一套独特、和谐的生命支持系统。要让我们的经济和社会支持地球系统的和谐而不是破坏它，这是眼下攸关生死的需求。

> 如果人类创造了某个问题，这个问题就需要由人类解答。[2]
>
> ——莫妮卡·别尔斯克，“进托邦未来”（Protopia Futures）创始人

在《半个地球》一书中，生物学家兼博物学者爱德华·威尔逊这样描述了当下的时代，说它既是地球的灾难，也是空前的希望，因为我们处在一个独特位置，正好可以发挥影响力：“历史上第一次，在那些能将眼光放到十年之后的人中间形成了一个共识——我们手上的全球大棋已到了收官阶段。”[3]

在这个时代，我们若想解决眼前的问题，并在将来发展出激动人心的可能，就需要在全部领域都采取突破性的策略和行动，即觉照的行动。我们不仅要尝试，还要以持续的工作成功把握时机。要做到这点，第一步就是个人采取行动，每个人都要在自身可及的范围内竭力发挥影响。我们要在自己的生活中提出高产出问题，在每一天里推动周围的对话，以此激发出负责、共情的行动。

人类能够充满创意地解决问题，实在令人鼓舞。想想从前：飞上天空、飞入宇宙、与世界其他地方的人即时通信，这些都只是幻想，现在却成了现实。但如果想当然地认为所有问题最终都能解决，并因此心安理得地淡化它们、忽略它们，我们就有麻烦了。

对于眼前的问题，我们已经有了应对它们的创造力和解决能力。这股原始的能量已经存在，但如果不去激活，它就始终只是潜能而已。你可以拥有全世界最好的音响系统，但如果不扭开电源，你就听不见任何声音。那一包包种子不会自动在花园里发芽，除非你将他们种进土里。我们需要一种新文化，让它来创造一片生机，将资源集中到最紧迫的问题上去。这种文化该如何创造呢？

> 到了某个时间点，人类会受到召唤，要他们提升至一个新的意识境界……那个时间点就是现在。[4]
>
> ——旺加里·马塔伊，2004 年诺贝尔和平奖得主

将这些问题和潜力放到一起同时思考，可能艰难得令人却步。我

们对于走出第一步、让球滚动起来有一种天然的抗拒。但培养意识本身就是跨出了第一步。还没有进入你心灵的事物，是不会困扰你的。进步并不总是要向前跨出可行的一步，这件事有的人就是比较容易做到。意识会产生动力，困扰的意识会降低启动能量，使你继续开发。即使你对行动还没做好准备，也不要轻视自己、觉得自己不够资格。能够对问题和你的不作为感到困扰，并利用这股能量来实践意向，已经是件好事了。

在实践中，我们不必觉得自己要么可以拯救世界，要么一事无成，我们可以将自己看作世界的一分子，思考这意味着什么，每天做出一个选择，以此增加能量和动力，促成觉照的生活。你可以像永续农业专家潘多拉·托马斯推荐的那样，从自身与脚下土地的联系做起。要反思亿万年来指导地球生命延续的集体智慧和决心，那是一份能量的遗产，其中有人力也有非人力，先辈将它投入地球，并最终投入我们体内。要感受这股能量，让它感动自己。你不必栽种一片树林，只须播撒种子。或者照料一株植物。抑或观察一株植物，培养欣赏和感激之情，对于它，也对于你在自然界中的地位。要唤醒别人的觉知，让他们投入、投入、再投入。说出是什么在困扰你、哪里好像不对劲儿、哪些工作是应该做却没有做的。要问出那个“被禁止的问题”，它对形势至关重要却总没有人提及。“被禁止的问题”这一说法诞生于 1973 年，当时一位空军少校得知自己收到总统的命令就该发起核攻击，他问上级：“我怎么知道命令我发射核弹的总统的精神是否正常呢？”[5]

无论身在何处，都要竭尽所能。做一个主动的机会主义者，在环境中寻找灵感、创意和机会，以任何你能做到的方式投入，毕竟我们的周围有许多模范人物都能给人启迪。你也可以一开始就信任并支持那些需要支持的人，帮助他们发挥潜力。

如果你发现自己正深深怀疑人类的善良，就问自己几个问题：是谁在从你的悲伤和你的愤怒中获益？是谁在通过使你恐惧而发财？这样的人一定存在。[6]

——玛格丽特·伦克尔

雷金纳德·舒福德：从离家较近的地方做起，不要单干

当我访问雷金纳德·舒福德时，他正在宾州的美国公民自由联盟担任总干事，他在漫长的职业生涯中担任民权律师，为所有人争取平等和公正是他的毕生天职。在访谈中，他说我们的时代拥有巨大的潜能，而原因“正是它面临的巨大挑战”，他还提出“个人层面正是我们的出发点”。

“表达善良和慷慨的微小举动可能很有意义，还会引发连锁效应。”他说，“有句话很有道理，叫作‘全球思维，本地行动’。要从离家较近的地方做起。从你熟悉的事做起。不要自己单干。要在当地物色价值观与你相同的人和机构合作。他们一直在那里。”

和本书中许多自述生平的人一样，现任北卡罗来纳州公正中心总干事的舒福德回忆了少年时代对他产生影响的几个人，他们不仅塑造了他的价值观，还因为展示了对他的信任，使他也获得了自信，并由此彻底改变他的人生。

从幼儿到十几岁时，学校对于他来说可谓荆棘丛生。他在学校里受人欺凌，家庭也不和睦，他因此变得行为暴躁，念中学时尤其如此。他说七年级时，他因为违反校规屡次被通报，并被叫到校长办公室或辅导员那里受训。幸好有一位老师转行的辅导员，叫明妮·威廉姆斯，在舒福德的身上发现了闪光点，认为他不仅仅是个麻烦生。

“威廉姆斯女士对我很有耐心，但常常也会带一点火气。她曾说‘我不太明白该怎么对你。你的成绩很好，但你的态度和行为绝不可爱’。”到那个学年结束时，她决定好要怎么教导舒福德了，“她说‘我总算有主意了，我想在你身上冒险试试’”。她相信舒福德只是觉得学业太简单、太无聊，事实也的确如此，但他的行为误导了大多数人，使他们无法看到有待解决的潜在问题。下一学年，她把舒福德插进了优等生项目，祝他顺利，末了还加了一句：“别让我失望哦。”

“威廉姆斯女士对我的信任，使我也获得了自信。”舒福德说，“不管这种话之前听了多少，这是我第一次真的相信，我是个聪明人。这位黑人妇女为我力排众议，我也打定了主意不能叫她失望。那以后，我的行为和态度整个变了，连成绩都有了提高。我的学业曲线就此一路向上，再没掉下来。我在之后人生中享受的全部成就，都永远要感谢威廉姆斯女士的付出。”

另一位不可不提的人物是他中学一年级的语言老师邦尼·丹尼尔斯，她看出了舒福德对这一学科的喜爱，并着意培养他的阅读和写作兴趣。丹尼尔斯老师带他去看黑人主题的戏剧，“都是她自己掏钱”，他说。她还用其他方法表示看出了他的潜能。

舒福德还说，在所有人当中，他已故的母亲芭芭拉·舒福德对他的人生影响最大。“她的善良和慷慨没人比得上，虽然物质财富很少，但她富于同情和风趣，也不随便论断别人。”他说，“她对每一个人都怀有共情，对谁都没说过一句重话。无论自己生活多么艰难，她都始终那么温柔。她是我最热心的支持者和啦啦队长，总会毫不犹豫地说我很为她争气。我现在为人做事的一个主要动力，就是彰显她的遗志。”作为民权律师、法庭斗士以及一名导师，舒福德努力将这份遗志带到了生活和事业之中。其实任何人都可以坚持鼓舞自己的力量，在回顾人生时发现有谁支持过自己，并考虑如何为后来者造福，要在与别人的交往中认可、珍重并且鼓舞对方。

> 分享你的故事和你一路走来的经历，无论好坏，以此塑造后来者，让他们的旅程变得容易一些，这几乎可以说是你的责任。我觉得这就是人生在世的全部意义。
>
> ——亚当·里彭，奥运会花样滑冰团体赛铜牌得主

阿比盖尔·迪伦是一名律师，也是地球正义组织总裁。地球正义是一个非营利性公益组织，专门开展环境诉讼。迪伦表示，我们发起改变的能力，其实比我们自己认为的要强大许多。“我们低估了自身的贡献能力，其实在自身影响范围内，我们完全能用行动解决眼前的问题。”她在《危机时代的诉讼》（Litigating in a Time of Crisis）一文中写道。[7] 这篇文章被收录进一本充满力量和启发的文集，标题是《我们能拯救什么：气候危机的真相、勇气和解决方案》（*All We Can Save: Truth, Courage, and Solutions for the Climate Crisis*）。

> 再过几十年，当我们在一个较为舒适安全的地方回顾今天，我们应当会记得千百万名先行者，他们面对空前的危险没有移开视线，而是调动自身的力量，从根本上领导了变革。
>
> ——阿比盖尔·迪伦，地球正义组织

作为活动家，舒福德说他很看重学到的经验教训，并将它们视作衡量耐心和毅力的准绳，他认为，这种耐心和毅力，也体现在马丁·路德·金的那句名言之中：“道德宇宙的弧线拉得很长，但它终将归于正义。”

舒福德说：“胜利常常迟到。损失难以避免。有时我们要对那道弧线稍推一把，以确保它弯到正确的方向。”他学会了珍惜某些胜利，

它们“或许没有达到我们的期盼，但世界未必要一下子改变，渐进的变化也可以有意义。如果我能改善某人的人生或前途，那也是好的”。

在科学界的文化规范之中，我们对于眼前的各种阻挠和路障已经习以为常。研究成果从实验室走到临床，常常要经过几年的时间。延迟和挫折或许叫人灰心，但是回顾历史进步的漫长曲线，就会发现大多数进步都有这样的背景，这一点看看你正在使用或者周围常见的技术就明白了。知道了这一点，再看到其他长期目标结出成果，我们就会对科学的进展充满信心，也对自己的研究产生持久的目的感与激情。

这也是大自然对我们的教诲。演化是对延迟满足的终极练习，它的评价标准是漫长的地质时代，以及缓慢艰辛的生存之路，不像人类的本性总是倾向冲动和即时满足。当我们推动文化变革追上人性的狂野步调，我们也在不经意间加速了地球危机的规模和紧迫性。如今怀着有意向的心态，我们可以选择在冲动和行为之间加一点暂停，并且压制冲动的回路，主动采取带有正念的觉照行为。

> 要获得真正的远见，我们必须让想象在现实中扎根，同时又要想象出超越现实的可能性。[8]
>
> ——贝尔·胡克斯

用你专一的力量打开开关

在实验室里，我们的转化医学研究都是为了产生最大的影响，我同时也在思考如何为我们想要解决的问题开发可扩展方案，对研究成果做出最广泛的应用。然而我越是和本书中出现的众人对话，加上无数与我分享经历、策略和忠告的人，我就越是感受到“专一”

的力量：一个人在一个时刻做一件事，就能转换能量，为更多的人开辟空间。无论你的目标是不是说服他人，只要你自己过上觉照的生活，就是参与创造了一个觉照的世界。如果在这个过程中，你还启发了几个人相信自己，帮他们发现并追随自己的激情、贡献社会，那么你实际已经在改变世界了。你可以认为这是“互联式专一”（interconnected one）在发挥力量，由此明白人与人都是相互联结的。这不仅仅是贴在冰箱上的一句标语——这是自然的法则。专一的力量就是一粒种子生长、茂盛并充实生态系统的力量。这是橡子长成橡树的故事。再想想：我们每个人都是从单细胞发育成人的！多么不可思议！去播下一粒种子吧，然后照料它长大。

类似的能量传输模式也在整个自然界中促成变化，从细胞到土壤再到海洋都是如此。在街道上也是这样。玛丽安·布德主教是一位神职人员，也是社会公正活动家，她描述了一种“能量的星座”（constellation of energies），其中会产生变革的势头。她说，现在能量的累积已经势不可当，“我们该如何行动，才能给眼下出现的一些问题带来转机？如果我们足够用心，如果各股善的力量能在较长的时间内相互配合，我们或许就能做成长久以来没人做成的事。这些社会运动的兴起，源于常人难以完全理解的力量”。

这股纯粹、积极、突破性的觉照能量，切断了一切事物的惰性，也点亮了新的灵感和行动。我们每个人都可以推动这种能量生效，把意向变成行动。我们释放的能量或许会在某个时候为孤独的自己照亮道路，或者和其他人一起照出一片更大的潜能。我们无法预知能量的星座会怎么合并。可以预知的是，即便一个单独的觉照行动，也会点燃更多。所以，让我们提问吧，困扰吧。伸出手，多留心，主动点，多试验，并接纳新鲜的见解、想法和体验。我们要在自然中立足，走出舒适区，做点新鲜事，将更多意外和机缘引入人生。大自然是我们共同的家园，对地球有益的方案，也必然对所有人有益。我们可以望向窗外，走出去，照料一株植物，凝视天空，并从人类中心、自我中心的体系切换到以生态系统为重。为了生存繁衍，我们可以向生命的根本核心学习，适应性和多样性就是那个核心。对于最微小的生物，也要从它们的坚持中获得鼓舞启发。和自然之间最简单的联结，也能转换你当下的能量，让你开采存在于四周的生命伟力。

> 这个当下需要的是众声合唱——让其中包含的各种思想和洞见指导我们扭转局面。[9]
>
> ——艾安娜·伊丽莎白·约翰逊，凯瑟琳·威尔金森，
> 《我们能拯救什么：气候危机的真相、勇气和解决方案》

社区的修复与重振

有一句老话叫“愁苦的人相互做伴”（misery loves company），其实这句话的反面也成立：有爱、有欢乐、有兴奋、有好奇心、爱发现的人，也会找到彼此。分享能够加强觉照体验。但有时我们需要一点帮助，来克服在社区和我们的内心建立社区意识的障碍。

许多社区和城市都努力让大家结交自己社交圈子以外的人。自城市社会学家雷·奥尔登堡提出“第三空间”（third place）的概念已经过去了近50年。第三空间指的是家庭或工作场所之外的一处物理空间，人们可以在那里舒适地流连，享受交谈、陪伴或者大家同属一个社区的感觉。[10]

奥尔登堡写道：“对许多人来说，缺乏社区的生活制造了一种单调的生活方式，其主要内容不外是从家到公司，再从公司回家的往返。社会福祉和心理健康都有赖于社区。”[11] 他建议用“空间创造”（placemaking）来启发大家对公共空间的再想象和再发明，共同

将其营造成每一个社区的心脏。“空间创造能在人和人共享的场所之间强化联系，它指的是一种协作过程，我们通过这一过程塑造公共领域，从而实现最大的共同价值。空间创造不仅能推动更好的城市规划，还能促进创造性的使用模式，对物理、文化和社会的身份加以特别关注，而正是这些身份定义了一个空间，并支持着它的持续演化。”一项自发自助的空间创造活动不必多么复杂。你可以到“公共空间计划”（Project for Public Spaces）这个知名网站上去寻找灵感，但首先你还是要有观察、投入、试验、合作以及临场发挥的意向。你可以到那片空间去遛狗，和朋友约会，或者通过社交认识新朋友——无论做什么，只要能让那里成为联结、社交、创造的空间即可，或者只是在人群中独处也行。

各种户外装置，比如公园或公共区域的混凝土棋桌，都会吸引陌生人来同玩一个游戏。开放空间的新设计包括“互动式座椅”和其他鼓励社区交往的设计元素，还包括免费的户外音乐会，社区花园，以及更多可以让孩子们一起做户外运动的滑板公园。一些社区及网上的读书会发展出了更加多样的阅读和讨论活动，其他汇聚不同想法和人的活动也势头良好。

丽莎·佐佐木是史密森尼学会负责特殊项目的副部长，她曾向我说起包容和多样是如何凝聚美国的，但前提是我们要行动起来培育这种文化。机会往往就在眼前，只要怀有新鲜的眼光和意向，我们就能为形成障碍的难题找出解决方案。佐佐木说，她以前在加州的奥克兰博物馆工作时就见证了这一点，她在那里领导了几个社区参与项目。当时博物馆的参观人数稀少，服务社区的功能也很薄弱。佐佐木领导了一项重大计划，使博物馆的参观人数在四年之内翻倍，由此转变了这一机构，也转变了它和街坊的关系。

奥克兰博物馆是一个巨大的混凝土建筑，建于20世纪60年代，风格是当时流行的野兽派，它在奥克兰市中心占据显要位置，旁边就是美丽的湖滨带，然而当时它的存在却未能吸引当地人。佐佐木说："大家并不知道，在那几堵巨大丑陋的混凝土墙后面有着一片魔法空间，里面有花园，有艺术，有自然科学，有人文历史，并且这片空间就是为他们、为人民而建的。"在博物馆落成后几年，围绕着它兴起了一片居民区，这一带在文化上越发多元，各个社群不断壮大，有华裔、拉丁裔，以及来自世界各地的其他移民。

"这种奇妙而活泼的文化杂糅就在博物馆的周围上演，而博物馆的墙壁却成为一道障碍。"佐佐木解释说，"结果就是，当你走进街区开展对话——我们在调研中真这么做了——街坊们根本不认为博物馆能提供什么价值。"为什么？因为据他们的经验，博物馆就是不能提供什么价值。在一场场访谈中，博物馆脱离群众的原因变得清晰起来："我一遍遍在居民中听到这样的说法，'在我们生活的城市空间，没有一个真正安全的地方能够让我们和家人聚会。况且我们整天工作，朝九晚五，而博物馆的开放时间也是朝九晚五。晚上的时间我想与家人相处，除了家里，我们没有其他安全的地方可去'。"

这座博物馆显然已经孤立于它本该服务的社区了。于是领导层开始设法解决这个问题。推动他们工作的是一系列新的提问："我们该怎么拆掉这些墙壁？是哪些障碍阻止人们进来参观，使我们无法创造人流和共享空间？"佐佐木说，在与社区居民开会讨论时，"我们听得非常仔细"。博物馆发起了一项计划，旨在回应社区提出的需求。

奥克兰博物馆启动了"周五之夜"活动，在馆内为社区居民创造了一方活动空间。领导将封锁博物馆的大铁门敞开，摆出野餐桌，使博物馆成了快餐车和现场音乐的枢纽，居民还能免费或买低价票进入博物馆大楼。鉴于奥克兰市中心在下午 5 点过后就变得空荡荡的，他们请来当地消防部门，用免费饮食款待消防员，以此打消居民的安全顾虑。他们对应急人员能在必要时到场表示感激。

> 我认为在许多方面，博物馆的最佳归宿都是成为社区的餐桌，它们也可以成为我们这个国家的餐桌，因为博物馆这种地方，本就可以贡献并且引导一些有想法的重要讨论。
>
> ——丽莎·佐佐木

“我们创造了一方跨越两界的空间、一个交叠了两个全然不同的世界的区域，最后的成果也非常美妙。”佐佐木说。虽然博物馆的周五之夜活动在疫情中停止，但是鼎盛时期，它曾在周五夜晚吸引4000余名参观者，“那时大家都感觉博物馆确实是社区的资产了”，佐佐木说。因为和社区的关系焕然一新，领导层决定改变博物馆如堡垒一般的造型，他们对墙壁做了大改，将障碍全部拆除，并且开出新的入口，让人流能从梅里特湖畔直接进入并使用这方空间。“这是一次名副其实的拆墙行动。”佐佐木说。

在个人层面，我们也能用许多方式拆掉文化的围墙。奥克兰博物馆的经验，其实可以小规模地应用到任何街区。我们还可以努力消除许多领域的障碍，这些障碍挡住了许多人参与的路径，并边缘化或剥夺了他们做出的宝贵贡献。

仅举一例说明：查尔斯·亨利·特纳（上文提到的昆虫行为研究的先驱）的本科论文的课题是鸟类大脑的神经解剖结构，写成后在1891年被《自然》杂志刊载。在后来的职业生涯中，他又在不同领域发表了70多篇论文。[12]尽管他的研究品质杰出，并在1907年获得芝加哥大学博士学位，但是当时社会和科学界存在根深蒂固的种族歧视，像特纳这样的非洲裔美国人能够获得的机会和资源仍然受到严重限制。直到近些年，才有人联合起来清除这股遗毒。《自然》杂志的撰稿人查尔斯·艾布拉姆森在《纪念亨利·特纳》一文中写道，直到最近，科学界才着力解决对特纳科学贡献的“可耻的忽略”这一遗留问题。[13] 现在科学界内外，有越来越多的人迫切要求改善这一状况。

前所未有的时代、技术和机遇

在包括健康、教育、环境、人权在内的诸多领域，我们都处在一个激动人心的突破口，前方是一个潜力近乎无穷的觉照世界。不同于历史上的其他时代，我们已经准备好了用迅速发展的新技术解决大规模问题。例如，让我们能够操纵分子和原子的纳米技术，在科研界已经处处可见。所有实验室里都能使用它了。我们还拥有全球性的通信平台来支撑社交媒体，并且有专门的平台和网络在科学、社会行动、外交、政府及其他跨文化领域支持前所未有的交流。我们从未有过这样先进的工具，能使通信如此快速而便捷。

新冠疫情的最初阶段让科学和医学界的许多人认清了这一点：一个技术先进、遍布问题解决者的全球社会紧急遭遇了一个全球挑战，这可能危及地球上的每一个人。这使得全球社区动员起来，共同为我们的文明带来积极影响。作为全球社区的成员，我们接下新的难题，产出可观的方案。在过去，这些方案可能要数月或者数年才能产出，而这一次却出奇地迅速，包括疫苗、口罩、为服务更多病人而改进的呼吸机、新疗法、检测手段、对病毒扩散的追踪，以及通过同行评议研究传递真相、拆穿迷信。

当新冠来袭，有人要我去麻省总医院布列根新冠创新中心的口罩工作组分担领导工作。很快，这一工作组的成员就增加到 320 人，包含了工程师、基础科学家、学生、工业界人士，以及想要出力的社区居民。

我们完成了许多工作，其中一项是为一线医护人员解决小号N95口罩的短缺问题（这种短缺也体现了一种不平等，因为有九成多的护士是女性，需要较小的口罩才能获得保护）。我们的供应很快用尽。在这个大项目里又分出了一个具体的小项目，为一批数千只N95口罩修复橡皮筋，它们都是外界捐赠的，在运输过程中出现了损坏。这时新百伦制鞋公司主动伸出援手，我们得以迅速扩大生产规模，将修好的口罩送到医院使用。

社区、目标和集体的能量会强烈地吸引所有人，加上我们在周围、在全世界看到这么多人许下鼓舞人心的承诺，这股吸力越发壮大。觉照能量是实实在在的，它引发了更多在其他领域的合作，旨在推动创新，以防止新冠和其他疫情在未来的传播。

N95工作组只是一个例子，它彰显了一支高度多样的团队如何带着深切的意向团结共事（在这里是应对新冠危机），又如何迅速演化出了一套工作架构，以及一个决策和执行过程。不同能量会合到这个迅速演化的过程之中，蕴含着即刻产生影响的潜能。这一切需要各个学科、机构和组织系统的复杂合作。在应对一场不断发展的危机时，除了有不可避免的失误和挫折，也彰显了我们这个时代前所未有的合作潜力。

> 我的权力不足以拆解孟山都。我能够做到的是改变自己每一天的生活方式，并以自己的方式思考世界。我必须坚持一个信念，就是当我们改变思想，我们随即改变了自己的行动方式，以及周围人的行动方式，世界就这么变了。世界的变化靠的是心灵和头脑的改变。这种改变是会传染的。[14]
>
> ——罗宾·沃尔·基默尔

这里我不由想起斯蒂芬妮·斯特拉斯迪所说的几年前众人合作挽

救她丈夫生命的那场惊人壮举，当时她丈夫感染了耐抗生素的超级细菌，几乎丧命。斯特拉斯迪运用她的知识，以及她作为重要传染病专家的人脉，积极联络了研究者和临床医师，其中的多数人她素未谋面，她希望能以此拼凑出一个试验性疗法，不仅挽救她的丈夫，也为其他人送去希望。她在《强菌天敌》一书中写到，尽管时间紧迫、希望渺茫，她心无旁骛，径直给陌生人发送邮件，到社交媒体上发帖，在互联网上搜索可能方案，最后凑出了几种建议、一条策略，以及一支由科学家和其他关键人士等组成的团队，大家共同想出了一种试验性疗法，终于挽救了她的丈夫。

“在这件事里，我只是引燃大火的火星。”斯特拉斯迪如今这样说，她还解释道，那次协同是其他人的功劳，带有不小的偶然性，最后能够成功，有赖于投缘的对话和相遇。“大家在这件事里看到了更大的善，也看到了集体努力的感觉。”她说，“这是我亲眼所见。我觉得这真是激动人心——虽然活在这个时代很可怕，但是我们作为个人、作为人类一员的脆弱性，也使大家能团结起来对抗一个难题。”

人类事业的方方面面莫不如此，从艺术和识字项目，到负有社会责任感的企业，还有社会及环境领域的积极活动。这说明，我们的内心都蕴含了无穷的人类潜能，会吸引周围具有相同能量的人。每当有人确立了一个课题，并表现出解决它的决心和热情，这股能量就会生出巨大的引力，并扩散到这个课题之外的领域。这向其他人展示，人人都能做到这个，我们都拥有这股能量。

人性本就如此：当有人怀着热情推动某项事业，其他人也会希望加入进去，并出一点力。这是写在人类 DNA 里的。最艰难的往往是第一步，我们有时很难想象自己会得到怎样的帮助。但只要开始行动，让球滚动起来，它就会越滚越快，积累势能。我们必须决定：是专心开启新的事业，还是参与已经展开的事业。

与其等待别人先行动或等到集体的势能积累到一定程度再加入，不如利用日常的机会来创造势能，比如在我们觉得最紧迫的课题上，播下对话的种子，激发行动的能量。你不会知道自己的哪个言行会成为火花，促使别处的某人主动伸手，采取行动，点燃变革所需的能量。个人的热情和决心立足于最核心的共情，当它们对准了善的方向，其中就会产生一股巨大的引力，魔法般地将众人都请上桌来共同解决问题。

环境活动家林恩·特威斯特在《过好奉献的一生：在更大的目标中找到自由和满足》（*Living a Committed Life: Finding Freedom and Fulfillment in a Purpose Larger Than Yourself*）中写道："大家常常觉得，伟大领袖都是先天如此，并非后天造就，好像他们命中注定伟大。但我认为，事实正好相反，普通人投身鼓舞人心的事业，就能将自己锻炼成伟人。这种奉献精神，会将你塑造为成就事业所需的那种人。奉献并不需要你多聪明、多有才华或多博学。你只要献出自己，那些才华、知识、热情和资源自会显现，并向你靠拢。"[15]

詹姆斯·多蒂：同情是人类的公分母

斯坦福大学的神经外科医师詹姆斯·多蒂发起了一项计划，旨在研究同情的神经机制。他解释说，虽然同情是我们的固有能力，但那未必是一种先天反射，特别是当某些人或处境带给我们压力时。要同情某个让我们觉得可怜或有共鸣的人很容易。而如果对方的外表、行为或信仰令我们反感，再要同情就比较难了。但多蒂和别的同情活动家表示，那些人反倒是一片沃土，能让我们练习并且培养同情。

> 同情是愿意带着你最仁慈的目光看另一个人。即便那人

做了令你反对的事或犯了你自己犯过的大错，你也愿意替他做最好的设想，愿意看着那人，并以他的父母或挚友的眼光来看他，或者愿意问自己一个问题：如果这是我的亲人，我会如何待他？[16]

——玛丽安·布德主教

我认为同情是燃烧的共情，或者说是共情在行动中的表现，同情不仅是通过别人的眼光看待事物并理解他们的立场，还要主动转换能量并做出改善。你实际是在将共情的势能转化为动能，唤起动态的同情。这可以是个人层面上的，也可以是家庭、工作场所或者社区层面的。

在新兴的同情运动中，多蒂和这场运动的其他导师建议大家更好地认识同情，要把它看作人类的一种固有能力，以及一股听你指挥的强大能源。你可以从自我同情开始练习：接受自己和自己的瑕疵，对自己说些温柔的话。比如我经常浏览一类媒体，它们或是用故事、研究和实用技巧培养同情心，或是在情感上与我产生联系。花一点时间欣赏自然，同时将自己视作自然的一部分并值得同情，自然就会给予我们同情。布琳·布朗研究了过去那些以同情心闻名的伟人，发现他们有一个共性，就是都为人生设定了严格的边界。比如，富有同情心的人往往坚守自己的个人边界，一边保护自己的空间，一边保护别人的安全空间。

同情不仅要有同情的心态，还要对自己的脑子掐一把，激活全部感官来倾听别人；要安抚内心中急躁的关心他人的冲动，不让它急匆匆制订方案，还要按下自己不假思索的反应，不要迅速将对话推向令自己舒服或者受自己控制的方向。

关心他人是人类天生的使命。富有同情心的沟通也会唤起对方的同情。在工作场合，除了开放空间倾听他人，我发现说出自己内心的挣扎或者脆弱的一面也很有益。坦承我经历的拒绝与失败，让自己再透明一点，就会感召别人也这么做。我会随着他们的变化分享我的内心，并且接受我们不必把每一句话都说得完美。生命本就是一个不断迭代的过程。

在我的实验室里，为了最大限度提高工作的严谨性和影响力，我开发的工具和分门别类的做法已经深深印进了我的本能和反应。但它们也不是绝对不能改的。毕竟个人的进化才是目的，那也是一个觉照的过程。有了同情，你就能以最简单的方法培养觉照。

现在我和别人会面，都会尽量观察自己如何应对他们的言行。由于我常常冲动地做出反应，自己也想改正，所以我修炼起了同情技能。第一步是自我同情，我让内心的批评家闭嘴，将注意力转到对方和对方在当下的体验上。我关注起他们如何对我做出反应。然后随着会晤进行，我会努力调整，试验自己的措辞、口吻和肢体语言。这对许多人或许只是寻常事，但对于我们这些有时会误读社交线索、无法应对自如的人，这种自我同情和同情式的倾听就堪称觉照了——能做到就是好的开始。练习会使习惯更加自然，更不费力。

汲取精神力量之源

对精神世界的科学研究在进化，磁共振成像和其他方法使我们能窥见特殊时刻的大脑，比如冥想，或处于所谓高级意识或者超凡状态的时候。精神世界的实践和体验也像其他生活体验一样，会被大脑记录。怎么会不记录呢？就像库谢纳长老指出的那样，精神世界和科学不会否定彼此，它们只是我们理解自己栖身的这个宇宙的两条殊途，是对同一个现实的两类真知灼见。

> 当一套生态系统完整运行时，它的所有成员悉数到场。这时谈论一片荒野，就是在谈论万物。
>
> ——加里·斯奈德，诗人、作家、环境活动家

精神力量呈现的觉照因素是一股能量之源，你可以用各种方式汲取它，比如通过自然、文化传统或有组织的宗教。19 世纪，爱默生和梭罗用写作传达了一种超验哲学，它描述了一切造物的根本统一、人性基本的善，以及洞见和灵性智能相对于逻辑的优越。这些思辨大量围绕自然这一人类灵性的基石展开。到如今，我们将气候变化、环境破坏之类的全球挑战也说成了超验课题，因为地球生命的未来取决于我们对这些课题的解答。我也把人与自身灵性能力的联结，看作人生中可再生能源的一个独特源头。灵性的投入是人基于自然的具身智能的一个方面。

觉照反应邀请我们在更大范围内探索灵性的价值和教益，并找到新的方式运用它们，从而服务于全球的善。在这场探索中，对灵性空间的培养充满了激动人心的发现机会和人类进步的机遇。

> 如今，我们的生存取决于我们能否保持清醒，能否适应新的观念，又能否保持警觉，直面变化的挑战。[17]
>
> ——马丁·路德·金

玛丽安·布德主教：反思人生

“精神的道路具有普遍性，走得越远，你就越会在这条路上变得特别；如果你接纳它的教诲，真的为它所转变，那么走得越远，它也会越发普遍。”玛丽安·布德主教这样对我说道，“马丁·路德·金

是浸信会牧师，对他影响最大的非印度圣雄甘地莫属吧？南非的圣公会大主教德斯蒙德·图图奋斗一生只为结束种族隔离。你看到这种联系了吗？每一种严肃、深刻的精神传统，其核心都是几条基本真理，它们是放之四海而皆准的。”

布德还说，这条精神之路“不断向我们呈现一种反思式的生活，它邀请我们在生活中反思，还邀请我们看到自身的短处，不要在生活中一味专注于自我。如果你懂得这样反思，你的生活就有了另外一个方向，它不仅关乎你的生存乃至你族人的生存，而且带有更高的目的。精神探索的内容之一就是去走一走这条路，不管它对你的吸引是小是大”。

这条路每个人的走法都不一样。我们中的一些人会通过祈祷或冥想探索它，有的人会加入正式的宗教礼拜或宗教传统，还有的人会参与社会活动服务地球上的其他人。摄影家斯蒂芬·威尔克斯在摄影的视觉语言里找到了超凡体验，他进而用作品为观众开辟了一片感觉空间。比如他的埃利斯岛项目，他表示他的意图是在“华丽的颜料，那些房间里文艺复兴风格的色彩，以及那简单、优雅的组合”中，捕捉房间中丰富的视觉纹理。

不过他解释说，这些照片里还有超出眼睛所见的内涵。“那是在这些房间里生活过、最后死在这些房间里的人的生平。”他说，“我的照片里有活的移民体验。我在岛上拍摄时敏锐地意识到了这一点。后来回看某几幅画面时，就会产生这种感觉，那是我在房间里、在街道上感受到的。仿佛有人在说‘嗯，你可以拍我；不，你不能拍我’，只是埃利斯岛的那些房间已经空无一人了。我在空房间里明明白白地感觉到了人的存在，就好像光线重新激活了那个房间的历史。”

当他开始深入探索这种体验时，他说：“我看到了一股巨大的力量——那些建筑的照片，表面看只是一间空房，里面却满溢情感。”当他最后从数千张照片中挑出 76 张展出时，他说：“每张照片里都有这种感觉，那是房间里潜藏的人性。除了肉眼看到的，这个房间里还发生过别的事情。”

> 我们始终处在进化的状态。我们一直都在进化，目前的我们正处在自身进化的一个重要时刻，我们将要进化出更透彻的认识，明白自己应该怎么生活、怎么做人。这一精神的理解是我们向来忽略的。
>
> ——戴夫·库谢纳长老

要培养出精神的联结，就在一天的不同时刻想象自己的心灵（而不是受逻辑驱使的大脑）正在驾驶座上开车。特别是当你觉得有压力或没耐心的时候，要给精神一个机会放慢你的步调，让你能够投入、倾听和响应。

用餐桌上的智慧建设一个觉照世界

在我们家里，家人们并不总能围着餐桌一起吃晚饭，但我们会争取在一天中找一个时间碰头，要么吃饭谈话，要么一起反思。这并不总是欢快的，有时会起争执。不过我们都渐渐明白了一个道理：我们必须带上脑袋里的想法，有时还有心中的情绪，对家人畅所欲言，我们要把彼此往好的方面想，尽量抱着好奇心，不能随便评判，要表现出同情心，并通过倾听来理解不同观点。孩子们尤其需要被倾听。这是很好的机会，能让我们反思：前一天或过去某个时候本可以换一种方式来处理某件事，我们因此知道自己有能力校正自己的思想、自己前进的行为。每一天都蕴含新的可能，我们也会为每一刻带来新的潜力。我们该怎么利用它？关键是将宏大理念和普遍信息引入我们日常遇见的难题、我们做出的选择，以及指引我们的价值观。

> 团结会激起乐观和创意。当人们感觉到彼此归属时，他们的人生会更有力、更丰富，也更快乐。[18]
>
> ——维韦克·穆尔蒂，
>
> 《在一起：孤独世界里，人际关系的治愈力量》

因此，无论我们要不要将注意力和资源献给身边的小家庭或世界的大家庭，我们都可以练习抛开陈词滥调的对话，在思考中加入一点觉照，展望未来，并且改造世界。即便是在家庭这个较小的行动圈子里，与家人碰撞思想也能激发我们的注意力，并用心做出真正对自己、对地球有益的选择。

我喜欢想象用一些餐桌智慧来重新设计迪士尼神奇王国的那部“进步旋转木马”，使它适应觉照的时代。想象一下并不过分。我们可以抛下对于技术进步不加质疑的敬畏，转而更加审慎和彻底地考察与创新相关的成本及收益。我们可以把自然界也纳入考量，将这颗生机勃勃的行星看作我们的家园和亲人，而不仅仅是一块布景。我们可以将复杂性视为一个事实，用我们最好的问题解决技巧和觉照来应对复杂性。在此过程中，我们看到的将是需要应对的挑战，而不是无所作为的借口。

点亮世界：守在近旁，你的热情自会找到目的

我们花了太多时间固守在自己的世界里，显得越来越内向了。这或许是一种生存机制，是对大量噪声和持续刺激的反应。但是要最大限度地生存和发展，我们就要拥抱彼此的联结，要接纳这个缤纷的

世界上多元共存的想法和心态。举个例子：如果当我们出门乘坐地铁或公交、在杂货店或咖啡馆排队时始终戴着耳机，我们就会失去和别人偶遇并联结的机会，也无法观察或者思考别人的人生。有时我们确实需要从人际交往中抽出身来独处，特别是当周围的人散发负能量影响了我们时。但是我们必须懂得，自己在漠不关心的同时还错过了什么。同情心的产生部分是我们内心的工作：我们要花时间思索别人，让意外的互动随意并经常地引发我们的注意力和情绪。这些都是机会，能转变我们的狭隘心态，推动我们的个人进化。

我们不可能总在同一张餐桌边上，甚至不可能总处在同一座社区花园，但我们可以再加把劲，因为我们知道与人接近能为自己开启潜能。让眼睛盯住奖品能使我们更有干劲，并减少迈出第一步的启动能量。如果物理上的接近不可行，那就提高社交媒体和其他平台的觉照价值，实现与人远程对话或远程相处。关键是要用真诚的关怀缩短距离、拆掉障碍、培养人际关系。

虽然那些全球性问题听上去五花八门，有时显得遥远，我们仍可以发自内心地拥抱自然，用周围的灵感来培养同情心的联结，以此守在幸福的源头附近。

创造一个觉照世界的机会无处不在。要助长这些机会，你就养点什么，用特殊的关注照料它们，用意向帮助它们成长。农民养育庄稼。园丁常说起给土壤施肥，将它滋养成植物成长的最佳环境。在实验室里我们培育细胞，为的是通过它们了解生物过程，再利用这些过程做出医疗创新。在更大的世界里，我们也培育着各式东西：观念、兴趣、关系、联结。我们可以用同样的方式培育觉照的人生和觉照的世界：带着关怀和意向，用手头的工具激活向善的能量，再用这股能量照亮世界。

- 重新燃起火花：
用觉照工具提出问题 -

是什么能量星座创造了条件，从而为你的一天注入新鲜能量，使你的工作、家庭、户外活动、社交环境、休息和放松都因此受益？是什么将你的好奇心、同情心和意向都调整到最大？你不必马上回答。这两个问题连同下面的，本就是给你细细反思、磨炼意向用的。不管是心里浮起了念头，还是你被难住了答不上来，都要好好考虑，在记忆中搜索，在自然界中寻找想法和启迪，以此为起点探索觉照，再问问自己接下来如何做。

- **打开内心的开关。**举出一个例子：你曾在什么时候打断常规的模式，做出简单的变化，让球开始滚动？那可以是一个关于你自己的意见或者信念，你曾经拥有，后来改了。人生中的一些事情，你原本希望带着更大的意向去做，是什么阻止了你？

- **带着问题而活。**举出一个例子：你曾在什么时候问出一个带有意向的问题，从而振奋了心灵？你是怎么“思考你如何思考”的？你如何理解自己是一个问题解决者、学习者或者对他人及周围世界的观察者？

- **该困扰时就困扰。**举出一个例子：你曾在什么时候受到鼓舞，将关怀和能量投向某个事物？是哪个“为什么”的问题激励了你？

- **做一个主动的机会主义者。**机会主义的觉照立足于贡献，需要你培养联结和关系，从而用行动服务更大的善。举出一个例子：你曾在什么时候对这类机会做出主动识别和响应？你又如何主动创造这些机会？

- 对你的脑子掐一把。举出一个例子：你曾在什么时候抵抗住非意向的胡思乱想，将注意力集中到你的愿望上？此刻，你又想让自己的心思徜徉于哪些美妙的事物之中？

- 迷上运动。举出一个例子：你是否曾经跨出一小步，结果却振奋得想要再跨一大步？你能够轻易地做到什么事情，从而在生活中带来更多运动？

- 勤于练习。你是否体验过练习一项技能带来的快乐？是什么在激励你坚持练习？

- 做新的事，做不一样的事。举出一个例子：你曾在什么时候遇到常见的阻碍，使你无法去做新鲜有趣或者让你精神焕发的事？你一般会在什么情况下遇到惊奇或意外的体验？有什么新的事情是你想要做却犹豫着没做的？

- 拥抱从失败中涌现的机会。你有没有遇到过什么挫折，然后靠一个新鲜的见解彻底改变了前进的心态？在情绪和战术上，你面对挫折的第一反应是什么？

- 保持谦卑。举出一个例子：你曾在什么时候用心应对别人的言语或行为，而不是简单地诉诸反射？为了增加一点自我同情，你可以做哪些事情？

- **按下“暂停”键。**举出一个例子：你曾在什么时候从繁忙嘈杂的生活中脱身，去更新和补充你的能量？你曾经历过什么困难，使你无法设定边界来保护你的休息时间？

- **拥抱自然。**举出一个例子：你曾在自然界中遇到过什么东西，安抚了你的心灵？你会怎么定义自己和自然的关系，这段关系有没有随着时间而进化。有的话，又是如何进化的？

后记　答案就在问题中

在四处旅行并观看介绍各种文化的纪录片后，我的心中升起一个问题，它仿佛北极星照亮一个固定立场的边界：我们认为平凡或者“正常”的东西，有多少在其他文化中显得并不正常？换言之，“正常”是可变的，是一种文化建构，我们在自然中寻找灵感的同时，也可以从其他文化中获得想法，无论是传统的还是革新的，都能在我们自己的生活和工作中播下新观念的种子。正如管理咨询师、教育家、作家彼得·德鲁克所说：“重要而艰难的工作，从来不是找到正确答案，而是提出恰当的问题。”[1]

我每天都怀着这个真理在实验室工作，同时将它列为一件觉照工具，因为我亲眼见过用问题解锁常人无法想象的洞见和创新。赫尔·格雷格森在《问题即答案：解决棘手问题的突破性方法》中写道：“问题具有一种神奇力量，能够在我们生活的各个部分解锁新的洞见和积极的行为变化。它们能将人从困境中解脱出来，无论你在为什么而苦恼，它们都能开辟新的前进方向。”[2]

有一个问题我前面已经提过，但我觉得它太根本、太重大，值得再提一次：我们如何定义一座村庄，使其包含自然及全部人性，接纳各种文化，并扩大我们的联结感，而不是关闭归属的边境，将那些我们还不认识或不理解的人拦在外面？

下面的问题来自我为本书所做的访谈和研究，它们也有助于你开始思索。

要每天改善一个人的生活，我可以施加怎样的影响，无论多小都行？

——詹姆斯·多蒂

多少才算足够？

——大卫·铃木

今天你怎么加深你和非人类世界的联系？又怎么对待他人？

——潘多拉·托马斯

我们怎么设法团结全人类，并用更有力的声音指出，我们应该像人一样生活，像人一样对待彼此？

——戴夫·库谢纳长老

我们已经醒来，而问题是：我们如何在这个活泼的世界中保持觉醒？我们如何让求教于自然成为日常发明的常态？

——雅尼娜·拜纽什

我该如何对待此人，如果他是我的亲人？

——玛丽安·布德主教

你有什么策略能在生活中保持清醒？你能做到什么或者找到什么来为自己带来清醒？

——杰西卡·西莫内蒂

我鼓励各位以自己的方式，为了这些问题而活，进入它们开辟的空间，在其中对话、反思并最终采取行动。去创造你自己的觉照人生吧！

致谢

我这一生得到了我妻子的巨大支持，我深深感谢她无穷的耐心、理解，以及精彩的启发和爱意。谢谢你。

谢谢我的母亲苏西·万斯顿、父亲梅尔·卡普，还有我姐姐珍·卡普：要是没有你们，我早就屈服于自己的学习障碍，变得孤独和忧郁了。谢谢你，妈妈，当我挣扎求学时是你牵住了我的手。谢谢你，爸爸，是你点燃了我对自然的好奇心。我是纯粹靠着这股动力走过来的。

谢谢我的几位杰出教师——莱尔·库奇、埃德·麦考利和格伦·麦克马伦，还有我的几位导师——罗伯特·兰格、约翰·戴维斯、莫莉·肖伊切特和哈罗·索贝克：是你们看出我的潜力，点燃了我对医学创新的好奇心、热情和兴趣。

我的两个孩子乔丁和乔希使我非常快乐，每天都在给我启发。我爱他们，也爱我们的查理王小猎犬赖德和金杰，这种爱无以言表！说回我的妻子杰西卡·西莫内蒂，她用无尽的智慧和精神联结帮助我进化并了解自己，她拥有鼓舞人心的同情心，还有改变我观点和心态的能力，这些都是天赋。我还要谢谢来自妻子的家人，以及朋友们的支持，谢谢迈克、吉尔、贾森、瑞安、丹、本、迈克尔、科恩和乔希，还有已经离开我们的那些人，包括安杰拉·海恩斯和迪克·巴特菲尔德。

谢谢我杰出的合作者特蕾莎·巴克，她有着改变世界的深刻决心，在她的身边我也产生了一股魔法般的协同，感谢你的聪明、善良、支持、指导和精力。从你身上，我深深了解了什么是有目的的沟通、什么是生命的奇妙。你帮助我定义和重新定义了最重要的事物。

对马瑞斯卡·范阿尔斯特、阿莉莎·鲍曼、伊莱恩·圣彼得、史蒂夫·韦纳、丽贝卡·巴克、休·莎伦巴格、艾伦·韦纳、劳伦·韦纳和多莉·乔尔，我也要说声谢谢。

我很感激凯西·琼斯、吉尔·齐默曼，以及威廉·莫罗的每一个杰出而乐于助人的员工。

我要向我的代理人希瑟·杰克逊致敬，谢谢她一路上的宝贵建议，也谢谢她帮我为这本书找到了美好归宿。也谢谢特蕾莎的代理人马德莱娜·莫雷尔的热情支持。

我要感谢书中每一位慷慨的受访者，他们的经历、见解和热情启发了我，现在我可以将这点觉照的火花传递给广大读者了。这些受访者包括我偶遇的和在日常交流中见到的人，从优步司机到咖啡馆里的上班族。谢谢各位学生及合作者、我的大家庭和朋友们、布列根和妇女医院的医护与行政人员，谢谢哈佛大学医学院、哈佛大学干细胞研究所、哈佛大学及麻省理工学院博德研究所，以及哈佛大学－麻省理工学院医疗科技学院。

最后我还要向一类人致敬，他们潜力无限却不为人知，有时觉得自己格格不入，或者和我一样，总听别人说“不行，把眼光放低一点”“你的做法不对”“这件事你做不了”等类似的话。我要告诉他们，自然不会轻易评判，而你是生命的自然生态系统中的关键一环。当你怀着善良和正直走进自然时，自然始终站在你这边。

注 释

序言

1 Eden Phillpotts, *A Shadow Passes* (New York: The Macmillan Company, 1919), 17.

2 Megan Brenan, "Americans' Reported Mental Health at New Low; More Seek Help," Gallup, December 21, 2022, https://news.gallup.com/poll/467303/americans-reported-mental-health-new-low-seek-help.aspx; Joan P. A. Zolot, "Depression Diagnoses Surge Nationwide," *American Journal of Nursing* 118, no. 8 (2018): 18.

3 Shriram Ramanathan, "Nickel Oxide Is a Material That Can 'Learn' like Animals and Could Help Further Artificial Intelligence Research," The Conversation, December 21, 2021, https://theconversation.com/nickel-oxide-is-a-material-that-can-learn-like-animals-and-could-help-further-artificial-intelligence-research-173048.

4 Krista Tippett, "The Thrilling New Science of Awe," February 2, 2023, *On Being*, podcast, https://onbeing.org/programs/dacher-keltner-the-thrilling-new-science-of-awe.

5 Library of Congress, "Life of Thomas Alva Edison," https://www.loc.gov/collections/edison-company-motion-pictures-and-sound-recordings/articles-and-essays/biography/life-of-thomas-alva-edison/.

6 David S. Yeager et al., "A National Experiment Reveals Where a Growth Mindset Improves Achievement," *Nature*573, no. 7774 (2019): 364–69.

7 David S. Yeager, *The National Study of Learning Mindsets, [United States], 2015–2016* (Ann Arbor, MI: Inter-university Consortium for Political and Social Research, 2021).

8 National Center for Education Statistics, "Students with Disabilities," U.S. Department of Education, May 2022, https://nces.ed.gov/programs/coe/indicator/cgg/students-with-disabilities.

9 Temple Grandin, "Temple Grandin: Society Is Failing Visual Thinkers, and That Hurts Us All," *New York Times,* January 9, 2023, https://www.nytimes.com/2023/01/09/opinion/temple-grandin-visual-thinking-autism.html.
10 Jessica Shepherd, "Fertile Minds Need Feeding," *Guardian*, February 10, 2009, https://www.theguardian.com/education/2009/feb/10/teaching-sats.
11 Ken Robinson, *The Element: How Finding Your Passion Changes Everything* (New York: Penguin, 2009), 238.
12 Ken Robinson, "Bring On the Learning Revolution!" TED Talk, 2010, https://www.ted.com/talks/sir_ken _robinson_bring_on_the_learning_revolution.
13 Temple Grandin, scientist, author, autism education advocate, in discussion with Jeff Karp and Mariska van Aalst, July 6, 2018; discussion with Jeff Karp and Teresa Barker, July 19, 2021.
14 Arthur Austen Douglas, *1955 Quotes of Albert Einstein,* ebook (UB Tech, 2016), 60.
15 Ed Yong, *An Immense World: How Animal Senses Reveal the Hidden Realms Around Us* (New York: Random House, 2022).
16 James Bridle, *Ways of Being: Animals, Plants, Machines: The Search for a Planetary Intelligence* (New York: Farrar, Straus, and Giroux, 2022), 10.
17 Lisa Feldman Barrett, "People's Words and Actions Can Actually Shape Your Brain—A Neuroscientist Explains How," ideas.TED.com, November 17, 2020, https://ideas.ted.com/peoples-words-and-actions-can-actually-shape-your-brain-a-neuroscientist-explains-how/.
18 Zahid Padamsey et al., "Neocortex Saves Energy by Reducing Coding Precision During Food Scarcity," *Neuron*110, no. 2 (2022): 280–96.
19 Baowen Xue et al., "Effect of Retirement on Cognitive Function: The Whitehall II Cohort Study," *European Journal of Epidemiology* 33, no. 10 (2018): 989–1001.
20 Allison Whitten, "The Brain Has a 'Low-Power Mode' That Blunts Our Senses," Quanta Magazine, June 14, 2022, https://www.quantamagazine.org/the-brain-has-a-low-power-mode-that-blunts-our-senses-20220614/.
21 Rudolph Tanzi, neuroscientist at Harvard Medical School, leading Alzheimer's researcher, author, keyboardist, in discussion with Jeff Karp and Mariska van Aalst, September 20, 2018; discussion with Jeff Karp and Teresa Barker, June 26, 2020, and June 18, 2021.

前言

1 Robin Wall Kimmerer, *Gathering Moss: A Natural and Cultural History of Mosses* (Corvallis: Oregon State University Press, 2003), 8.
2 Mingdi Xu et al., "Two-in-One System and Behavior-Specific Brain Synchrony During Goal-Free Cooperative Creation: An Analytical Approach Combining Automated Behavioral Classification and the Event-Related Generalized Linear Model," *Neurophotonics* 10, no. 1 (2023): 013511-1.
3 Lydia Denworth, "Brain Waves Synchronize When People Interact," *Scientific American* (July 1, 2023), https://www.scientificamerican.com/article/brain-waves-synchronize-when-people-interact/.
4 Annaëlle Charrier et al., "Clock Genes and Altered Sleep-Wake Rhythms: Their

Role in the Development of Psychiatric Disorders," *International Journal of Molecular Sciences* 18, no. 5 (2017): 938.

第一章

1 Lynne Twist, cofounder Pachamama Alliance, in discussion with Teresa Barker, May 3, 2022.
2 Eckhart Tolle, *A New Earth: Create a Better Life* (New York: Penguin, 2009), 274–75.
3 Marcus Aurelius, *Meditations*, Book 5.20, trans. George Long, http://classics.mit.edu/Antoninus/meditations.html.
4 James Shaheen interview with Jan Chozen Bays, "How to Break Free of the Inner Critic," *Tricycle: The Buddhist Review,* August 7, 2022, https://tricycle.org/article/jan-chozen-bays-burnout/.
5 Joyce Roché, in discussion with Jeff Karp and Teresa Barker, May 26, 2021.
6 Reggie Shuford, executive director, North Carolina Justice Center, in email discussion with Jeff Karp and Teresa Barker, May 10, 2022.
7 Diana Nyad, author, motivational speaker, long-distance swimmer, in discussion with Jeff Karp and Mariska van Aalst, May 30, 2018.
8 Tom Rath, *StrengthsFinder 2.0* (New York: Gallup Press, 2007).

第二章

1 Krista Tippett, "Foundations 2: Living the Questions," October 20, 2022, *On Being*, podcast, https://www.ivoox.com/foundations-2-living-the-questions-audios-mp3_rf_94396875_1.html.
2 Frequency Therapeutics, April 8, 2023, www.frequencytx.com.
3 Julia Brodsky, "Why Questioning Is the Ultimate Learning Skill," *Forbes*, December 29, 2020, https://www.forbes.com/sites/juliabrodsky/2021/12/29/why-questioning-is-the-ultimate-learning-skill/?sh=7ff9bc2c399f.
4 jamesclear.com, https://jamesclear.com/quotes/if-you-never-question-things-your-life-ends-up-being-limited-by-other-peoples-imaginations.
5 Michael Blanding, "The Man Who Helped Launch Biotech," *MIT Technology Review,* August 18, 2015, https://www.technologyreview.com/2015/08/18/166642/the-man-who-helped-launch-biotech/.
6 Lily FitzGibbon, Johnny King L. Lau, and Kou Murayama, "The Seductive Lure of Curiosity: Information as a Motivationally Salient Reward," *Current Opinion in Behavioral Sciences* 35 (2020): 21–27, https://doi.org/10.1016/j.cobeha.2020.05.014.
7 Behnaz Nojavanasghari et al., "The Future Belongs to the Curious: Towards Automatic Understanding and Recognition of Curiosity in Children," *Proceedings of the 5th Workshop on* Child Computer Interaction, 2016, 16–22.
8 Pierre-Yves Oudeyer, Jacqueline Gottlieb, and Manuel Lopes, "Intrinsic Motivation, Curiosity and Learning: Theory and Applications in Educational Technologies," *Progress in Brain Research* 229 (July 2016): 257–84.
9 Margaret Ables and Amy Wilson, "Fresh Take: Katherine May on 'Enchantment,'"

March 17, 2023, *What Fresh Hell: Laughing in the Face of Motherhood,* podcast, https://www.whatfreshhellpodcast.com/fresh-take-katherine-may-on-enchantment/#show-notes.
10 https://achievement.org/achiever/francis-ford-coppola/.
11 Vivek Murthy, "Protecting Youth Mental Health," *The U.S. Surgeon General's Advisory,* 2021, https://www.hhs.gov/sites/default/files/surgeon-general-youth-mental-health-advisory.pdf.
12 Clay Skipper, "Surgeon General Vivek Murthy Sees Polarization as a Public Health Issue," GQ, March 11, 2022, https://www.gq.com/story/surgeon-general-vivek-murthy-interview.
13 Karen Heller, "'Braiding Sweetgrass' Has Gone from Surprise Hit to Juggernaut Bestseller," *Washington Post,* October 12, 2022, https://www.washingtonpost.com/books/2022/10/12/braiding-sweetgrass-robin-wall-kimmerer/.
14 Natasha Gilbert, "Funding Battles Stymie Ambitious Plan to Protect Global Biodiversity," *Nature*, March 31, 2022, https://www.nature.com/articles/d41586-022-00916-8.
15 Dave Asprey, "Use Atomic Habits to Upgrade Your Decisions," *The Human Upgrade,* https://daveasprey.com/wp-content/uploads/2019/11/Use-Atomic-Habits-to-Upgrade-Your-Decisions-%E2%80%93-James-Clear-%E2%80%93-645.pdf.
16 Henry David Thoreau, *Walden; or, Life in the Woods* (Boston: Ticknor and Fields, 1854), 6, http://www.literaturepage.com/read.php?titleid=walden&abspage=6&bookmark=1.
17 Trisha Gura, "Robert Langer: Creating Things That Could Change the World," *Science*, November 18, 2014, https://www.science.org/content/article/robert-langer-creating-things-could-change-world.
18 Steven D. Goodman, "The Spiritual Work of a Worldly Life: Buddhist Teachings Offer More than an Escape from the Samsaric World," *Tricycle: The Buddhist Review*,August 14, 2020, https://tricycle.org/article/buddhist-attitudes-worldly-life/.

第三章

1 Diana Nyad, in discussion with Jeff Karp and Mariska van Aalst, May 30, 2018.
2 David Courchene, Anishinaabe Nation elder and founder of the Turtle Lodge Centre of Excellence in Indigenous Education and Wellness, in discussion with Jeff Karp, August 8, 2021.
3 Reggie Shuford, executive director, North Carolina Justice Center, in email discussion with Jeff Karp and Teresa Barker, May 10, 2022.
4 Carl Jung, *Psychological Reflections*, edited by Jolande Jacobi and R. F. Hull (New York: Bollington, 1953).

第四章

1 Lisa Feldman Barrett, "People's Words and Actions Can Actually Shape Your Brain—A Neuroscientist Explains How," ideas.TED.com, November 17, 2020,

https://ideas.ted.com/peoples-words-and-actions-can-actually-shape-your-brain-a-neuroscientist-explains-how/.
2 Daniel Câmara, *Bio-inspired Networking* (Washington, D.C.: ISTE Press, 2015), 50–51.
3 Hanne K. Collins et al., "Relational Diversity in Social Portfolios Predicts Well-Being," *Proceedings of the National Academy of Sciences of the United States of America* 119, no. 43 (2022): e2120668119.
4 Google English Dictionary. Google's English dictionary is provided by Oxford Languages. Oxford Languages is the world's leading dictionary publisher, with more than 150 years of experience creating and delivering authoritative dictionaries globally in more than fifty languages.
5 Michael Fricker et al., "Neuronal Cell Death," *Physiological Reviews* 98, no. 2 (2018): 813–80.
6 Câmara, *Bio-inspired Networking*, 81–102.
7 Câmara, *Bio-inspired Networking,* 81.
8 Annie Murphy Paul, *The Extended Mind: The Power of Thinking Outside the Brain* (Boston: Mariner Books, 2021).
9 "Thinking Outside the Brain, Interview and Q&A with Annie Murphy Paul," youtube.com, February 16, 2023. https://www.youtube.com/watch?v=Y6zgaSiDcFk.
10 James Bridle, *Ways of Being: Animals, Plants, Machines: The Search for a Planetary Intelligence* (New York: Farrar, Straus and Giroux, 2022), 10.
11 "Phillip A. Sharp—Interview," Nobel Prize, April 7, 2023, https://www.nobelprize.org/prizes/medicine/1993/sharp/interview/; Infinite History Project MIT, "Phillip Sharp," YouTube, March 8, 2016, https://www.youtube.com/watch?v=1ihodN7hiO0&t=214s.
12 "Phillip A. Sharp—Interview."
13 Michael Blanding, "The Man Who Helped Launch Biotech," *MIT Technology Review,* August 18, 2015, https://www.technologyreview.com/2015/08/18/166642/the-man-who-helped-launch-biotech/.
14 Phillip Sharp, in discussion with Jeff Karp and Mariska van Aalst, June 1, 2018.
15 Becky Ham, "Phillip A. Sharp: Supporting Science and Engineering as Innovative Forces," American Association for the Advancement of Science, February 20, 2013, https://www.aaas.org/news/phillip-sharp-supporting-science-and-engineering-innovative-forces.
16 Neil Postman, *The Disappearance of Childhood* (New York: Vintage, 1994), xi.
17 Chris Hadfield, astronaut, engineer, fighter pilot, musician, in discussion with Jeff Karp, June 22, 2021.
18 Edward O. Wilson, *Consilience: The Unity of Knowledge* (New York: Vintage, 1994), 294.
19 "What Are the Odds of Making a Hole in One?," American Hole 'n One's Blog, https://www.ahno.com/americanhno-blog/odds-of-making-a-hole-in-one.
20 Stephen Wilkes, visionary landscape photographer, in discussion with Jeff Karp and Mariska van Aalst, July 5, 2018.
21 Max Nathan and Neil Lee, "Cultural Diversity, Innovation, and Entrepreneurship: Firm-Level Evidence from London," *Economic Geography* 89, no. 4 (2013):

367–94.
22 Temple Grandin, "Temple Grandin: Society Is Failing Visual Thinkers, and That Hurts Us All," *New York Times*, January 9, 2023, https://www.nytimes.com/2023/01/09/opinion/temple-grandin-visual-thinking-autism.html.
23 Lisa Sasaki, Smithsonian Deputy Under Secretary for Special Projects, in discussion with Jeff Karp and Teresa Barker, July 15, 2021.
24 Graham J. Thompson, Peter L. Hurd, and Bernard J. Crespi, "Genes Underlying Altruism," *Biology Letters* 9, no. 6 (2013); Jennifer E. Stellar and Dacher Keltner, "The Role of the Vagus Nerve," in *Compassion: Concepts, Research and Applications*, edited by Paul Gilber (London: Routledge, 2017), 120–34.
25 Dacher Keltner and David DiSalvo, "Forget Survival of the Fittest: It Is Kindness That Counts," *Scientific American*, February 26, 2009, https://www.scientificamerican.com/article/kindness-emotions-psychology/.
26 Edward de Bono, *Serious Creativity: Using the Power of Lateral Thinking to Create New Ideas* (London: HarperBusiness, 1992), 52–53.
27 Mark A. Runco, "Enhancement and the Fulfillment of Potential," in *Creativity: Theories and Themes; Research, Development, and Practice*, 2nd ed. (Burlington, MA: Elsevier Academic Press, 2007), 335–87.
28 Michael J. Poulin et al., "Giving to Others and the Association Between Stress and Mortality," *American Journal of Public Health* 103, no. 9 (2013): 1649–55.

第五章

1 Alexandra Horowitz, *On Looking: A Walker's Guide to the Art of Observation* (New York: Scribner, 2014), 3.
2 Medical College of Georgia at Augusta University, "Scientists Explore Blood Flow Bump That Happens When Our Neurons Are Significantly Activated," ScienceDaily, July 15, 2019, www.sciencedaily.com/releases/2019/07/190715094611.htm; Amy R.Nippert et al., "Mechanisms Mediating Functional Hyperemia in the Brain," *Neuroscientist* 24, no. 1 (2018): 73–83.
3 Marcus E. Raichle and Gordon M. Shepherd, eds., *Angelo Mosso's Circulation of Blood in the Human Brain* (New York: Oxford University Press, 2014).
4 Herbert A. Simon, "Designing Organizations for an Information-Rich World," in *Computers, Communications, and the Public Interest,* edited by Martin Greenberger (Baltimore: Johns Hopkins Press, 1971), 37–72.
5 https://lindastone.net/.
6 Athanasia M. Mowinckel et al., "Increased Default-Mode Variability Is Related to Reduced Task-Performance and Is Evident in Adults with ADHD," *Neuroimage: Clinical* 16 (2017): 369–82; Luke J. Normal et al., "Evidence from 'Big Data' for the Default-Mode Hypothesis of ADHD: A Mega-analysis of Multiple Large Samples," *Neuropsychopharmacology* 48, no. 2 (2023): 281–89.
7 See, e.g., Melissa-Ann Mackie, Nicholas T. Van Dam, and Jin Fan, "Cognitive Control and Attentional Functions," *Brain and Cognition* 82, no. 3 (2013): 301–12; Marcus E. Raichle et al., "A Default Mode of Brain Function," *Proceedings of the National Academy of Sciences of the United States of America* 98, no. 2 (2001): 676–82.

8 Mackie, Van Dam, and Fan, "Cognitive Control and Attentional Functions."
9 Richard B. Stein, E. Roderich Gossen, and Kelvin E. Jones, "Neuronal Variability: Noise or Part of the Signal?," *Nature Reviews Neuroscience* 6, no. 5 (2005): 389–97.
10 Ayelet Arazi, Yaffa Yeshurun, and Ilan Dinstein, "Neural Variability Is Quenched by Attention," *Journal of Neuroscience* 39, no. 30 (2019): 5975–85; Ilan Dinstein, David J. Heeger, and Marlene Behrmann, "Neural Variability: Friend or Foe?," *Trends in Cognitive Sciences* 19, no. 6 (2015): 322–28; Mark M. Churchland et al., "Stimulus Onset Quenches Neural Variability: A Widespread Cortical Phenomenon," *Nature Neuroscience* 13, no. 3 (2010): 369–78.
11 Arazi, Yeshurun, and Dinstein, "Neural Variability Is Quenched by Attention."
12 Paul Buyer, *Working Toward Excellence: 8 Values for Achieving Uncommon Success in Work and Life,* ebook (Morgan James Publishing, 2012).
13 Akṣapāda, *The Analects of Rumi,*ebook, 2019.
14 Sapna Maheshwari, "TikTok Claims It's Limiting Teen Screen Time. Teens Say It Isn't," *New York Times*, March 23, 2023, https://www.nytimes.com/2023/03/23/business/tiktok-screen-time.html.
15 Jonathan Bastian, "How Habits Get Formed," October 15, 2022, *Life Examined,* podcast, https://www.kcrw.com/culture/shows/life-examined/stoics-self-discipline-philosophy-habits-behavior-science/katy-milkman-how-to-change-science-behavior-habits.
16 Michelle L. Dossett, Gregory L. Fricchione, and Herbert Benson, "A New Era for Mind-Body Medicine," *New England Journal of Medicine* 382, no. 1 (2020): 1390–91.
17 Vrinda Kalia et al., "Staying Alert? Neural Correlates of the Association Between Grit and Attention Networks," *Frontiers in Psychology* 9 (2018): 1377; Angelica Moe et al., "Displayed Enthusiasm Attracts Attention and Improves Recall," *British Journal of Educational Psychology* 91, no. 3 (2021): 911–27.
18 Patrick L. Hill and Nicholas A. Turiano, "Purpose in Life as a Predictor of Mortality Across Adulthood," *Psychological Science* 25, no. 7 (2014): 1482–86.

第六章

1 Turtle Lodge Staff, "Indigenous Knowledge Keepers and Scientists Unite at Turtle Lodge," *Cultural Survival,*December 5, 2017, https://www.culturalsurvival.org/publications/cultural-survival-quarterly/indigenous-knowledge-keepers-and-scientists-unite-turtle.
2 Ran Nathan, "An Emerging Movement Ecology Paradigm," *Proceedings of the National Academy of Sciences* 105, no. 49 (December 9, 2008): 19050–51, https://www .pnas.org/doi/full/10.1073/pnas.0808918105.
3 Nisargadatta Maharaj, *I Am That: Talks with Sri Nisargadatta Maharaj,* 3rd ed. (Durham, NC: Acorn Press, 2012), 8.
4 Kelly McGonigal, *The Joy of Movement: How Exercise Helps Us Find Happiness, Hope, Connection, and Courage* (New York: Avery, 2019), 3.
5 Henry David Thoreau, "Walking," thoreau-online.org, Henry David Thoreau

Online, https://www.thoreau-online.org/walking-page3.html.
6 Ellen Gamerman, "New Books on Better Workouts That Include Brain as well as Body," *Wall Street Journal,* January 11, 2022, https://www.wsj.com/articles/best-books-2022-workout-fitness-11641905831.
7 Valerie F. Gladwell et al., "The Great Outdoors: How a Green Exercise Environment Can Benefit All," *Extreme Physiology & Medicine* 2, no. 1 (2013): 3.
8 Krista Tippett, "The Thrilling New Science of Awe," February 2, 2023, *On Being*, podcast, https://onbeing.org/programs/dacher-keltner-the-thrilling-new-science-of-awe/.
9 Juan Siliezar, "Why Run Unless Something Is Chasing You?" *Harvard Gazette,* January 4, 2021, https://news.harvard.edu/gazette/story/2021/01/daniel-lieberman-busts-exercising-myths.
10 John J. Ratey, *Spark: The Revolutionary New Science of Exercise and the Brain* (New York: Little, Brown, 2008); "Physical Inactivity," National Center for Chronic Disease Prevention and Health Promotion, September 8, 2022, https://www.cdc.gov/chronicdisease/resources/publications/factsheets/physical-activity.htm.
11 Steven Brown and Lawrence M. Parsons, "So You Think You Can Dance? PET Scans Reveal Your Brain's Inner Choreography," *Scientific American*, July 1, 2008, https://www.scientificamerican.com/article/the-neuroscience-of-dance/.
12 Einat Shuper Engelhard, "Free-Form Dance as an Alternative Interaction for Adult Grandchildren and Their Grandparents," *Frontiers in Psychology* 11 (2020): 542.
13 Dana Foundation, "The Astonishing Effects of Exercise on Your Brain with Wendy Suzuki, PhD," YouTube, November 23, 2020, https://www.youtube.com/watch?v=Y0cI6uxSnuc&ab_channel=DanaFoundation.
14 Julia C. Basso and Wendy A. Suzuki, "The Effects of Acute Exercise on Mood, Cognition, Neurophysiology, and Neurochemical Pathways: A Review," *Brain Plasticity* 2, no. 2 (2017): 127–52, https://doi.org/10.3233/BPL-160040.
15 Basso and Suzuki, "The Effects of Acute Exercise on Mood, Cognition, Neurophysiology, and Neurochemical Pathways."
16 Yannis Y. Liang et al., "Joint Association of Physical Activity and Sleep Duration with Risk of All-Cause and Cause-Specific Mortality: A Population-Based Cohort Study Using Accelerometry," *European Journal of Preventive Cardiology,* March 29, 2023.
17 Arthur Austen Douglas, *1955 Quotes of Albert Einstein,* ebook (UB Tech, 2016), 60.
18 Daniel Lieberman, *The Story of the Human Body: Evolution, Health, and Disease* (New York: Knopf Doubleday, 2014), 20.
19 "Run as One: The Journey of the Front Runners," CBC, February 6, 2018, https://www.cbc.ca/shortdocs /shorts/run-as-one-the-journey-of-the-front-runners.
20 Jill Satterfield, "Mindfulness at Knifepoint," *Tricycle: The Buddhist Review,* March 21, 2019, https://tricycle.org/article/mindfulness-knifepoint/.
21 Bettina Elias Siegel, "Michael Moss on How Big Food Gets Us Hooked," Civil Eats, April 9, 2021, https://civileats.com/2021/04/09/michael-moss-on-how-big-food-gets-us-hooked/.

22 Satchin Panda, "How Optimizing Circadian Rhythms Can Increase Health Years to Our Lives," TED Talk, 2021, https://www.ted.com/talks/satchin_panda_how_optimizing_circadian_rhythms_can_increase_healthy_years_to_our_lives/transcript?language=en.

23 May Wong, "Stanford Study Finds Walking Improves Creativity," Stanford News, April 24, 2014, https://news.stanford.edu/2014/04/24/walking-vs-sitting-042414/.

第七章

1 Nat Shapiro, ed., *An Encyclopedia of Quotations About Music* (New York: Springer, 2012), 98, https://www.google.com/books/edition/An_Encyclopedia_of_Quotations_About_Musi/rqThBwAAQBAJ?hl=en&gbpv=0.

2 Justin von Bujdoss, "Tilopa's Six Nails," *Tricycle: The Buddhist Review, February* 6, 2018, https://tricycle.org /magazine/tilopas-six-nails/.

3 K. Anders Ericsson, Michael J. Prietula, and Edward T. Cokely, "The Making of an Expert," *Harvard Business Review* (July–August 2007), https://hbr.org/2007/07/the-making-of-an-expert.

4 See JoAnn Deak, *The Owner's Manual for Driving Your Adolescent Brain: A Growth Mindset and Brain Development Book for Young Teens and Their Parents* (San Francisco: Little Pickle Press, 2013); JoAnn Deak and Terrence Deak, *Good Night to Your Fantastic Elastic Brain: A Growth Mindset Bedtime Book for Kids* (Naperville, IL: Sourcebooks Explore, 2022).

5 Molly Gebrian, "Rethinking Viola Pedagogy: Preparing Violists for the Challenges of Twentieth-Century Music," doctoral dissertation, Rice University, July 24, 2013, https://scholarship.rice.edu/bitstream/handle/1911/71651/GEBRIAN-THESIS.pdf?sequence=1&isAllowed=y, 31, 32.

6 Mark E. Bouton, "Context, Attention, and the Switch Between Habit and Goal-Direction in Behavior," *Learning & Behavior* 49, no. 4 (2021): 349–62.

7 Leonard Lyons, "The Lyons Den," *Daily Defender*, November 4, 1958, 5; E. J. Masicampo, F. Luebber, and R. F. Baumeister, "The Influence of Conscious Thought Is Best Observed over Time," *Psychology of Consciousness: Theory, Research, and Practice* 7, no. 1 (2020): 87–102, https://doi.org/10.1037/cns0000205.

8 C. H. Turner, "The Homing of Ants: An Experimental Study of Ant Behavior," *Journal of Comparative Neurology and Psychology* 17, no. 5 (1907): 367–434.

9 See Jim Dethmer, Diana Chapman, and Kaley Warner Klemp, *The 15 Commitments of Conscious Leadership: A New Paradigm for Sustainable Success* (The Conscious Leadership Group, 2015).

10 *Running the Sahara*, directed by James Moll, NEHST Out, 2010.

第八章

1 "The Dog-Eared Page, Excerpted from *Walden by* Henry David Thoreau," *The Sun,* February 2013, https://www.thesunmagazine.org/issues/446/from-walden.

2 Ariana Anderson et al., "Big-C Creativity in Artists and Scientists Is

Associated with More Random Global but Less Random Local fMRI Functional Connectivity," *Psychology of Aesthetics, Creativity, and the Arts,* 2022, https://psycnet.apa.org/record/2022-45679-001?doi=1. See also "How Practice Changes the Brain," Australian Academy of Science, https://www.science.org.au/curious/people-medicine/how-practice-changes-brain.
3 Brandon Specktor, "This 'Disappearing' Optical Illusion Proves Your Brain Is Too Smart for Its Own Good," Live Science, April 11, 2018, https://www.livescience.com/62274-disappearing-optical-illusion-troxler-explained.html.
4 Eleanor Roosevelt, *You Learn by Living; Eleven Keys for a More Fulfilling Life* (New York: Harper Perennial Modern Classics, 2011).
5 Deepak Chopra and Rudolph E. Tanzi, *Super Brain: Unleashing the Explosive Power of Your Mind to Maximize Health, Happiness, and Spiritual Well-Being* (New York: Harmony Books, 2012), 22.
6 Judith Schomaker, Valentin Baumann, and Marit F. L. Ruitenberg, "Effects of Exploring a Novel Environment on Memory Across the Lifespan," *Scientific Reports* 12 (2022): article 16631.
7 Francesca Rosenberg, Amir Parsa, Laurel Humble, and Carrie McGee, "Conversation with Gene Cohen of the Center on Aging, Health & Humanities and Gay Hanna of the National Center for Creative Aging," in *Meet Me: Making Art Accessible to People with Dementia* (New York: The Museum of Modern Art, 2009), https://www.moma.org/momaorg/shared/pdfs/docs/meetme/Perspectives_GCohen-GHanna.pdf.
8 Jon Schiller, *Life Style to Extend Life Span*(Charleston, SC: Booksurge, 2009), 180, https://www.google.com/books/edition/Life_Style_to_Extend_Life_Span/E92Kijnr9tQC?hl=en&gbpv=0p.
9 Denise C. Park et al., "The Impact of Sustained Engagement on Cognitive Function in Older Adults," *Psychological Science* 25, no. 1 (2014): 103–12.
10 Pádraig Ó Tuama, "*On Being* Newsletter," The *On Being* Project, May 22, 2021, https://engage.onbeing.org /20210522_the_pause.
11 Peter High, "The Secret Ingredient of Successful People and Organizations: Grit," Forbes.com, May 23, 2016, https://www.forbes.com/sites/peterhigh/2016/05/23/the-secret-ingredient-of-successful-people-and-organizations-grit/?sh=6e79fe1862ef.

第九章

1 "Michael Jordan 'Failure' Commercial HD 1080p," YouTube, December 8, 2012, https://www.youtube.com/watch?v=JA7G7AV-LT8.
2 Matt Sloane, Jason Hanna, and Dana Ford, " 'Never, Ever Give Up:' Diana Nyad Completes Historic Cuba-to-Florida Swim," CNN.com, September 3, 2013, https://edition.cnn.com/2013/09/02/world/americas/diana-nyad-cuba-florida-swim/index.html.
3 Peter Bregman, "Why You Need to Fail," *Harvard Business Review,* July 6, 2009, https://hbr.org/2009/07/why-you-need-to-fail.
4 Megan Thompson, "The Quirky 'Museum of Failure' Celebrates Creativity and Innovation," *PBS NewsHour Weekend*, November 20, 2021.

5 Allison S. Catalano et al., "Black Swans, Cognition, and the Power of Learning from Failure," *Conservation Biology* 32, no. 3 (2018): 584–96.
6 National Science Foundation, "Scientist Who Helped Discover the Expansion of the Universe Is Accelerating," NSF.gov, February 3, 2015, https://new.nsf.gov/news/scientist-who-helped-discover-expansion-universe.
7 Zoë Corbyn, "Saul Perlmutter: 'Science Is About Figuring Out Your Mistakes,'" *Guardian*, July 6, 2013, https://www.theguardian.com/science/2013/jul/07/rational-heroes-saul-perlmutter-astrophysics-universe.
8 R. J. Bear, "To Learn to Succeed, You Must First Learn to Fail," The Shortform, June 14, 2022, https://medium.com/the-shortform/to-learn-to-succeed-you-must-first-learn-to-fail-34338ac87c92#.
9 Nico Martinez, "NBA Insider Exposes Major Problem for the Milwaukee Bucks: 'There's a Thundercloud on the Horizon,'" Fadeaway World, May 5, https://fadeawayworld.net/nba-insider-exposes-major-problem-for-the-milwaukee-bucks-theres-a-thundercloud-on-the-horizon.
10 Nanomole, "I Forgot My Lines During a TED Talk (and Survived)!!!!," YouTube, October 13, 2020, https://www.youtube.com/watch?v=1PfpQlRrqHg&ab_channel=nanomole.
11 Stuart Firestein, *Failure: Why Science Is So Successful* (Hong Kong: Oxford University Press, 2016), 47.
12 James Doty, neurosurgeon, professor at Stanford, in discussion with Jeff Karp and Teresa Barker, January 22, 2021.

第十章

1 John C. Maxwell, "'Have the Humility to Learn from Those Around You'–John C. Maxwell," LinkedIn, https://www.linkedin.com/posts/officialjohnmaxwell_have-the-humility-to-learn-from-those-around-activity-6785592172545617921-aIHB/.
2 Mark R. Leary, "Cognitive and Interpersonal Features of Intellectual Humility," *Personality and Social Psychology Bulletin* 43, no. 6 (2017): 793–813.
3 Christoph Seckler, "Is Humility the New Smart?" The Choice, January 11, 2022, https://thechoice.escp.eu/choose-to-lead/is-humility-the-new-smart/.
4 Robert J. Shiller, *Irrational Exuberance*(Princeton, NJ: Princeton University Press, 2000), xxi.
5 Henry David Thoreau, "Walking," *The Atlantic* (June 1862), https://www.theatlantic.com/magazine/archive/1862/06/walking/304674/.
6 Krista Tippett, "The Thrilling New Science of Awe," February 2, 2023, *On Being*, podcast, https://onbeing.org/programs/dacher-keltner-the-thrilling-new-science-of-awe.
7 Sarah Ban Breathnach, *Simple Abundance: A Daybook of Comfort of Joy* (New York: Grand Central Publishing, 2008)
8 Grounded, "Why Protecting Indigenous Communities Can Also Help Save the Earth," *Guardian*, October 12, 2020, https://www.theguardian.com/climate-academy/2020/oct/12/indigenous-communities-protect-biodiversity-curb-climate-crisis.

9 Gleb Raygorodetsky, "Indigenous Peoples Defend Earth's Biodiversity—But They're in Danger," *National Geographic*, November 16, 2018, https://www.nationalgeographic.com/environment/article/can-indigenous-land-stewardship-protect-biodiversity-.
10 Robin Wall Kimmerer, *Gathering Moss: A Natural and Cultural History of Mosses* (Corvallis: Oregon State University Press, 2003), 100.
11 Tippett, "The Thrilling New Science of Awe."
12 Tippett, "The Thrilling New Science of Awe."
13 Tippett, "The Thrilling New Science of Awe."
14 Nicole Winfield, "Pope Demands Humility in New Zinger-Filled Christmas Speech," Associated Press, December 23, 2021, https://apnews.com/article/pope-francis-lifestyle-religion-christmas-a04d3c12674a14127f8efbdaafd3ae97.

第十一章

1 Arianna Huffington, "Introducing HuffPost Endeavor: Less Stress, More Fulfillment," Huffington Post, January 25, 2017, https://www.huffpost.com/entry/introducing-huffpost-ende_b_9069016. Paraphrased quotation approved by Arianna Huffington in communication with author.
2 Vivek Ramakrishnan, "Rewiring the Brain for Happiness," The Awakening of Impermanence, February 27, 2022, https://www.awakeningofimpermanence.com/blog/rewiringthebrain.
3 "Circadian Rhythms," National Institute of General Medical Sciences, May 5, 2022, https://nigms.nih.gov/education/fact-sheets/Pages/circadian-rhythms.aspx.
4 Erin C. Westgate et al., "What Makes Thinking for Pleasure Pleasureable?," *Emotion* 21, no. 5 (2021): 981–89.
5 Sooyeol Kim, Seonghee Cho, and YoungAh Park, "Daily Microbreaks in a Self-Regulatory Resources Lens: Perceived Health Climate as a Contextual Moderator via Microbreak Autonomy," *Journal of Applied Psychology* 107, no. 1 (2022): 60–77.
6 Luciano Bernardi, C. Porta, and P. Sleight, "Cardiovascular, Cerebrovascular, and Respiratory Changes Induced by Different Types of Music in Musicians and Non-musicians: The Importance of Silence," *Heart* 92, no. 4 (2005): 445–52.
7 Tara Brach, *True Refuge*, ebook (New York: Random House, 2016), 61.
8 See Vivek Ramakrishnan, "Default Mode Network & Meditation," *The Awakening of Impermanence* (blog), April 10, 2022, https://www.awakeningofimpermanence.com/blog/defaultmodenetwork.
9 Diana Nyad, in discussion with Jeff Karp and Mariska van Aalst, May 30, 2018.
10 Susan L. Worley, "The Extraordinary Importance of Sleep: The Detrimental Effects of Inadequate Sleep on Health and Public Safety Drive an Explosion of Sleep Research," *Pharmacy and Therapeutics* 43, no. 12 (December 2018): 758–63.
11 Jenny Odell, *How to Do Nothing: Resisting the Attention Economy* (Brooklyn, NY: Melville House, 2020).
12 Naval Ravikant, "Finding Peace from Mind," Naval, March 3, 2020, https://nav.al/peace.

13 Jill Suttie, “How Mind-Wandering May Be Good for You,” *Greater Good Magazine*, February 14, 2018, https://greatergood.berkeley.edu/article/item/how_mind_wandering_may_be_good_for_you.
14 Matthew P. Walker and Robert Stickgold, “Sleep, Memory, and Plasticity,” *Annual Review of Psychology* 57 (2006): 139–66, https://doi.org/10.1146/annurev.psych.56.091103.070307.
15 See, e.g., Gene D. Cohen, *The Creative Age: Awakening Human Potential in the Second Half of Life* (New York: William Morrow, 2000), 34–35.
16 Thomas Andrillon et al., “Predicting Lapses of Attention with Sleep-like Slow Waves,” *Nature Communications* 12, no. 1 (December 2021), https://doi.org/10.1038/s41467-021-23890-7.
17 Patrick McNamara and Kelly Bulkeley, “Dreams as a Source of Supernatural Agent Concepts,” *Frontiers in Psychology*,no. 6 (2015): https://www.frontiersin.org/articles/10.3389/fpsyg.2015.00283.
18 Maya Angelou, *Wouldn’t Take Nothing for My Journey Now* (New York: Bantam, 1994), 139.
19 Anne Lamott, “12 Truths I Learned from Life and Writing,” TED Talk, 2017, https://www.ted.com/talks/anne_lamott_12_truths_i_learned_from_life_and_writing/transcript.
20 Pandora Thomas, permaculturist, environmental justice activist, in discussion with Jeff Karp and Teresa Barker, May 18, 2021.
21 Vivek Murthy, *Together: The Healing Power of Human Connection in a Sometimes Lonely World*(New York: Harper Wave, 2020), 206.
22 Kathy Cherry, “A Reminder to Pause,” *Tricycle: The Buddhist Review,* December 30, 2022, https://tricycle.org/article/pause-practices/.

第十二章

1 Janine Benyus, *Biomimicry: Innovation Inspired by Nature*, ebook (Boston: Mariner Books, 2009), 298.
2 Gary Snyder, *The Practice of the Wild* (San Francisco: North Point Press, 1990), 93.
3 Nikita Ali, “Forests Are Nature’s Pharmacy: To Conserve Them Is to Replenish Our Supply,” Caribois Environmental News Network, March 3, 2021, https://www.caribois.org/2021/03/forests-are-natures-pharmacy-to-conserve-them-is-to-replenish-our-supply/.
4 Snyder, *The Practice of the Wild*, 18.
5 See, e.g., Frans B. M. de Waal and Kristin Andrews, “The Question of Animal Emotions,” *Science*, March 24, 2022, https://www.science.org/doi/abs/10.1126/science.abo2378?doi=10.1126/science.abo2378.
6 See, e.g., Melissa R. Marselle et al., “Pathways Linking Biodiversity to Human Health: A Conceptual Framework,” *Environment International* 150, no.1 (2021): 106420.
7 Margaret Renkl, “Graduates, My Generation Wrecked So Much That’s Precious: How Can I Offer You Advice?,” *New York Times*, May 15, 2023, https://www.nytimes.com/2023/05/15/opinion/letter-to-graduates-hope-despair.html.
8 Pandora Thomas, in discussion with Jeff Karp and Teresa Barker, May 18, 2021.

9 Sami Grover, "How Simple Mills Is Supporting Regenerative Agriculture," Treehugger, July 29, 2021, https://www.treehugger.com/simple-mills-supporting-regenerative-agriculture-5194744.
10 Thomas, in discussion with Karp and Barker.
11 Janine Benyus, "Biomimicry's Surprising Lessons from Nature's Engineers," TED Talk, 2005, https://www.ted.com/talks/janine_benyus_biomimicry_s_surprising_lessons_from_nature_s_engineers/transcript?language=en.
12 Janine Benyus, *Biomimicry: Innovation Inspired by Nature* (New York: Harper Perennial, 2002), 3.
13 Rachel Carson, *The Sense of Wonder* (New York: Harper, 1998), 98.
14 Jennifer Chu, "MIT Engineers Make Filters from Tree Branches to Purify Drinking Water," MIT News, March 25, 2021, https://news.mit.edu/2021/filters-sapwood-purify-water-0325.
15 Sambhav Sankar and Alison Cagle, "How an Environmental Lawyer Stays Motivated to Fight the Climate Crisis," Earthjustice, November 17, 2021, https://earthjustice.org/article/how-an-environmental-lawyer-stays-motivated-to-fight-the-climate-crisis.
16 Helen Branswell, "WHO: Nearly 15 Million Died as a Result of Covid-19 in First Two Years of Pandemic," STAT, May 5, 2022, https://www.statnews.com/2022/05/05/who-nearly-15-million-died-as-a-result-of-covid-19-in-first-two-years-of-pandemic/.
17 Lin Yutang, *The Importance of Living*(New York: William Morrow Paperbacks, 1998), v.
18 Karen Heller, "'Braiding Sweetgrass' Has Gone from Surprise Hit to Juggernaut Bestseller," *Washington Post,*October 12, 2022, https://www.washingtonpost.com/books/2022/10/12/braiding-sweetgrass-robin-wall-kimmerer/.

第十三章

1 Statement signed by 126 Nobel Prize laureates delivered to world leaders ahead of G-7 Summit; "Our Planet, Our Future," Nobel Prize Summit, June 3, 2021, https://www.nobelprize.org/uploads/2021/05/Statement-3-June-DC.pdf.
2 Joshua Needelman, "Forget Utopia. Ignore Dystopia. Embrace Protopia!" *New York Times,* March 14, 2023, https://www.nytimes.com/2023/03/14/special-series/protopia-movement.html.
3 Edward O. Wilson, *Half-Earth: Our Planet's Fight for Life* (New York: Liveright, 2016), 1.
4 Wangari Maathai, Nobel Lecture, Oslo, December 10, 2004, https://www.nobelprize.org/prizes/peace/2004/maathai/lecture/.
5 Michael Rosenwald, "What If the President Ordering a Nuclear Attack Isn't Sane? An Air Force Major Lost His Job for Asking," *Washington Post*, April 10, 2017, https://www.washingtonpost.com/news/retropolis/wp/2017/08/09/what-if-the-president-ordering-a-nuclear-attack-isnt-sane-a-major-lost-his-job-for-asking/.
6 Margaret Renkl, "Graduates, My Generation Wrecked So Much That's Precious. How Can I Offer You Advice?," *New York Times*, May 15, 2023, https://www.nytimes.com/2023/05/15/opinion/letter-to-graduates-hope-despair.html?smtyp=cur&

smid=tw-nytopinion.
7 Ayana Elizabeth Johnson and Katharine K. Wilkinson, eds., *All We Can Save: Truth, Courage, and Solutions for the Climate* Crisis (New York: One World, 2021), 58.
8 Needelman, "Forget Utopia."
9 Johnson and Wilkinson, eds., *All We Can Save*, xxi.
10 "What Is Placemaking?," Project for Public Spaces, https://www.pps.org/category/placemaking. See also Lowai Alkawarit, "Ray Oldenburg, Author of The Great Good Place," YouTube, September 20, 2018, https://www.youtube.com/watch?v=5h5YFimOOlU&ab_channel=LowaiAlkawarit.
11 Ray Oldenburg, "Our Vanishing Third Places," *Planning Commissioners Journal* 25 (1997): 6–10.
12 Charles I. Abramson, "Charles Henry Turner Remembered," *Nature* 542, no. 31 (2017), https://doi.org/10.1038/542031d.
13 Abramson, "Charles Henry Turner Remembered."
14 James Yeh, "Robin Wall Kimmerer: 'People Can't Understand the World as a Gift Unless Someone Shows Them How,'" *Guardian*, May 23, 2020, https://www.theguardian.com/books/2020/may/23/robin-wall-kimmerer-people-cant-understand-the-world-as-a-gift-unless-someone-shows-them-how.
15 Lynne Twist, *Living a Committed Life: Finding Freedom and Fulfillment in a Purpose Larger Than Yourself* (Oakland, CA: Berrett-Koehler Publishers, 2022), 18.
16 Mariann Budde, diocesan bishop, social justice activist, in discussion with Jeff Karp and Teresa Barker, June 11, 2021.
17 Martin Luther King, Jr., *Where Do We Go from Here: Chaos or Community?* (Boston: Beacon Press, 2010), 181–83.
18 Vivek Murthy, *Together: The Healing Power of Human Connection in a Sometimes Lonely World* (New York: Harper Wave, 2020), xxi.

后记

1 Peter F. Drucker, *The Practice of Management* (Bengaluru, Karnataka, India: Allied Publishers, 1975), 353.
2 Hal B. Gregersen, Clayton M. Christensen, and Jeffrey H. Dyer, "The Innovator's DNA," *Harvard Business Review* 87, no. 12 (December 2009): 4.

参考文献

Banaji, Mahzarin, and Anthony Greenwald. *Blindspot: Hidden Biases of Good People.* New York: Random House, 2016.

Barrett, Lisa Feldman. *Seven and a Half Lessons About the Brain.* Boston: Mariner Books, 2020.

Bridle, James. *Ways of Being: Animals, Plants, Machines: The Search for a Planetary Intelligence.* New York: Farrar, Straus and Giroux, 2022.

Brown, Brené. *Atlas of the Heart: Mapping Meaningful Connection and the Language of Human Experience.* New York: Random House, 2021.

———. *The Gifts of Imperfection,* Anniversary Edition. Center City, MN: Hazelden Publishing, 2022.

Carson, Rachel. *Silent Spring.* New York: Houghton Mifflin, 1962.

Chopra, Deepak, and Rudolph Tanzi. *The Healing Self: A Revolutionary New Plan to Supercharge Your Immunity and Stay Well for Life.* New York: Harmony Books, 2018.

———. *Super Brain: Unleashing the Explosive Power of Your Mind to Maximize Health, Happiness, and Spiritual Well-Being.* New York: Harmony Books, 2013.

———. *Super Genes: Unlock the Astonishing Power of Your DNA for Optimum Health and Well-Being.* New York: Harmony Books, 2017.

Csikszentmihalyi, Mihaly. *Flow: The Psychology of Optimal Experience.* New York: Harper Perennial, 1991.

David, Susan. *Emotional Agility: Get Unstuck, Embrace Change, and Thrive in Work and Life.* New York: Avery, 2016.

Deak, JoAnn. *Your Fantastic Elastic Brain: A Growth Mindset Book for Kids to Stretch and Shape Their Brains.* Napierville, IL: Little Pickle Press, 2010.

Deak, JoAnn, and Terrence Deak. *Good Night to Your Fantastic Elastic Brain: A Growth Mindset Bedtime Book for Kids.* Naperville, IL: Sourcebooks Explore, 2022.

———. *The Owner's Manual for Driving Your Adolescent Brain: A Growth Mindset and Brain Development Book for Young Teens and Their Parents.* San Francisco:

Little Pickle Press, 2013.
Dolan, Paul, and Daniel Kahneman. *Happiness by Design: Change What You Do, Not How You Think.* New York: Plume, 2015.
Doty, *James. Into the Magic Shop: A Neurosurgeon's Quest to Discover the Mysteries of the Brain and the Secrets of the Heart.* New York: Avery, 2017.
Duhigg, Charles. *The Power of Habit: Why We Do What We Do in Life and Business.* New York: Random House, 2014.
Epstein, David. Range: *Why Generalists Triumph in a Specialized World.* New York: Penguin, 2021.
Ferriss, Tim. *Tribe of Mentors: Short Life Advice from the Best in the World.* New York: Harper Business, 2017.
Ferriss, Tim, and Arnold Schwarzenegger. *Tools of Titans: The Tactics, Routines, and Habits of Billionaires, Icons, and World-Class Performers.* New York: Harper Business, 2016.
Fogg, B. J. *Tiny Habits: The Small Changes That Change Everything.* New York: HarperCollins, 2020.
Frankl, Viktor. *Yes to Life: In Spite of Everything.* Boston: Beacon Press, 2021.
Gibbs, Daniel. *A Tattoo on My Brain: A Neurologist's Personal Battle Against Alzheimer's Disease.* London: Cambridge University Press, 2021.
Gilbert, Elizabeth. *Big Magic: Creative Living Beyond Fear.* New York: Riverhead Books, 2015.
Gladwell, Malcolm. *Outliers: The Story of Success.* New York: Little, Brown and Company, 2008.
Goleman, Daniel. *Altered Traits: Science Reveals How Meditation Changes Your Mind, Brain, and Body.* New York: Avery, 2017.
Grant, Adam. *Think Again: The Power of Knowing What You Don't Know.* New York: Viking, 2021.
Gregersen, Hal. *Questions Are the Answer: A Breakthrough Approach to Your Most Vexing Problems at Work and in Life.* New York: Harper Business, 2018.
Hadfield, Chris. *An Astronaut's Guide to Life on Earth: What Going to Space Taught Me About Ingenuity, Determination, and Being Prepared for Anything.* New York: Back Bay Books, 2015.
Hanson, Rick. *Neurodharma: New Science, Ancient Wisdom, and Seven Practices of the Highest Happiness.* New York: Harmony Books, 2020.
Horowitz, Alexandra. *On Looking: A Walker's Guide to the Art of Observation.*New York: Scribner, 2014.
Hwang, Victor W., and Greg Horowitt. *The Rainforest: The Secret to Building the Next Silicon Valley.* Los Altos Hills, CA: Regenwald, 2012.
Iyer, Pico. *The Art of Stillness: Adventures in Going Nowhere.* New York: Simon & Schuster/TED Books, 2014.
Kabat-Zinn, Jon. *Full Catastrophe Living: Using the Wisdom of Your Body and Mind to Face Stress, Pain, and Illness.* New York: Delacorte Press, 1990.
Keltner, Dacher. *Awe: The New Science of Everyday Wonder and How It Can Transform Your Life.* New York: Penguin, 2023.
———. *Born to Be Good: The Science of a Meaningful Life.* New York: W. W. Norton, 2009.
Kimmerer, Robin Wall. *Braiding Sweetgrass: Indigenous Wisdom, Scientific*

Knowledge, and the Teachings of Plants. Minneapolis: Milkweed Edition, 2015.
———. *Gathering Moss: A Natural and Cultural History of Mosses*. Corvallis: Oregon State University Press, 2003.
Kwik, Jim. *Limitless: Upgrade Your Brain, Learn Anything Faster, and Unlock Your Exceptional Life*. Carlsbad, CA: Hay House, 2020.
Lieberman, Daniel. *Exercised: Why Something We Never Evolved to Do Is Healthy and Rewarding*. New York: Pantheon, 2021.
Louv, Richard. *Last Child in the Woods: Saving Our Children from Nature-Deficit Disorder*. Chapel Hill, NC: Algonquin Books, 2005.
McGonigal, Kelly. *The Joy of Movement: How Exercise Helps Us Find Happiness, Hope, Connection, and Courage*. New York: Avery, 2019.
Moss, Michael. *Hooked: Food, Free Will, and How the Food Giants Exploit Our Addictions*. New York: Random House, 2021.
Murthy, Vivek. *Together: The Healing Power of Human Connection in a Sometimes Lonely World:* New York: Harper Wave, 2020.
Niebauer, Chris. *No Self, No Problem: How Neuropsychology Is Catching Up to Buddhism*. San Antonio, TX: Hierophant Publishing, 2019.
Odell, Jenny. *How to Do Nothing: Resisting the Attention Economy*. Brooklyn, NY: Melville House, 2020.
Panda, Satchin. *The Circadian Code: Lose Weight, Supercharge Your Energy, and Transform Your Health from Morning to Midnight*. Emmaus, PA: Rodale Books, 2020.
Prévot, Franck. *Wangari Maathai: The Woman Who Planted Millions of Trees*. Watertown, MA: Charlesbridge; reprint, 2017.
Roché, Joyce, with Alexander Kopelman. *The Empress Has No Clothes: Conquering Self-Doubt to Embrace Success*. San Francisco: Berrett-Koehler, 2013.
Saunt, Claudio. *Unworthy Republic: The Dispossession of Native Americans and the Road to Indian Territory*. New York: W. W. Norton, 2020.
Simard, Suzanne. *Finding the Mother Tree: Discovering the Wisdom of the Forest*. New York: Vintage, 2022.
Snyder, Gary. *The Practice of the Wild*. San Francisco: North Point Press, 1990.
Strathdee, Steffanie, and Thomas Patterson. *The Perfect Predator: A Scientist's Race to Save Her Husband from a Deadly Superbug*. New York: Hachette, 2020.
Suzuki, Wendy, and Billie Fitzpatrick. *Healthy Brain, Happy Life: A Personal Program to Activate Your Brain and Do Everything Better*. New York: Dey Street Books, 2016.
Twist, Lynne. *Living a Committed Life: Finding Freedom and Fulfillment in a Purpose Larger Than Yourself*. Oakland, CA: Berrett-Koehler Publishers, 2022.
Tyson, Neil deGrasse. *Astrophysics for People in a Hurry*. New York: W. W. Norton, 2017.
Wahl, Erik. *Unthink: Rediscover Your Creative Genius*. New York: Crown Business, 2013.
Wilkerson, Isabel. *Caste: The Origins of Our Discontents*. New York: Random House, 2020.
Williams, Caroline. *Move: How the New Science of Body Movement Can Set Your Mind Free*. New York: Hanover Square Press, 2022.
Wilson. Edward O. *Half-Earth: Our Planet's Fight for Life*. New York: Liveright, 2016.
Wolf, Maryanne. *Reader, Come Home: The Reading Brain in a Digital World*. New York: Harper Paperbacks, 2019.
Yong, Ed. *An Immense World: How Animal Senses Reveal the Hidden Realms Around Us*. New York: Random House, 2022.